中国科协新一代信息技术系列丛书

中国科学技术协会　丛书主编

面向非计算机专业

人工智能导论

Introduction to Artificial Intelligence

主　　编　李德毅

执行主编　于　剑

副 主 编　马少平　王万良

参　　编　于　剑　山世光　马少平　王万良
　　　　　朱　军　孙富春　李涓子　陈小平
　　　　　周　明　高　阳　陶建华

中国人工智能学会　组编

中国科学技术出版社

·北　京·

本书是中国科协新一代信息技术系列丛书之一。

本书内容包括知识表示、知识获取、知识应用三部分。其中，知识表示主要介绍概念表示、知识表示、知识图谱；知识获取主要介绍搜索技术、群智能算法、机器学习、人工神经网络与深度学习；知识应用涉及专家系统、计算机视觉、自然语言处理、语音处理、规划、多智能体系统与智能机器人六部分。力求将人工智能的发展脉络、技术理论、产业成果以翔实的形态展现于人前。除了必要的知识点与宽泛的知识图谱，本书还深入浅出地介绍了有关智能搜索技术、机器学习、神经网络、计算机视觉、语言智能、机器人等在内的不同领域的应用实践成果。

本书主要面向大学非计算机类的工科专业的高年级学生与研究生，帮助学生了解人工智能的发展过程与基本知识，熟悉人工智能产业的发展现状与市场需求，培养人工智能应用能力。同时，对于计算机相关专业的学生，本书也可作为人工智能专业课程的先导学习材料。

图书在版编目（CIP）数据

人工智能导论 / 李德毅主编；于剑执行主编；中国人工智能学会组编 . —北京：中国科学技术出版社，2018.8（2024.6 重印）

ISBN 978-7-5046-8119-5

Ⅰ. ①人… Ⅱ. ①李… ②于… ③中… Ⅲ. ①人工智能 Ⅳ. ① TP18

中国版本图书馆 CIP 数据核字（2018）第 182231 号

责任编辑　李双北　韩　颖
装帧设计　中文天地
责任校对　焦　宁　邓雪梅
责任印制　徐　飞

出　　版　中国科学技术出版社
发　　行　中国科学技术出版社有限公司
地　　址　北京市海淀区中关村南大街16号
邮　　编　100081
发行电话　010-62173865
传　　真　010-62179148
网　　址　http：//www.cspbooks.com.cn

开　　本　787mm × 1092mm　1/16
字　　数　380千字
印　　张　18.75
版　　次　2018年8月第1版
印　　次　2024年6月第13次印刷
印　　刷　北京博海升彩色印刷有限公司
书　　号　ISBN 978-7-5046-8119-5 / TP·408
定　　价　49.00元

《人工智能导论》编写组

顾问

陆汝钤　中国科学院院士

桂卫华　中国工程院院士

谭铁牛　中国科学院院士

吴朝晖　中国科学院院士

戴琼海　中国工程院院士

主编

李德毅　中国工程院院士

执行主编

于　剑　北京交通大学教授

副主编

马少平　清华大学教授

王万良　浙江工业大学教授

参编（按姓氏笔画排序）

于　剑　北京交通大学教授

山世光　中国科学院计算技术研究所研究员

马少平　清华大学教授

王万良　浙江工业大学教授

朱　军　清华大学教授

孙富春　清华大学教授

李涓子　清华大学教授

陈小平　中国科学技术大学教授

周　明　微软亚洲研究院常务副院长

高　阳　南京大学教授

陶建华　中国科学院自动化研究所研究员

前　言

人工智能再一次成为社会各界关注的焦点，甚至要把我们所处的时代用“智能”来命名，这距人工智能这一概念首次提出已经过去了六十多年。在这期间，我们经历了人工智能发展的两落三起，我国智能科学与技术专业作为154个本科特设专业之一，也已经有了15年的积累。2018年，针对研究生教育的人工智能研究院、针对本科生教育的人工智能学院，在全国各地如雨后春笋般地成立，都在倒逼面向非计算机类的大学本科教育。“本科不牢，地动山摇”，要培养所有在校大学生们的认知力和创造力，为大学生普及人工智能知识，如此紧迫地需要一本《人工智能导论》作为教材，这是始料不及的。

人类走过了农耕社会、工业社会、信息社会，已经进入智能社会，进入在动力工具基础上发展智力工具的新阶段。在农耕社会和工业社会，人类的生产主要基于物质和能量的动力工具，并得到了极大的发展；今天，劳动工具转向了基于数据、信息、知识、价值和智能的智力工具，人口红利、劳动力红利不那么灵了，智能的红利来了。于是，教育也就从传授知识、发明工具、认识和改造客观世界，拓展到人脑自身如何认知、如何再塑造的新阶段。这样一来，人工智能对教育的挑战就不单是一个学科、一个专业的问题，而是培养人们终身学习能力的挑战了。

创新驱动，智能担当，教育先行。我国《新一代人工智能发展规划》明确了我国人工智能发展三步走的战略发展目标。当形形色色的各种机器人成为人类认知自然与社会、扩展智力、走向智慧生活的重要伴侣的时候，当机器人和智能系统无处不在地改变着人类的生产活动、经济活动和社会生活的时候，中国要在2030年成为世界主要人工智能创新中心。为此，中国科协策划并组织编制以人工智能、云计算、大数据等为代表的新一代信息技术系列丛书，成立了新一代信息技术系列丛书编制委员会，聘请梅宏院士为编委会主任，李培根院士、李德毅院士、李伯虎院士、张尧学院士、李骏院士、谭铁牛院士、赵春江院士为编委会委员，统筹丛书编制工作。《人工智能导论》是该系列丛书之一。

在移动互联网、大数据、超级计算、传感器、脑认知机理等新理论新技术以及经济社会发展强烈需求的共同驱动下，人工智能自身的发展，无论是深度学习、机器感知和模式识别、自然语言处理和理解、知识工程、机器人和智能系统等诸多方面，都把直接面对现实问题作为人工智能的切入点和落脚点，并正在引发链式反应，全方位推动经济社会各领域从数字化、网络化向智能化发展，人工智能正以润物无声的柔软改变着整个世界。从参与编撰《人工智能导论》一书的那一刻，在中国科协的领导下，众多中国科学院院士、中国工程院院士、全国顶尖高校的院长和知名教授、人工智能企业等一线的知识工程师们一起，以创新的方式和务实的精神，力求将人工智能的发展脉络、技术理论、产业成果以翔实的形态展现于人前。除了必要的知识点与宽泛的知识图谱，本书还深入浅出地介绍了有关智能搜索技术、机器学习、神经网络、计算机视觉、语言智能、机器人等在内的不同领域的应用实践成果。

本书邀请陆汝钤院士、桂卫华院士、谭铁牛院士、吴朝晖院士和戴琼海院士担任顾问专家，他们对本书的学术观点、技术方向以及内容组织都提供了极具价值的意见和建议。在此，对各位专家表示深深的敬意和感谢。

本书的编写汇集了多位专家学者的智慧。本书第 1 章和第 2 章由于剑编写，第 3 章、第 6 章和第 8 章由王万良编写，第 4 章由李涓子编写，第 5 章和第 9 章由马少平编写，第 7 章由朱军编写，第 10 章由山世光编写，第 11 章由周明编写，第 12 章由陶建华编写，第 13 章由陈小平编写，第 14 章由高阳编写，第 15 章由孙富春编写。全书由于剑统稿。在编写过程中，整个写作团队克服困难、团结协作、砥砺前行，体现了良好的奉献精神、协作精神和服务精神。本书编写过程中，侯磊参与了第 4 章编写，苏航参与了第 7 章编写，刘树杰、段楠和吴俣参与了第 11 章编写，易江燕、刘斌、郑艺斌和黄健参与了第 12 章编写，吉建民和吴锋参与了第 13 章编写，刘华平、刘春芳和方斌参与了第 15 章编写，在此表示感谢。

中国科协领导多次协调，确保丛书编制和推广工作顺利进行。中国科协学会学术部对丛书的撰写、出版、推广全过程提供了大力支持与具体指导。中国科协智能制造学会联合体承担了丛书的前期调研、组织协调和推广宣传工作。中国人工智能学会具体承担了本书编写的组织工作。中国科学技术出版社承担了本书的编辑校对和出版印刷工作。借此机会一并表示感谢。

当前，国内外一批人工智能领域的企业以及创业独角兽正在成长，获得了广泛的关注和认可。植入商业终端的智能语音交互、采用人脸识别等技术的支付应用、外科手术机器人等正更多地惠及千家万户，汇集多种人工智能技术的“新零售”也逐渐成为我国科技发展的一张张名片。未来，人工智能还将进一步驱动制造业、教育业、医疗以及金融等行业的深刻变革。毫无疑问，人工智能已经成为经济发展的新引擎、社会发展的加速器。

凡是过往，皆为序章。自1956年人工智能诞生以来，大批杰出的科学家做出了卓越贡献，华人和中华文化在其中发挥了举足轻重的作用，成为中国人工智能崛起的重要原因。今天，以《人工智能导论》的出版为契机，希望能启发更多有志于投身人工智能领域的科学家、工程师、投资者、企业家和广大爱好者，和我们一起共同投身于人工智能发展的伟大建设事业中！衷心希望《人工智能导论》的出版，不仅能够为国家抢占全球人工智能制高点的战略需要贡献力量，也为全社会的人才培养、建立终身学习模式、提高人类自身智能素质添砖加瓦。

《人工智能导论》主编李德毅和编写组全体成员

2018年8月

目　录

第一章 绪 论

自 1946 年第一台计算机诞生，人们一直希望计算机能够具有更加强大的功能。进入 21 世纪，由于计算能力的提高和大数据的积累，人们发现人工智能（Artificial Intelligence, AI）可以使计算机更具智能。这不仅可以创造一些新行业，也可以给传统行业赋能，从而导致了人工智能的新一轮热潮。

在国家政策层面，2017 年 7 月 20 日国务院印发了《新一代人工智能发展规划》，在 2018 年的中国政府工作报告中更明确提出“加强新一代人工智能研发应用”。国外的科技发达国家，如法国、德国、美国、日本等也出台了相关扶持政策。

在产业界，许多信息技术企业都相继涉足人工智能领域。例如，以做硬件著称于世的 IBM 公司已经转型人工智能了，许多的互联网企业如百度、谷歌、微软等更是全面转型人工智能。如今，许多创业公司更是以人工智能为主攻方向。

在实际产品开发方面，人工智能技术也得到了广泛应用，如寒武纪 1H8 等 AI 芯片、百度 Apollo 计划开放自动驾驶平台、手机的指纹识别与人脸识别产品等。

由于人工智能技术和产品日新月异，为了规范人工智能技术的合理利用和研发，人工智能伦理也被提上了议事日程。2017 年 1 月举行的 Beneficial AI 会议提出了 23 条阿西洛马人工智能原则（Asilomar AI Principles），指出人工智能和脑机接口技术必须尊重和保护人的隐私、身份认同、能动性和平等性。

对人工智能有所了解和研究，是新时代对当代大学生提出的要求。本章将分节论述人工智能的起源和定义、人工智能的流派、人工智能的进展和发展趋势。

1.1 人工智能的起源和定义

如果不做很远的追溯，现代人工智能的起源就非常明确。现代人工智能的起源公认是1956年的达特茅斯会议。达特茅斯会议主要参加者有10人，分别是麦卡锡、明斯基、香农、罗切斯特、纽厄尔、西蒙、撒缪尔、伯恩斯坦、摩尔、所罗门诺夫，其中前四位是发起人。达特茅斯会议的最主要成就是使人工智能成了一个独立的研究学科。人工智能的英文名称是“Artificial Intelligence”，有文献可考的记录是出自1956年的达特茅斯会议。在此之前，即使有相关的名词术语，也不是大家对人工智能学科的命名共识。

人工智能如何定义呢？严格来说，历史上有很多人工智能的定义，这些定义对于人们理解人工智能都起过作用，甚至是很大的作用。比如，达特茅斯会议的发起建议书中对于人工智能的预期目标的设想是“制造一台机器，该机器可以模拟学习或者智能的所有方面，只要这些方面可以精确描述”（Every aspect of learning or any other feature of intelligence can in principle be so precisely described that a machine can be made to simulate it）。该预期目标也曾经被当作人工智能的定义使用，对人工智能的发展起到了举足轻重的作用。

时至今日，还没有一个被大家一致认同的精确的人工智能定义。

但目前最常见的AI定义有两个：一个是明斯基提出的，即“人工智能是一门科学，是使机器做那些人需要通过智能来做的事情”；另一个更专业一些的定义是尼尔森给出的，即“人工智能是关于知识的科学”，所谓“知识的科学”就是研究知识的表示、知识的获取和知识的运用。

在这两个定义中，专业人士更偏向于第二个定义。原因很简单，因为第一个定义中涉及两个未明确定义的概念，一个是人，一个是智能。什么是人？什么是智能？到现在依然是很难清楚回答的问题。相比之下，第二个定义只涉及一个未明确定义的概念，就是知识。在人、智能、知识这三个概念当中，知识被研究的应该是比较彻底的。同时，人和智能的定义也与知识紧密相关，而且知识是智能的基础。如果没有任何知识，很难发现什么是智能。

所以一般来说，AI的研究是以知识的表示、知识的获取和知识的应用为归依。虽然不同的学科致力于发现不同领域的知识，但应承认所有的学科都是以发现知识为目标的。比如，数学研究数学领域的知识、物理研究物理领域的知识，等等。而人工智能希望发现可以不受领域限制、适用于任何领域的知识，包括知识表示、知识获取以及知识应用的一般规律、算法和实现方式等。因此，相对其他学科，AI具有普适性、迁移性和渗透性。一般来说，将人工智能的知识应用于某一特定领域，即所谓的“AI+某一学科”，就可以形成一个新的学科，如生物信息学、计算历史学、计算广告学、计算社会学等。因此，掌握人工智能知识已经不仅是对人工智能研究者的要求，也是时代的要求。

1.2 人工智能的流派

根据前面的论述，我们知道要理解人工智能就要研究如何在一般的意义上定义知识。可惜的是，准确定义知识也是一个十分复杂的事情。严格来说，人们最早使用的知识定义是柏拉图在《泰阿泰德篇》中给出的，即“被证实的、真的和被相信的陈述”，简称知识的 JTB 条件。

然而，这个延续了两千多年的定义在 1963 年被哲学家盖梯尔否定了。盖梯尔提出了一个著名的悖论（简称“盖梯尔悖论”），该悖论说明柏拉图给出的知识定义存在严重缺陷。虽然后来人们给出了很多知识的替代定义，但直到现在仍然没有定论。

但关于知识，至少有一点是明确的，那就是知识的基本单位是概念。精通掌握任何一门知识，必须从这门知识的基本概念开始学习。而知识自身也是一个概念。因此，如何定义一个概念，对于人工智能具有非常重要的意义。给出一个定义看似简单，实际上是非常难的，因为经常会涉及自指的性质。一旦涉及自指，就会出现非常多的问题，很多的语义悖论都出于概念自指。关于这方面的深入讨论，有兴趣的同学可以读一读侯世达的《哥德尔、艾舍尔、巴赫：集异璧之大成》，该书对于概念自指有一些非常深入浅出的例子。

知识本身也是一个概念这件事情非同寻常。据此，人工智能的问题就变成了如下三个问题——如何定义（或者表示）一个概念、如何学习一个概念、如何应用一个概念。因此对概念进行深入研究就非常必要了。

那么，如何定义一个概念呢？简单起见，这里先讨论最为简单的经典概念。经典概念的定义由三部分组成：第一部分是概念的符号表示，即概念的名称，说明这个概念叫什么，简称概念名；第二部分是概念的内涵表示，由命题来表示，命题就是能判断真假的陈述句；第三部分是概念的外延表示，由经典集合来表示，用来说明与概念对应的实际对象是哪些。

举一个常见的经典概念的例子——素数。其概念名在汉语中为“素数”，在英语中称为 prime number；其内涵表示是一个命题，即只能被 1 和自身整除的大于 1 的自然数；其外延表示是一个经典集合，就是｛2，3，5，7，11，13，17，…｝。

概念有什么作用呢？或者说概念定义的各个组成部分有什么作用呢？很容易发现，经典概念定义的三部分各有其作用，且彼此不能互相代替。具体来说，概念有三个作用或功能，要掌握一个概念，必须清楚其三个功能。

第一个功能是概念的指物功能，即指向客观世界的对象，表示客观世界的对象的可观测性。对象的可观测性是指对象对于人或者仪器的知觉感知特性，不依赖人的主观感受。举一个《阿 Q 正传》里的例子：那赵家的狗，何以看我两眼呢？句子中“赵家的狗”应该是指现实世界当中的一条真正的狗。但概念的指物功能有时不一定能够实现，有些概念其设想存在的对象在现实世界并不存在，例如“鬼”。

第二个功能是指心功能，即指向人心智世界里的对象，代表心智世界里的对象表示。鲁迅有一篇著名的文章《“丧家的”“资本家的乏走狗”》，显然，这个“狗”不是现实世界的狗，只是他心智世界中的狗，即心里的狗（在客观世界，梁实秋先生显然无论如何不是狗）。概念的指心功能一定存在。如果对于某一个人，一个概念的指心功能没有实现，则该词对于该人不可见，简单地说，该人不理解该概念。

第三个功能是指名功能，即指向认知世界或者符号世界表示对象的符号名称，这些符号名称组成各种语言。最著名的例子是乔姆斯基的“colorless green ideas sleep furiously”，这句话翻译过来是“无色的绿色思想在狂怒地休息”。这句话没有什么意思，但是完全符合语法，纯粹是在语言符号世界里，即仅仅指向符号世界而已。当然也有另外，“鸳鸯两字怎生书”指的就是“鸳鸯”这两个字组成的名字。一般情形下，概念的指名功能依赖不同的语言系统或者符号系统，由人类所创造，属于认知世界。同一个概念在不同的符号系统里，概念名不一定相同，如汉语称“雨”，英语称“rain”。

根据波普尔的三个世界理论，认知世界、物理世界与心理世界虽然相关，但各不相同。因此，一个概念的三个功能虽然彼此相关，也各不相同。更重要的是，人类文明发展至今，这三个功能不断发展，彼此都越来越复杂，但概念的三个功能并没有改变。

在现实生活中，如果你要了解一个概念，就需要知道这个概念的三个功能：要知道概念的名字，也要知道概念所指的对象（可能是物理世界），更要在自己的心智世界里具有该概念的形象（或者图像）。如果只有一个，不能说了解该概念。

举一个简单的例子。清华大学计算机系的马少平教授曾经讲过一个很有趣的故事：有一天马老师出去开会，自己一个人在一张桌子上吃饭，有人就过来问他是哪个单位的，马老师回答说是清华大学的。那人听了很高兴，就接着问清华大学哪个系的，马老师说是计算机系的。那人说：“我认识清华大学计算机系的一个老师，不知您认不认识？”马老师回应：“我在清华大学计算机系待了 30 年，你说的老师我应该认识”，那人很骄傲地一抬头说：“我认识马少平。”

这个人认识马少平老师吗？显然，不能说他认识，因为他不知道跟他说话的就是马少平。所以说，掌握一个概念需要三指都对才行。如果只能指名、不能指物，还是不能说理解了相应的概念。

知道了概念的三个功能之后，就可以理解人工智能的三个流派以及各流派之间的关系。人工智能也是一个概念，而要使一个概念成为现实，自然要实现概念的三个功能。人工智能的三个流派关注于如何才能让机器具有人工智能，并根据概念的不同功能给出了不同的研究路线。专注于实现AI指名功能的人工智能流派称为符号主义；专注于实现AI指心功能的人工智能流派称为连接主义；专注于实现AI指物功能的人工智能流派称为行为主义。

1.2.1 符号主义

符号主义的代表人物是Simon与Newell，他们提出了物理符号系统假设，即只要在符号计算上实现了相应的功能，那么在现实世界就实现了对应的功能，这是智能的充分必要条件。因此，符号主义认为，只要在机器上是正确的，现实世界就是正确的。说得更通俗一点，指名对了，指物自然正确。

在哲学上，关于物理符号系统假设也有一个著名的思想实验——图灵测试。图灵测试要解决的问题就是如何判断一台机器是否具有智能。

图灵测试的思想实验如下：一个房间里有一台计算机和一个人，计算机和人分别通过各自的打印机与外面联系。外面的人通过打印机向屋里的计算机和人提问，屋里的计算机和人分别作答，计算机尽量模仿人。所有回答都是通过打印机用语言描述出来的。如果屋外的人判断不出哪个回答是人、哪个回答是计算机，就可以判定这台计算机具有智能。图灵测试示意图见图1.1。

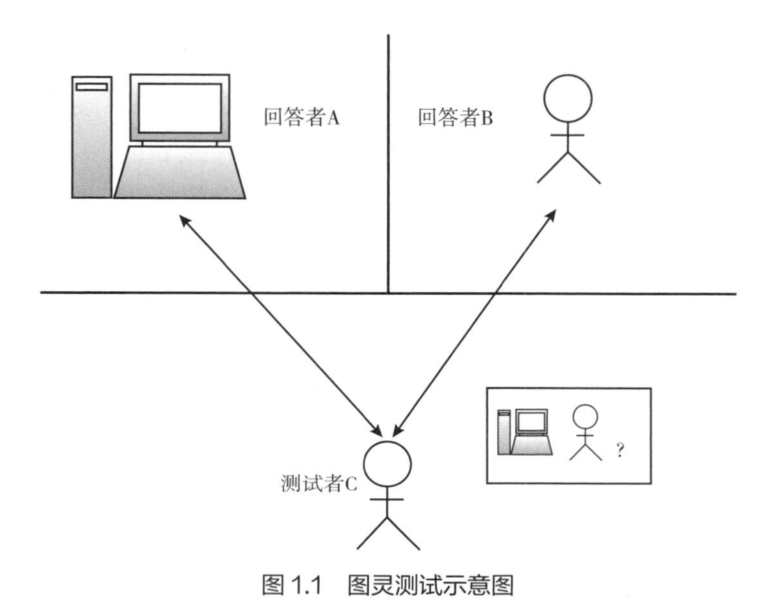

图1.1 图灵测试示意图

显然，上述测试都是在符号层面进行的，是一个符号测试方式。这个测试方式具有十分重要的意义。因为截至目前，并没有人给出一个为大家所一致认可的智能的内涵定义，而如何判定是否具有智能就面临很大困难。有了图灵测试，我们就可以将研究智能的重点放在智能的外在功能性表现上，使智能在工程上看似乎是可以实现和判断的。

图灵测试将智能的表现完全限定在指名功能里。但马少平教授的故事已经说明，只在指名功能里实现了概念的功能，并不能说明一定实现了概念的指物功能。实际上，根据指名与指物的不同，哲学家 Searle 专门设计了一个思想实验用来批判图灵测试，这就是著名的中文屋实验。

中文屋实验设计如下：一个人住在一个房间里，他只懂英文。但是在这个房间里有一个构造好的计算机程序，这个计算机程序可以根据中文输入回答任意中文问题，同时这个房间有一个窗口可以递出和递入纸条。通过这个窗口递入中文问题，屋里的这个人按照这个计算机程序输出相应的中文答案。由于其应对无误，显然屋外的人会认为其精通中文，但实际上屋里的人对中文一无所知。中文屋实验示意图见图 1.2。

中文屋实验明确说明，即使符号主义成功了，这全是符号的计算跟现实世界也不一定搭界，即完全实现指名功能也不见得具有智能。这是哲学上对符号主义的一个正式批评，明确指出了按照符号主义实现的人工智能不等同于人的智能。

虽然如此，符号主义在人工智能研究中依然扮演了重要角色，其早期工作的主要成就体现在机器证明和知识表示上。在机器证明方面，早期 Simon 与 Newell 做出了重要的贡献，王浩、吴文俊等华人也得出了很重要的结果。机器证明以后，符号主义最重要的成就是专家系统和知识工程，最著名的学者就是 Feigenbaum。如果认为沿着这一条路就可以实现全部智能，显然存在问题。日本第五代智能机就是沿着知识工程这条路走的，其后来的失败在现在看来是完全合乎逻辑的。

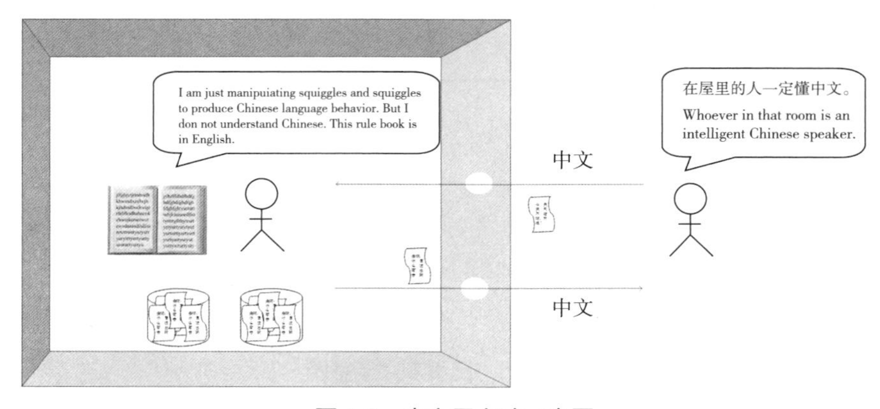

图 1.2　中文屋实验示意图

实现符号主义面临的现实挑战主要有三个。第一个是概念的组合爆炸问题。每个人掌握的基本概念大约有 5 万个，其形成的组合概念却是无穷的。因为常识难以穷尽，推理步骤可以无穷。第二个是命题的组合悖论问题。两个都是合理的命题，合起来就变成了没法判断真假的句子了，比如著名的柯里悖论（Curry's Paradox）（1942）。第三个也是最难的问题，即经典概念在实际生活当中是很难得到的，知识也难以提取。上述三个问题成了符号主义发展的瓶颈。

1.2.2 连接主义

连接主义认为大脑是一切智能的基础，主要关注于大脑神经元及其连接机制，试图发现大脑的结构及其处理信息的机制、揭示人类智能的本质机理，进而在机器上实现相应的模拟。前面已经指出知识是智能的基础，而概念是知识的基本单元，因此连接主义实际上主要关注于概念的心智表示以及如何在计算机上实现其心智表示，这对应着概念的指心功能。2016 年发表在 *Nature* 上的一篇学术论文揭示了大脑语义地图的存在性，文章指出概念都可以在每个脑区找到对应的表示区，确确实实概念的心智表示是存在的。因此，连接主义也有其坚实的物理基础。

连接主义学派的早期代表人物有麦克洛克、皮茨、霍普菲尔德等。按照这条路，连接主义认为可以实现完全的人工智能。对此，哲学家普特南设计了著名的“缸中之脑实验”，可以看作是对连接主义的一个哲学批判。

缸中之脑实验描述如下：一个人（可以假设是你自己）被邪恶科学家进行了手术，脑被切下来并放在存有营养液的缸中。脑的神经末梢被连接在计算机上，同时计算机按照程序向脑传递信息。对于这个人来说，人、物体、天空都存在，神经感觉等都可以输入，这个大脑还可以被输入、截取记忆，比如截取掉大脑手术的记忆，然后输入他可能经历的各种环境、日常生活，甚至可以被输入代码，“感觉”到自己正在阅读这一段有趣而荒唐的文字。缸中之脑实验示意图见图 1.3。

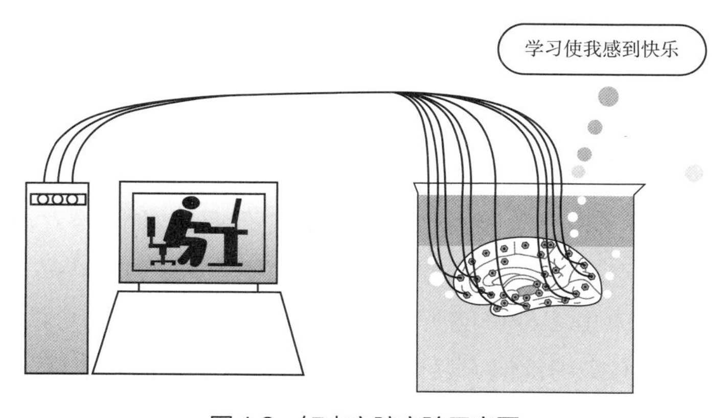

图 1.3 缸中之脑实验示意图

缸中之脑实验说明即使连接主义实现了，指心没有问题，但指物依然存在严重问题。因此，连接主义实现的人工智能也不等同于人的智能。

尽管如此，连接主义仍是目前最为大众所知的一条 AI 实现路线。在围棋上，采用了深度学习技术的 AlphaGo 战胜了李世石，之后又战胜了柯洁。在机器翻译上，深度学习技术已经超过了人翻译的水平。在语音识别和图像识别上，深度学习也已经达到了实用水准。客观地说，深度学习的研究成就已经取得了工业级的进展。

但是，这并不意味着连接主义就可以实现人的智能。更重要的是，即使要实现完全的连接主义，也面临极大的挑战。到现在为止，人们并不清楚人脑表示概念的机制，也不清楚人脑中概念的具体表示形式、表示方式和组合方式等。现在的神经网络与深度学习实际上与人脑的真正机制距离尚远，并非人脑的运行机制。

1.2.3 行为主义

行为主义假设智能取决于感知和行动，不需要知识、表示和推理，只需要将智能行为表现出来就好，即只要能实现指物功能就可以认为具有智能了。这一学派的早期代表作是 Brooks 的六足爬行机器人。

对此，哲学家普特南也设计了一个思想实验，可以看作是对行为主义的哲学批判，这就是“完美伪装者和斯巴达人”。完美伪装者可以根据外在的需求进行完美的表演，需要哭的时候可以哭得让人撕心裂肺，需要笑的时候可以笑得让人兴高采烈，但是其内心可能始终冷静如常。斯巴达人则相反，无论其内心是激动万分还是心冷似铁，其外在总是一副泰山崩于前而色不变的表情。完美伪装者和斯巴达人的外在表现都与内心没有联系，这样的智能如何从外在行为进行测试？因此，行为主义路线实现的人工智能也不等同于人的智能。

对于行为主义路线，其面临的最大实现困难可以用莫拉维克悖论来说明。所谓莫拉维克悖论，是指有时人觉得困难的问题，对计算机来说反而是简单的；有时人觉得简单的问题，对计算机来说反而是困难的。对计算机来说，最难以复制的是人类技能中那些无意识的技能。目前，模拟人类的行动技能面临很大挑战。比如，在网上看到波士顿动力公司人形机器人可以做高难度的后空翻动作，大狗机器人可以在任何地形负重前行，其行动能力似乎非常强。但是这些机器人都有一个大的缺点——能耗过高、噪声过大。大狗机器人原是美国军方订购的产品，但因为大狗机器人开动时的声音在十里之外都能听到，大大提高了其成为一个活靶子的可能性，使其在战场上几乎没有实用价值，美国军方最终放弃了采购。

1.3 人工智能的进展和发展趋势

综上所述，符号主义认为只要实现指名功能就可以实现人工智能；联结主义认为只要实现指心功能就可以实现人工智能；行为主义认为只要实现指物功能就可以实现人工智能。人工智能的三大流派虽然取得了很大进展，但各自也面临巨大挑战。简单地说，人工智能三大流派假设之所以能够成立的前提是指名、指物、指心功能等价。

可是这个前提成立吗？早期的人工智能研究使用经典概念，而经典概念至少具有以下5个假设：①概念的外延表示可以用经典集合表示；②概念的内涵表示存在命题表示；③指称对象的外延表示与其内涵表示名称一致；④概念表示唯一，即同一个概念的表示与个体无关，对于同一个概念，每个人的表示都是一样的；⑤概念的内涵表示与外延表示在指称对象上功能等价。

可以明显看出，在上述5个假设之下，经典概念的指心、指物、指名功能是等价的，即指名意味着指物、指心。但是，日常生活中使用的概念一般并不满足经典概念的5条假设，因此也不能保证其指心、指物、指名功能等价。《周易·系辞上》中也说，“书不尽言，言不尽意”，明确指出了指名、指心与指物不一定等价。下面给出两个例子，以说明日常生活中概念的指名、指物功能并不等价。

微信上曾经流传过一个著名段子：一个人说手头有一个亿，谁有项目通知一下，一起投资。不然，再晚一点，就洗手不干了。听的人以为其是指物，即真的有一个亿的资金。而实际上，这个人只是在手头上写了三个字“一个亿”而已。在这儿纯粹指名，即“手头有一个亿”仅仅是符号“一个亿”而已。这个段子显然利用了概念的指名与指物不一定等价的性质。

西方绘画史上有一幅著名的绘画，画面上画了一个烟斗，题字却说这不是烟斗。其显然是想说明符号与实物不同，即指名与指物不等价。在现实生活中，也可以发现指名与指心不等价的例子。

综上所述，概念的指名、指物与指心功能在生活中并不等价，单独实现概念的一个功能并不能保证具有智能。因此，单独遵循一个学派不足以实现人工智能，现在的人工智能研究已经不再强调遵循人工智能的单一学派。很多时候会综合各个流派的技术。比如，从专家系统发展起来的知识图谱已经不完全遵循符号主义的路线了。在围棋上战胜人类顶尖棋手的AlphaGo综合使用了三种学习算法——强化学习、蒙特卡罗树搜索、深度学习，而这三种学习算法分属于三个人工智能流派（强化学习属于行为主义，蒙特卡罗树搜索属于符号主义，深度学习属于连接主义）。无人驾驶技术同样是突破了人工智能三大流派限制的综合技术。虽然人工智能发展至今，各个流派依然在发展，也都取得了很好的进展，但是各个流派进行融合已经是大势所趋，特别是在大数据和云计算的助力下，新一代人工智能将带来社会的第四次技术革命。

然而，目前的人工智能还有很大的缺陷，其使用的知识表示还是建立在经典概念的基础之上。图灵测试的文章发表之日在1950年，当时人们对经典概念的普适性还没有提出质疑，因此，其使用的概念是基于经典概念的。在图灵测试中，最重要的概念之一是人，包括提问者和回答者。但是什么样的人才是合适的提问者和回答者，是中国人还是英国人、是圣人还是智力障碍者或者装傻者，图灵测试并没有定义。如果人存在经典定义，在图灵测试里，就容易确定什么样的人作为提问者和回答者。可惜的是，人并不能用经典概念定义来定义。

经典概念的基本假设还是指心、指名与指物等价，这与人类的日常生活经验严重不符，过于简单化了。在人类的现实生活当中，概念的指名、指物、指心并不总是等价的。在基于经典概念的知识表示框架下，现在的机器表现有时显得极其智障，缺乏常识、缺乏理解能力，严重缺乏处理突发状况的能力。实际上，维特根斯坦在1953年出版的《哲学研究》明确提出，日常生活中使用的概念如人等是没有经典概念定义的。这实际上给图灵测试带来了很大的不确定性。因此，在经典概念表示不成立的情形下，如何进行概念表示是一个极具挑战性的问题。

本书内容包括知识表示、知识获取、知识应用三部分。

知识表示包含概念表示、知识表示、知识图谱三部分内容。其中，概念表示讲述经典概念的表示以及现代概念表示理论，由于剑教授编写；知识表示讲述产生式、框架和状态空间等知识表示方法，由王万良教授编写；知识图谱讲述本体知识表示方法，由李涓子教授编写。

知识获取包括搜索技术、群智能算法、机器学习、人工神经网络与深度学习四部分内容。其中，搜索技术讲述图搜索技术、盲目搜索、启发式搜索和博弈搜索等，由马少平教授编写；群智能算法讲述遗传算法、粒子群算法和蚁群算法等，由王万良教授编写；机器学习讲述监督学习、无监督学习和弱监督学习，由朱军教授编写；人工神经网络与深度学习讲述BP神经网络、卷积神经网络和生成对抗网络等，由王万良教授编写。

知识应用涉及专家系统、计算机视觉、自然语言处理、语音处理、规划、多智能体系统与智能机器人六部分内容。其中，专家系统主要讲专家系统、非确定性推理等，由马少平教授编写；计算机视觉讲述数字图像的类型、计算机视觉模型和关键技术等，由山世光研究员编写；自然语言处理讲述机器翻译、人机对话、智能问答等，由周明研究员编写；语音处理讲述语音识别、语音增强、语音转换、语音情感等，由陶建华研究员编写；规划讲述经典规划和概率规划，由陈小平教授编写；多智能体系统讲述多智能体的定义、结构、协商机制和学习，由高阳教授编写；智能机器人讲述智能机器人概要、人工智能在机器人中的应用以及未来智能机器人的展望，由孙富春教授编写。建议前八章为学习重点，后八章作为选讲内容。

习题：

1. 试搜索人工智能的其他定义。
2. 试论述人工智能的三个流派。
3. 试论述知识与概念之间的关系。
4. 试举一例来说明莫拉维克悖论，并给出支持该例的事实。
5. 试举 3 个生活中的例子，说明概念的三个基本功能。
6. 是否存在一个概念不具有概念的三个基本功能，并论证之。

第二章　概念表示

对于人工智能来说，知识是最重要的部分。知识由概念组成，概念是构成人类知识世界的基本单元。人们借助概念才能正确地理解世界，与他人交流，传递各种信息。如果缺少对应的概念，将自己的想法表达出来是非常困难甚至是不可能的。能够准确地使用各种概念是人类一项重要且基本的能力。鉴于知识自身也是一个概念，因此，要想表达知识，能够准确表达概念是先决条件。

要想表示概念，必须将概念准确定义。如何才能定义一个概念呢？从古至今，人们一直在研究。1953 年以前，一般认为概念可以准确定义，而有些缺少准确定义的概念仅仅是由于人们研究不够深入、没有发现而已。遵循这样信念的概念定义，可以称为概念的经典理论。直到 1953 年维特根斯坦《哲学研究》的发表，使得上述信念被证伪，即不是任何概念都可以被精确定义。比如，许多日常生活中使用的概念（如猫、狗等）并不能被精确定义。这极大地改变了人们对概念的认识。在经典概念定义不一定存在的情况下，概念的原型理论、样例理论和知识理论先后被提出。下面，我们将依次叙述。

2.1　经典概念理论

所谓概念的精确定义，就是可以给出一个命题，亦称概念的经典定义方法。在这样一种概念定义中，对象属于或不属于一个概念是一个二值问题——一个对象要么属于这个概念，要么不属于这个概念，二者必居其一。一个经典概念由三部分组成，即概念名、概念的内涵表示、概念的外延表示。

概念名由一个词语来表示，属于符号世界或者认知世界。

概念的内涵表示用命题来表示，反映和揭示概念的本质属性，是人类主观世界对概念的认知，可存在于人的心智之中，属于心智世界。所谓命题，就是非真即假的陈述句。

概念的外延表示由概念指称的具体实例组成，是一个由满足概念的内涵表示的对象构成的经典集合。概念的外延表示外部可观可测。

经典概念大多隶属于科学概念。比如，偶数、英文字母属于经典概念。

偶数的概念名为偶数。偶数的内涵表示为如下命题：只能被 2 整除的自然数。偶数的外延表示为经典集合 {0，2，4，6，8，10，…}。

英文字母的概念名为英文字母。英文字母的内涵表示为如下命题：英语单词里使用的字母符号（不区分字体）。英文字母的外延表示为经典集合 {a，b，c，d，e，f，g，h，i，j，k，l，m，n，o，p，q，r，s，t，u，v，w，x，y，z}。

经典概念在科学研究、日常生活中具有极其重要的意义。如果限定概念都是经典概念，则既可以使用其内涵表示进行计算（即所谓的数理逻辑）；也可以使用其外延表示进行计算（对应着集合论）。下面进行简单的介绍。

2.2　数理逻辑

在自然语言中，不是所有的语句都是命题。

（1）您去电影院吗？

（2）看花去！

（3）天鹅！

（4）这句话是谎言。

（5）哎呀，您……

（6）$x=2$。

（7）两个奇数之和是奇数。

（8）欧拉常数是无理数。

（9）有缺点的战士毕竟是战士，完美的苍蝇毕竟是苍蝇。

（10）任何人都会死，苏格拉底是人，因此，苏格拉底是会死的。

（11）如果下雨，则我打伞。

（12）三角形的三个内角之和是 180°，当且仅当过直线外一点有且仅有一条直线与已知直线平行。

（13）李白要么擅长写诗，要么擅长喝酒。

（14）李白既不擅长写诗，又不擅长喝酒。

在以上这些句子中，（1）～（6）都不是命题，其中（1）（2）（3）（5）不是陈述句。（4）不能判断真假，既不能说其为真，又不能说其为假，这样的陈述句称为悖论。（6）的真假值依赖 x 的取值，不能确定。

（7）~（14）都是命题。作为命题，其对应真假的判断结果称为命题的真值，真值只有两个：真或者假。真值为真的命题称为真命题，真值为假的命题称为假命题。真命题表达的判断正确，假命题表达的判断错误，任何命题的真值唯一。在以上的例子中,（7）是假命题。虽然到现在也不知道欧拉常数是不是无理数，但是欧拉常数作为一个实数是确实存在的，其要么是无理数，要么是有理数；必定是真命题，或者假命题，并不是悖论，其有唯一的真值，只是现在的我们还不知道其真假。人们是否知道对于判断其是否命题并不重要。因此（8）是命题。虽然（9）~（14）也是命题，但是其复杂性比（7）（8）要高。实际上，作为命题,（7）（8）不能再继续分解成更为简单的命题，这种不能分解为更简单命题的命题称为简单命题或者原子命题。在命题逻辑中，简单命题是基本单位，不再细分。在日常生活中，经常使用的命题大多不是简单命题，而是通过联结词联结而成的命题，称为复合命题，如（9）~（14）。

在命题逻辑中，简单命题常用 p、q、r、s、t 等小写字母表示。复合命题则用简单命题和逻辑词进行符号化。常见的逻辑联结词有五个——否定联结词、合取联结词、析取联结词、蕴涵联结词、等价联结词。在数理逻辑中，真用“1”来表示，假用“0”来表示。

否定联结词是一元联结词，其符号为$\neg$。设 p 为命题，复合命题“非 p”（或 p 的否定）称为 p 的否定式，记作$\neg p$。规定$\neg p$ 为真当且仅当 p 为假。在自然语言中，否定联结词一般用“非”“不”等表示，但是，不是自然语言中所有的“非”“不”都对应否定联结词。

合取联结词为二元联结词，其符号为$\wedge$。设 p，q 为两个命题，复合命题“p 并且 q”（或“p 与 q”）称为 p 与 q 的合取式，记作 $p \wedge q$。规定 $p \wedge q$ 为真当且仅当 p 与 q 同时为真。在自然语言中，合取联结词对应相当多的连词，如“既……又……”“不但……而且……”“虽然……但是……”“一面……一面……”“一边……一边……”等都表示两件事情同时成立，可以符号化为$\wedge$。同时，也需要注意不是所有的“与”“和”对应$\wedge$，比如“赵构与秦桧是同谋”。

析取联结词为二元联结词，其符号为$\vee$。设 p，q 为两个命题，复合命题“p 或者 q”称为 p 与 q 的析取式，记作 $p \vee q$。规定 $p \vee q$ 为假当且仅当 p 与 q 同时为假。特别需要注意的是，自然语言中的“或者”与$\vee$不完全相同，自然语言中的“或者”有时是排斥或，有时是相容或。而在数理逻辑中，$\vee$是相容或。

蕴涵联结词为二元联结词，其符号为$\rightarrow$。设 p，q 为两个命题，复合命题“如

果 p 则 q”称为 p 与 q 的蕴涵式，记作 $p \to q$。规定 $p \to q$ 为假当且仅当 p 为真且 q 为假。$p \to q$ 的逻辑关系为 q 是 p 的必要条件。使用蕴涵联结词→，必须注意自然语言中存在许多看起来差别很大的表达方式，如“只要 p，就 q”“因为 p，所以 q”“p 仅当 q”“只有 q 才 p”“除非 q 才 p”“除非 q，否则非 p”等都对应于命题符号化 $p \to q$。同时，必须注意到当 p 为假时，无论 q 为真或为假，$p \to q$ 总为真。平常人们也会使用这种规定，比如李白有句诗说“我且为君捶碎黄鹤楼，君亦为我倒却鹦鹉洲”，虽然“我且为君捶碎黄鹤楼”不可能为真、“君亦为我倒却鹦鹉洲”为假，但是整个句子其真值为真。最后，需要指出的是，日常生活里 $p \to q$ 中的前件 p 与后件 q 往往存在某种内在关系；而在数理逻辑里，并不要求前件 p 与后件 q 有任何联系，前件 p 与后件 q 可以完全没有内在联系。

等价联结词为二元联结词，其符号为↔。设 p，q 为两个命题，复合命题“p 当且仅当 q”称为 p 与 q 的等价式，记作 $p \leftrightarrow q$。规定 $p \leftrightarrow q$ 为真当且仅当 p 与 q 同为真或同为假。$p \leftrightarrow q$ 意味着 p 与 q 互为充要条件。不难看出，$(p \to q) \wedge (q \to p)$ 与 $p \leftrightarrow q$ 完全等价，都表示 p 与 q 互为充要条件。

现在，可以将命题符号化了。以（7）~（14）命题符号化为例。

（7）令 p：两个奇数之和是奇数。

其真值为 0。

（8）令 p：欧拉常数是无理数。

其真值确定，现在未知。

（9）令 p：有缺点的战士毕竟是战士。q：完美的苍蝇毕竟是苍蝇。

则原命题可以符号化为：$p \wedge q$ 其值为真。

（10）令 p：任何人都会死。q：苏格拉底是人。r：苏格拉底是会死的。

则原命题可以符号化为：$(p \wedge q) \to r$。

（11）令 p：下雨。q：我打伞。

则原命题可以符号化为：$p \to q$。

（12）令 p：三角形的三个内角之和是 180°。q：过直线外一点有一条直线与已知直线平行。

则原命题可以符号化为：$p \leftrightarrow q$。

（13）令 p：李白擅长写诗。q：李白擅长喝酒。

则原命题可以符号化为：$p \vee q$。

（14）令 p：李白擅长写诗。q：李白擅长喝酒。

则原命题可以符号化为：$\neg p \wedge \neg q$。

通过定义逻辑联结词和将命题符号化，可以在命题范围内进行推理和计算。比如很容易证明，$p \to q \Leftrightarrow \neg p \wedge \neg q$ 两个逻辑公式是逻辑等价的（用⇔表示逻辑等价）。

遗憾的是，命题逻辑并不总是能够处理日常生活中的简单推理，如（10）是著名的苏格拉底三段论，其显然恒为真。但是如果使用命题逻辑，只能分解到简单命题，将不能推断出命题恒为真。原因何在呢？对于日常生活中的逻辑推理来说，简单命题并不是最终的基本单位，还需要进一步分解。由于命题是陈述句，根据语法，一般可以分为主谓结构或者主谓宾结构。将命题进一步分解研究的逻辑称为谓词逻辑。

在谓词逻辑中，主语宾语都对应于研究对象中可以独立存在的具体或者泛指的客体，称为个体词，具体的如苏格拉底、李白、太阳等，泛指的如人、奇数、三角形等。表示具体或者特指的客体的个体词称作个体常项，常用小写英文字母 a，b，c 等表示，如可以用 a 表示李白、b 表示苏格拉底等。表示泛指的个体词称为个体变项，常用 x，y，z 等表示。谓语是用来刻画个体词性质或者个体词之间相互关系的，在谓词逻辑中称为谓词，常用大写字母 F，G，H 等表示。同个体词一样，谓词也有常项和变项之分。表示具体性质或关系的谓词称为谓词常项，表示泛指或者抽象的性质或者关系的谓词称为谓词变项。无论谓词常项或者变项都用大写字母 F，G，H 等表示，是谓词常项还是谓词变项依赖上下文确定。一般地，含有 n 个（$n \geqslant 1$）个体变项 x_1，x_2，…，x_n 的谓词 F 称为 n 元谓词，记作 $F(x_1, x_2, \cdots, x_n)$。当 $n=1$ 时，$F(x_1)$ 表示 x_1 具有性质 F；当 $n \geqslant 2$ 时，$F(x_1, x_2, \cdots, x_n)$ 表示 x_1，x_2，…，x_n 具有关系 F。n 元谓词是以个体域为定义域、以 $\{0, 1\}$ 为值域的 n 元函数或者关系。有时将没有个体变项的谓词称为 0 元谓词，如 $H(a)$，$G(a, b)$，$F(a_1, a_2, \cdots, a_n)$ 等都是 0 元谓词。当 F，G，H 等是谓词常项时，0 元谓词就是命题。任何命题都是 0 元谓词，命题完全可以看作是特殊的谓词。

在日常生活的逻辑推断中，经常需要建立个体变项与个体常项之间的数量替代关系（如苏格拉底三段论），并用量词来表示。在谓词逻辑中，有全称量词和存在量词两种量词。

常见词如“一切”“所有”“任意”“每一个”“凡”“都”等都称为全称量词，符号为∀。$\forall x$ 表示个体域里的所有个体，而个体域事先确定。$\forall x H(x)$ 表示个体域里所有个体 x 都有性质 H，$\forall x \forall y G(x, y)$ 表示个体域里所有的 x 和 y 都有关系 G，这里 H，G 是谓词。需要注意的是，有多个谓词时，个体域可能不同，因此需要限定个体变项的个体域。用来限定个体变项的个体域的谓词称为特性谓词。对于全称量词，个体变项的特性谓词与其对应的谓词之间的关系是蕴涵关系。

常见词如“存在”“有一个”“有的”“至少有一个”等都称为存在量词，符号为∃。$\exists x$ 表示个体域里的某个个体，而个体域事先确定。$\forall \exists H(x)$ 表示个体域里某

个体 x 具有性质 H，$\exists x \exists y G(x, y)$ 表示个体域里某个 x 和某个 y 有关系 G，这里 H，G 是谓词。同样的，有多个谓词时，个体域可能不同，因此也需要特性谓词来限定个体域。对存在量词，个体变项的特性谓词与其对应的谓词之间的关系是合取关系。

现在，可以将（7）~（14）谓词符号化。

（7）令 $F(x)$：x 是奇数。

则原命题可以谓词符号化为 $\forall x \forall y (F(x) \land F(y) \rightarrow F(x+y))$。

（8）令 a：欧拉常数 $F(x)$：x 是无理数。

则原命题可以谓词符号化为 $F(a)$。

（9）令 $F(x)$：x 是战士；$G(x)$：x 是苍蝇；$S(x)$：x 是有缺点的；$P(x)$：x 是完美的。

则原命题可以谓词符号化为 $\forall x (F(x) \land S(x) \rightarrow F(x)) \land \forall x (G(x) \land P(x) \rightarrow G(x))$。

（10）令 $F(x)$：x 会死；$M(x)$：x 是人；a：苏格拉底。

则原命题可以谓词符号化为 $(\forall x (M(x) \rightarrow F(x)) \land M(a)) \rightarrow F(a)$。

（11）令 $F(x)$：x 下雨；$G(x)$：x 打伞；a：天；b：我。

则原命题可以符号化为 $F(a) \rightarrow G(b)$。

（12）令 $F(x)$：x 是三角形的三个内角之和；$G(y)$：y 是 180°；$L(x)$：x 是直线；$P(x, y)$：x 与 y 平行；$\mathrm{Pix}(x)$：x 是一个点；$H(x, y, z)$：x 过 y 外 z。

则原命题可以符号化为 $(\forall x (F(x) \rightarrow G(x))) \leftrightarrow \forall x \forall y (L(x) \land Pix(y)) \rightarrow \exists z (L(z) \land H(z, x, y) \land P(z, x))$。

（13）令 a：李白 $F(x)$：x 擅长写诗；$G(x)$：x 擅长喝酒。

则原命题可以符号化为 $F(a) \lor G(a)$。

（14）令 a：李白 $F(x)$：x 擅长写诗；$G(x)$：x 擅长喝酒。

则原命题可以符号化为 $\neg F(a) \land \neg G(a)$。

根据以上知识，可以利用谓词、个体词和量词将命题符号化，然后在谓词逻辑范围内进行推理演算。由此，当概念的内涵表示为命题时，概念之间的组合运算可以通过数理逻辑进行。

2.3 集合论

当需要定义或使用一个概念时，常常需要明确概念指称的对象。一个由概念指称的所有对象组成的整体称为该概念的集合，这些对象就是集合的元素或者成员。

该概念名为集合的名称，该集合称为对应概念的外延表示，集合中的元素为对应概念的指称对象，如一元二次方程 $x^2-2=0$ 的解组成的集合、人类性别集合、质数集合等。

为了方便计算，集合通常用大写英文字母标记，例如，自然数集合 N、整数集合 Z、有理数集合 Q、实数集合 R、复数集合 C 等。因此，集合的名字常常有两个，一个用在自然语言里，对应该集合的概念名；一个用在数学里，用来降低书写的复杂度。

集合有两种表示方法：一种是枚举表示法，一种是谓词表示法。所谓集合的枚举表示法，是指列出集合中的所有元素，元素之间用逗号隔开，并把它们用花括号括起来，如 $A=\{1, 2, 3, 4, 5, 6, 7, 8, 9, 0\}$、$N=\{0, 1, 2, 3, 4, \cdots\}$ 都是合法的表示。

谓词表示法是用谓词来概括集合中元素的属性。该谓词是与集合对应的概念的内涵表示，即其命题表示的谓词符号化中的谓词。例如，集合 $B=\{x \mid x \in R \wedge x^2-2=0\}$ 表示方程 $x^2-2=0$ 的解集。当然，集合 B 也可以用枚举表示法来表示，$B=\{\sqrt{2}, -\sqrt{2}\}$。并不是所有的集合都可以用枚举表示法来表示，比如实数集合。

在用枚举表示法时，集合中的元素彼此不同，不允许一个元素在集合中多次出现；集合中的元素地位是平等的，出现的次序无关紧要，即集合中的元素无顺序，或者说两个集合如果在其对应的枚举表示法中元素完全相同而其出现顺序不同，则认为这两个集合是相同的。

考虑到集合中的元素对应对象，而每一个对象也可以看作一个更具体的概念，如李白是诗人这个集合中的一个元素，而李白自身也可以看作一个更为具体的概念。考虑到任何概念都有外延表示即集合对应，因此，集合的元素都可以看作集合。元素和集合之间的关系是隶属关系，即属于或者不属于，属于的记号为∈，不属于的记号为∉。例如 $A=\{a,\{a, b\},\{a\},\{a,\{a, b\}\}\}$。这里，$a \in A$，$\{a, b\} \in A$，$\{a\} \in A$，$\{a,\{a, b\}\} \in A$，但 $b \notin A$。可以用一个树形图来表示集合的隶属关系。该树形图显然分层构成，每一层上的一个节点表示一个集合，上层节点与下一层节点有边相连，当且仅当上层节点对应某集合，而下层节点对应该集合的元素。由于集合的元素都是集合，隶属关系可以看作处在不同层次上的集合之间的关系，因此，对于任何集合 A，都有 $A \notin A$。

如果同一层次的不同概念之间有各种关系，则对于同一层次上的两个集合，彼此之间也存在各种不同关系。

定义 2.1 如果 A、B 是两个集合，且 A 中的任意元素都是集合 B 中的元素，则称集合 A 是集合 B 的子集合，简称子集，这时也称 A 被 B 包含，或者 B 包含 A，

记作 $A \subseteq B$。

如果 A 不被 B 所包含，则记作 $A \nsubseteq B$。

包含的谓词符号化为：$A \subseteq B \Leftrightarrow \forall x(x \in A \rightarrow x \in B)$。

包含关系在集合中很常见，比如 $N \subseteq Z \subseteq Q \subseteq R \subseteq C$，但 $Z \nsubseteq N$。对于任何集合 A 都有 $A \subseteq A$，因此，隶属关系和包含关系都是两个集合之间的关系，对于某些集合可以同时存在，比如 $A=\{a,\{a, b\}, b,\{a,\{a, b\}\}\}$ 和 $\{a, b\}$，既有 $\{a, b\} \in A$，也有 $\{a, b\} \subseteq A$。前者认为它们不是同一层次的集合，后者认为它们是同一层次上的集合，逻辑上都是合理的。

定义 2.2 如果 A、B 是两个集合，且 $A \subseteq B$ 与 $B \subseteq A$ 同时成立，则称 A 与 B 相等，记作 $A=B$。

如果 A 与 B 不相等，则记作 $A \neq B$。

相等的符号化表示为：$A=B \Leftrightarrow A \subseteq B \wedge B \subseteq A$。

定义 2.3 如果 A、B 是两个集合，且 $A \subseteq B$ 与 $A \neq B$ 同时成立，则称 A 是 B 的真子集，记作 $A \subset B$。

如果 A 不是 B 的真子集，则记作 $A \not\subset B$。

真子集的符号化表示为：$A \subset B \Leftrightarrow A \subseteq B \wedge A \neq B$。

例如：$N \subset Z \subset Q \subset R \subset C$，但 $Z \not\subset Z$。

定义 2.4 不含任何元素的集合叫作空集，记作 ϕ。

空集可以符号化表示为：$\phi=\{x | x \neq x\}$。

例如，21 世纪的法国国王，显然是一个空集。

定理 2.1 空集是一切集合的子集。

证明：任给集合 A，由子集定义可知 $\phi \subseteq A \Leftrightarrow \forall x(x \in \phi \rightarrow x \in A)$。由于右边的蕴涵式前件为假而为真命题，必然 $\phi \subseteq A$ 成立。证毕。

推论：空集是唯一的。

证明：假设存在两个空集 ϕ_1，ϕ_2。根据定理 2.1，可以指定必有 $\phi_1 \subseteq \phi_2$，$\phi_2 \subseteq \phi_1$。根据集合相等的定义可知，必有 $\phi_1=\phi_2$。

含有 n 个元素的集合简称 n 元集，它的含有 $m(m \leqslant n)$ 个元素的子集称为它的 m 元子集。可以证明，对于 n 元集 A，其子集总数为 2^n 个。

定义 2.5 集合 A 的全体子集构成的集合叫作集合 A 的幂集，记作 $P(A)$。不难知道，如果 A 为 n 元集，则 $P(A)$ 有 2^n 个元素。

定义 2.6 在一个具体问题中，如果涉及的集合都是某个集合的子集，则称该集合为全集，记作 E。

对于不同的问题，全集定义不同。有时候，即使对同一个问题，也可以构造不同的全集来解决问题。一般说来，全集取得小一些，问题的描述和处理会简单一些，但也不能一概而论。

集合作为概念的外延表示，对应于概念之间的运算，也存在相应的运算。最基本的集合运算有并、交、对称差和相对补。

定义 2.7 设 A、B 为集合，A 与 B 的并集 $A \cup B$，交集 $A \cap B$，对称差 $A \oplus B$，B 对 A 的相对补集 $A-B$ 可分别定义如下：

$$A \cup B = \{x|x \in A \vee x \in B\}$$

$$A \cap B = \{x|x \in A \wedge x \in B\}$$

$$A \oplus B = \{x|(x \in A \wedge x \notin B) \wedge (x \in B \wedge x \notin A)\}$$

$$A - B = \{x|x \in A \wedge x \notin B\}$$

如果两个集合的交集为空集，则称这两个集合是不交的。

在给定全集 E 以后，$A \subseteq E$，A 的绝对补集 $\sim A$ 可定义如下：

$$\sim A = E - A = \{x|x \in E \wedge x \notin A\}$$

由此，可以具体计算集合之间的并、交、对称差、相对补和绝对补。

显然，当概念的外延表示为经典集合时，概念之间的计算可以由集合运算来代替。

当不能或不方便用枚举表示法来表示集合时，可以使用集合的特征函数来表示特定论域中的元素与集合的关系。一般来说，讨论集合时会限定在一个全集，待讨论的集合中的元素都是该全集的元素。当全集为 E，待讨论的集合为 A，$I_A(x)=1$ 当且仅当 $x \in A$，否则，$I_A(x)=0$，则 $I_A(x)$ 是集合 A 的特征函数。

2.4 概念的现代表示理论

不是所有的概念都具有经典概念表示。第一章已经指出，概念的经典理论假设概念的内涵表示由一个命题表示，外延表示由一个经典集合表示，但是对于日常生活里使用的概念来说，这个要求过高，比如常见的概念如人、勺子、美、丑等就很难给出其内涵表示或者外延表示。人们很难用一个命题来准确定义什么是人、勺子、美、丑，也很难给出一个经典集合将对应着人、勺子、美、丑这些概念的对象一一枚举出来。命题的真假与对象属不属于某个经典集合都是二值假设，非 0 即 1，但现实生活中的很多事情难以以这种方式计算。

著名的“秃子悖论”可以清楚地说明这一点。所谓“秃子悖论”是如下一个陈述句：比秃子多一根头发的人也是秃子。如果假设“秃子”这个概念是经典概念，那么运用经典推理技术，从“头上一根头发也没有的人是秃子”这个基准论断出发，经过 10 万次推理，就可以推断出“一个人即使具有 10 万根头发也是秃子”。

显然，这是一个荒谬的结论，因为据统计，一个成年人正常也就有 10 万根头发。错误发生在哪里呢？显然，“秃子”属于经典概念这个假设并不正确。

“秃子”这样的概念是不是个别现象呢？

在 1953 年出版的《哲学研究》里，通过仔细剖分“游戏”这个概念，维特根斯坦对概念的内涵表示的存在性提出了严重质疑，明确指出如下假设并不正确：所有的概念都存在经典的内涵表示（命题表示）。现代认知科学是这一观点的支持者，认为各种生活中的实用概念如人、猫、狗等都不一定存在经典的内涵表示（命题表示）。

但是，这并不意味着概念的内涵表示在没有发现时，该概念就不能被正确使用。实际上，人们对于日常生活中的概念应用得很好，但是其相应的内涵表示不一定存在。为此，认知科学家提出了一些新概念表示理论，如原型理论、样例理论和知识理论。

原型理论认为一个概念可由一个原型来表示。一个原型既可以是一个实际的或者虚拟的对象样例，也可以是一个假设性的图示性表征。通常，假设原型为概念的最理想代表。比如“好人”这个概念很难有一个命题表示，但在中国，好人通常用雷锋来表示，雷锋就是好人的原型。又比如，对于“鸟”这个概念，成员一般具有羽、卵生、有喙、会飞、体轻等特点，麻雀、燕子都符合这个特点而鸵鸟、企鹅、鸡、家鸭等不太符合鸟的典型特征。显然，麻雀、燕子适合作为鸟的原型，而鸵鸟、企鹅、鸡、家鸭等不太适合作为鸟的原型，虽然其也属于鸟类，但不属于典型的鸟类。因此，在原型理论里，同一个概念中的对象对于概念的隶属度并不都是 1，会根据其与原型的相似程度而变化。在概念原型理论里，一个对象归为某类而不是其他类仅仅因为该对象更像某类的原型表示而不是其他类的原型表示。

在日常生活中，这样的概念很多，如秃子、美人、吃饱了，等等。在以上这些概念之中，概念的边界并不清晰，严格意义上其边界是模糊的。正是注意到这一现象，扎德于 1965 年提出了模糊集合的概念，其与经典集合的主要区别在于对象属于集合的特征函数不再是非 0 即 1，而是一个不小于 0、不大于 1 的实数。据此，基于模糊集合发展出模糊逻辑，可以解决秃子悖论问题。

但是，要找到概念的原型也不是简单的事情。一般需要辨识属于同一个概念的许多对象，或者事先有原型可以展示才可能。但这两个条件并不一定存在。特别是 20 世纪 70 年代儿童发育学家通过观察发现，一个儿童只需要认识同一个概念的几个样例，就可以对这几个样例所属的概念进行辨识，但其并没有形成相应概念的原型。据此，又提出了概念的样例理论。

样例理论认为概念不可能由一个对象样例或者原型来代表，但是可以由多个已知样例来表示。理由是，一两岁的婴儿已经可以正确辨识什么是人、什么不是人，即可以使用“人”这样的概念了。但是一两岁的婴儿接触的人的个体数量非常有限，其不可能形成“人”这个概念的原型。这实际上与很多人的实际经验也相符。人们认识一个概念，比如认识“一”这个字，显然，只可能通过有限的这个字的样本来认识，不可能将所有“一”这个字的样本都拿来让人学习。在样例理论中，一个样例属于某个特定概念 A 而不是其他概念，仅仅因为该样例更像特定概念 A 的样例表示而不是其他概念的样例表示。在样例理论里，概念的样例表示通常有三种不同形式：由该概念的所有已知样例来表示；由该概念的已知最佳、最典型或者最常见的样例来表示；由该概念的经过选择的部分已知样例来表示。

更进一步，认知科学家发现在各种人类文明中都存在颜色概念，但是具体的颜色概念各有差异，并由此推断出单一概念不可能独立于特定的文明之外而存在。由此形成了概念的知识理论。知识理论认为，概念是特定知识框架（文明）的一个组成部分。但是，不管怎样，认知科学总是假设概念在人的心智中是存在的。本书也采用这样的假设。概念在人心智中的表示称为认知表示，其属于概念的内涵表示。

需要指出的是，已有研究发现不同的概念具有不同的内涵表示，可能是命题表示，可能是原型表示，可能是样例表示，也可能是知识表示，当然也可能存在不同于以上的认知表示。对于一个具体的概念，到底是哪一种表示，需要根据实际情况具体研究。据此可知，对于概念表示，一个公开的问题是是否存在一种统一的可以与已知的概念表示理论相容的概念表示理论？有兴趣的读者可以阅读相关文献。

习题：

1. 试举出 3 个经典概念。
2. 试判断如下语句是否是命题？如果是命题，请将其谓词符号化。
   a）失火了！
   b）如果 $2+2=4$，则任何人都会走路。
   c）鸟要么会飞，要么不会飞。
   d）有人好奇心重当且仅当恒星有卫星。
   e）李白不是一个现实主义诗人。
   f）有的人既会写诗又会作画。
3. 试利用集合论求解如下问题：1 到 1000 的数字既不能被 3 和 7 整除，又不能被 4 和 8 整除的数有多少？
4. 为什么经典概念理论在现实生活中不一定成立？试举例说明。
5. 请给出至少 3 个不是命题的陈述句。
6. 如何判断命题的真假？试论述之。

第三章　知识表示

人类的智能活动主要是获得并运用知识。知识是智能的基础。为了使计算机具有智能，能模拟人类的智能行为，就必须使它具有知识。但人类的知识需要用适当的模式表示出来，才能存储到计算机中并能够被运用。因此，知识的表示成为人工智能中一个十分重要的研究课题。

本章将首先介绍知识与知识表示的概念，然后介绍产生式、框架、状态空间等当前人工智能中应用比较广泛的知识表示方法，为后面介绍推理方法、搜索、专家系统等奠定基础。

3.1　知识与知识表示的概念

3.1.1　知识的概念

知识是人们在长期的生活及社会实践中、在科学研究及实验中积累起来的对客观世界的认识与经验。人们把实践中获得的信息关联在一起，就形成了知识。一般来说，把有关信息关联在一起所形成的信息结构称为知识。信息之间有多种关联形式，其中用得最多的一种是用“如果……，则……”表示的关联形式。在人工智能中，这种知识被称为“规则”，它反映了信息间的某种因果关系。

例如，我国北方的人们经过多年的观察发现，每当冬天即将来临，就会看到一批批的大雁向南方飞去，于是把“大雁向南飞”与“冬天就要来临了”这两个信息关联在一起，得到了如下知识：如果大雁向南飞，则冬天就要来临了。

又如，“雪是白色的”也是一条知识，它反映了“雪”与“白色”之间的一种关系。在人工智能中，这种知识被称为“事实”。

3.1.2 知识的特性

1. 相对正确性

知识是人类对客观世界认识的结晶，并且受到长期实践的检验。因此，在一定的条件及环境下，知识是正确的。这里，"一定的条件及环境"是必不可少的，它是知识正确性的前提。因为任何知识都是在一定的条件及环境下产生的，因而也就只有在这种条件及环境下才是正确的。例如，牛顿力学定律在一定的条件下才是正确的。再如，1 + 1 = 2，这是一条妇幼皆知的正确知识，但它也只是在十进制的前提下才是正确的；如果是二进制，它就不正确了。

又如，宋代大诗人苏轼看到王安石写的诗句："西风昨夜过园林，吹落黄花满地金"时，苏轼认为王安石写错了，因为他知道春天的花败落时花瓣才会落下来，而黄花（即菊花）的花瓣最后是枯萎在枝头的，所以便踌躇满志地续写了两句诗纠正王安石的错误："秋花不比春花落，说与诗人仔细吟"。后来，苏轼被王安石贬到黄州任团练副使，见到还有落花的菊花，才知道自己错了。

在人工智能中，知识的相对正确性更加突出。除了人类知识本身的相对正确性外，在建造专家系统时，为了减少知识库的规模，通常将知识限制在所求解问题的范围内。也就是说，只要这些知识对所求解的问题是正确的就行。例如，在后面介绍的动物识别系统中，因为仅仅识别虎、金钱豹、斑马、长颈鹿、企鹅、鸵鸟、信天翁七种动物，所以知识"IF 该动物是鸟 AND 善飞，则该动物是信天翁"就是正确的。

2. 不确定性

由于现实世界的复杂性，信息可能是精确的，也可能是不精确的、模糊的；关联可能是确定的，也可能是不确定的。这就使知识并不总是只有"真"与"假"这两种状态，而是在"真"与"假"之间还存在许多中间状态，即存在为"真"的程度问题。知识的这一特性称为不确定性。

造成知识具有不确定性的原因是多方面的，主要有：

（1）由随机性引起的不确定性。由随机事件所形成的知识不能简单地用"真"或"假"来刻画，它是不确定的。例如，"如果头痛且流涕，则有可能患了感冒"这条知识，虽然大部分情况是患了感冒，但有时候具有"头痛且流涕"的人不一定都是"患了感冒"。其中的"有可能"实际上就是反映了"头痛且流涕"与"患了感冒"之间的一种不确定的因果关系。因此，它是一条具有不确定性的知识。又如，《三国演义》中火烧赤壁的故事：曹操中了庞统的连环计，谋士程昱提醒他有可能会被火攻，但曹操说"方今隆冬之际，但有西风北风，安有东风南风耶？"他没有考虑到天气随机性引起的不确定性。也就是说，虽然冬天一般都是刮西北风，但有时候也会刮东南风。

（2）由模糊性引起的不确定性。由于某些事物客观上存在的模糊性，使得人们无法把两个类似的事物严格区分开来，不能明确地判定一个对象是否符合一个模糊概念；又由于某些事物之间存在着模糊关系，使得我们不能准确地判定它们之间的关系究竟是“真”还是“假”。像这样由模糊概念、模糊关系所形成的知识显然是不确定的。例如，“如果张三跑得较快，那么他的跑步成绩就比较好”，这里的“较快”“成绩较好”都是模糊的。

（3）由经验引起的不确定性。知识一般是由领域专家提供的，这种知识大都是领域专家在长期的实践及研究中积累起来的经验性知识。如老马识途的故事：齐桓公应燕国的要求，出兵攻打入侵燕国的山戎，途中迷路了，于是放出有经验的老马，部队跟随老马找到了出路。尽管领域专家以前多次运用这些知识都是成功的，但并不能保证每次都是正确的。实际上，经验性自身就蕴涵着不精确性及模糊性，这就形成了知识的不确定性。

（4）由不完全性引起的不确定性。人们对客观世界的认识是逐步提高的，只有在积累了大量的感性认识后才能升华到理性认识的高度，形成某种知识。因此，知识有一个逐步完善的过程。在此过程中，或者由于客观事物表露得不够充分，致使人们对它的认识不够全面；或者对充分表露的事物一时抓不住本质，使人们对它的认识不够准确。这种认识上的不完全、不准确必然导致相应的知识是不精确、不确定的。例如，火星上有没有水和生命其实是确定的，但我们对火星了解的不完全造成了人类对有关火星知识的不确定性。不完全性是使知识具有不确定性的一个重要原因。

3. 可表示性与可利用性

知识的可表示性是指知识可以用适当形式表示出来，如用语言、文字、图形、神经网络等，这样才能被存储、传播。知识的可利用性是指知识可以被利用。这是不言而喻的，我们每个人天天都在利用自己掌握的知识来解决各种问题。

3.1.3 知识表示的概念

知识表示（knowledge representation）就是将人类知识形式化或者模型化。

知识表示的目的是能够让计算机存贮和运用人类的知识。已有知识表示方法大都是在进行某项具体研究时提出来的，有一定的针对性和局限性，目前已经提出了许多知识表示方法。下面先介绍常用的产生式、框架、状态空间知识表示方法，其他（如神经网络等）几种知识表示方法将在后面章节结合其应用再介绍。

3.2 产生式表示法

产生式表示法又称为产生式规则（production rule）表示法。“产生式”这一术语是由美国数学家波斯特（E. Post）在1943年首先提出来的，如今已被应用于多领域，成为人工智能中应用最多的一种知识表示方法。

3.2.1 产生式

产生式通常用于表示事实、规则以及它们的不确定性度量，适合于表示事实性知识和规则性知识。

1. 确定性规则的产生式表示

确定性规则的产生式表示的基本形式是

IF P THEN Q

或者

$$P \to Q$$

其中，P 是产生式的前提，用于指出该产生式是否可用的条件；Q 是一组结论或操作，用于指出当前提 P 所指示的条件满足时，应该得出的结论或应该执行的操作。整个产生式的含义是：如果前提 P 被满足，则结论 Q 成立或执行 Q 所规定的操作。例如：

r_4: IF 动物会飞 AND 会下蛋 THEN 该动物是鸟

就是一个产生式。其中，r_4 是该产生式的编号；“动物会飞 AND 会下蛋”是前提 P；“该动物是鸟”是结论 Q。

2. 不确定性规则的产生式表示

不确定性规则的产生式表示的基本形式是

IF P THEN Q （置信度）

或者

$P \to Q$ （置信度）

例如，在专家系统 MYCIN 中有这样一条产生式：

IF 本微生物的染色斑是革兰氏阴性，本微生物的形状呈杆状，患者是中

间宿主　THEN　该微生物是绿脓杆菌　　（0.6）

它表示当前提中列出的各个条件都得到满足时，结论“该微生物是绿脓杆菌”可以相信的程度为 0.6。这里，用 0.6 表示知识的强度。

3. 确定性事实的产生式表示

确定性事实一般用三元组表示

（对象，属性，值）

或者

（关系，对象 1，对象 2）

例如，“老李年龄是 40 岁”表示为（Li，Age，40），“老李和老王是朋友”表示为（Friend，Li，Wang）。

4. 不确定性事实的产生式表示

不确定性事实一般用四元组表示

（对象，属性，值，置信度）

或者

（关系，对象 1，对象 2，置信度）

例如，“老李年龄很可能是 40 岁”表示为（Li，Age，40，0.8），“老李和老王不大可能是朋友”表示为（Friend，Li，Wang，0.1）。这里用置信度 0.1 表示可能性比较小。

产生式又称为规则或产生式规则；产生式的“前提”有时又称为“条件”“前提条件”“前件”“左部”等；其“结论”部分有时称为“后件”或“右部”等。今后我们将不加区分地使用这些术语，不再作单独说明。

3.2.2　产生式系统

把一组产生式放在一起，让它们互相配合、协同作用，一个产生式生成的结论可以供另一个产生式作为已知事实使用，以求得问题的解，这样的系统称为产生式系统。

一般来说，一个产生式系统由规则库、综合数据库、控制系统（推理机）三部分组成。它们之间的关系如图 3.1 所示。

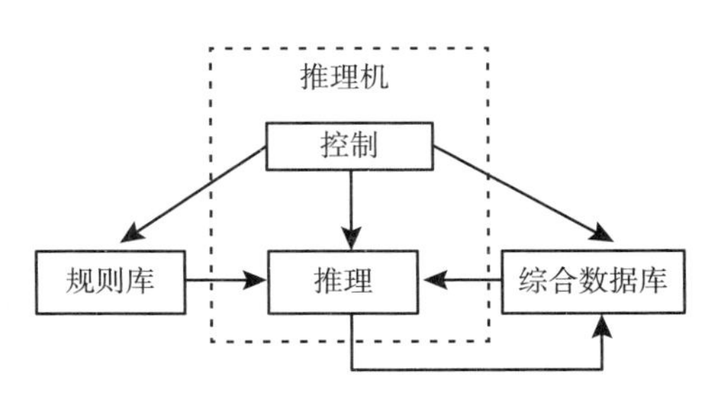

图 3.1　产生式系统的基本结构

1. 规则库

用于描述相应领域内知识的产生式集合称为规则库。

显然，规则库是产生式系统求解问题的基础。因此，需要对规则库中的知识进行合理的组织和管理，检测并排除冗余及矛盾的知识，保持知识的一致性。采用合理的结构形式，可使推理避免访问那些与求解当前问题无关的知识，从而提高求解问题的效率。

2. 综合数据库

综合数据库又称为事实库、上下文、黑板等，用于存放问题的初始状态、原始证据、推理中得到的中间结论及最终结论等信息。当规则库中某条产生式的前提可与综合数据库的某些已知事实匹配时，该产生式就被激活，并把它推出的结论放入综合数据库中作为后面推理的已知事实。显然，综合数据库的内容是不断变化的。

3. 推理机

推理机由一组程序组成，除了推理算法，还控制整个产生式系统的运行，实现对问题的求解。粗略地说，推理机要做以下几项工作：

（1）推理。按一定的策略从规则库中选择与综合数据库中的已知事实进行匹配。所谓匹配是指把规则的前提条件与综合数据库中的已知事实进行比较，如果两者一致或者近似一致且满足预先规定的条件，则称匹配成功，相应的规则可被使用；否则称为匹配不成功。

（2）冲突消解。如果匹配成功的规则可能不止一条，称为“发生了冲突”。此时，推理机必须调用相应的解决冲突的策略进行消解，以便从匹配成功的规则中选出一条执行。

（3）执行规则。如果某一规则的右部是一个或多个结论，则把这些结论加入综合数据库中：如果规则的右部是一个或多个操作，则执行这些操作。对于不确定性知识，在执行每一条规则时还要按一定的算法计算结论的不确定性程度。

（4）检查推理终止条件。检查综合数据库中是否包含了最终结论，决定是否停止系统运行。

3.2.3 产生式系统的特点

产生式适合于表达具有因果关系的过程性知识，是一种非结构化的知识表示方法。产生式表示法既可表示确定性知识，又可表示不确定性知识；既可表示启发式知识，又可表示过程性知识。目前，已建造成功的专家系统大部分用产生式来表达其过程性知识。

用产生式表示具有结构关系的知识很困难，因为它不能把具有结构关系的事物间的区别与联系表示出来。但下面介绍的框架表示法可以解决这一问题。

3.3　框架表示法

1975 年，美国著名的人工智能学者明斯基提出了框架理论。该理论基于人们对现实世界中各种事物的认识都以一种类似于框架的结构存储在记忆中，当面临一个新事物时，就从记忆中找出一个合适的框架，并根据实际情况对其细节加以修改、补充，从而形成对当前事物的认识。例如，一个人走进一个教室之前就能依据以往对“教室”的认识，想象到这个教室一定有四面墙，有门、窗、天花板和地板，有课桌、凳子、讲台、黑板等。尽管他对这个教室的大小、门窗的个数、桌凳的数量、颜色等细节还不清楚，但对教室的基本结构是可以预见的。因为他通过以往看到的教室，已经在记忆中建立了关于教室的框架。该框架不仅指出了相应事物的名称（教室），而且还指出了事物各有关方面的属性（如有四面墙、有课桌、有黑板等）。通过对该框架的查找，就很容易得到教室的各个特征。在他进入教室后，经观察得到了教室的大小、门窗的个数、桌凳的数量、颜色等细节，把它们填入教室框架中，就得到了教室框架的一个具体事例。这是他关于这个具体教室的视觉形象，称为事例框架。

框架表示法是一种结构化的知识表示方法，目前已在多种系统中得到应用。

3.3.1　框架的一般结构

框架（frame）是一种描述所论对象（一个事物、事件或概念）属性的数据结构。

一个框架由若干个被称为“槽”（slot）的结构组成，每一个槽又可根据实际情况划分为若干个“侧面”（facet）。一个槽用于描述所论对象某一方面的属性。一个侧面用于描述相应属性的一个方面。槽和侧面所具有的属性值分别被称为槽值和侧面值。在一个用框架表示知识的系统中一般都含有多个框架，一个框架一般都含有多个不同槽、不同侧面，分别用不同的框架名、槽名及侧面名表示。对于框架、槽或侧面，都可以为其附加上一些说明性的信息，一般是一些约束条件，用于指出什么样的值才能填入到槽和侧面中去。

下面给出框架的一般表示形式：

〈框架名〉

槽名 1：　侧面名$_{11}$　侧面值$_{111}$，侧面值$_{112}$，…，侧面值$_{11P1}$

　　　　　侧面名$_{12}$　侧面值$_{121}$，侧面值$_{122}$，…，侧面值$_{12P2}$

　　　　　　⋮

　　　　　侧面名$_{1m}$　侧面值$_{1m1}$，侧面值$_{1m2}$，…，侧面值$_{1mPm}$

槽名 2：　侧面名$_{21}$　侧面值$_{211}$，侧面值$_{212}$，…，侧面值$_{21P1}$

侧面名 $_{22}$　　侧面值 $_{221}$，侧面值 $_{222}$，…，侧面值 $_{22P2}$
⋮
侧面名 $_{2m}$　　侧面值 $_{2m1}$，侧面值 $_{2m2}$，…，侧面值 $_{2mPm}$
⋮
槽名 n：　侧面名 $_{n1}$　　侧面值 $_{n11}$，侧面值 $_{n12}$，…，侧面值 $_{n1P1}$
侧面名 $_{n2}$　　侧面值 $_{n21}$，侧面值 $_{n22}$，…，侧面值 $_{n2P2}$
⋮
侧面名 $_{nm}$　　侧面值 $_{nm1}$，侧面值 $_{nm2}$，…，侧面值 $_{nmPm}$
约束：　约束条件 $_1$
约束条件 $_2$
⋮
约束条件 $_n$

由上述表示形式可以看出，一个框架可以有任意有限数目的槽；一个槽可以有任意有限数目的侧面；一个侧面可以有任意有限数目的侧面值。槽值或侧面值既可以是数值、字符串、布尔值，也可以是一个满足某个给定条件时要执行的动作或过程，还可以是另一个框架的名字，从而实现一个框架对另一个框架的调用，表示出框架之间的横向联系。约束条件是任选的，当不指出约束条件时，表示没有约束。

3.3.2 用框架表示知识的例子

下面举一些例子，说明建立框架的基本方法。

例 3.1 教师框架

框架名:〈教师〉
姓名：单位（姓、名）
年龄：单位（岁）
性别：范围（男、女），缺省：男
职称：范围（教授、副教授、讲师、助教），缺省：讲师
部门：单位（系、教研室）
住址:〈住址框架〉
工资:〈工资框架〉
开始工作时间：单位（年、月）
截止时间：单位（年、月），缺省：现在

该框架共有九个槽，分别描述了“教师”九个方面的情况，或者说关于“教

师”的九个属性。在每个槽里都指出了一些说明性的信息，用于对槽的填值给出某些限制。“范围”指出槽的值只能在指定的范围内挑选，如“职称”槽，其槽值只能是“教授”“副教授”“讲师”“助教”中的某一个，不能是“工程师”等别的职称；“缺省”表示当相应槽不填入槽值时，就以缺省值作为槽值，这样可以节省一些填槽的工作。例如，对“性别”槽，当不填入“男”或“女”时，就默认它是“男”，这样对于男性教师就可以不填这个槽的槽值。

对于上述这个框架，当把具体的信息填入槽或侧面后，就得到了相应框架的一个事例框架。例如，把某教师的一组信息填入“教师”框架的各个槽，就可得到：

框架名:〈教师 -1〉

姓名：夏冰

年龄：36

性别：女

职称：副教授

部门：计算机系软件教研室

住址:〈adr-1〉

工资:〈sal-1〉

开始工作时间：1988.9

截止时间：1996.7

例 3.2 关于自然灾害的新闻报道中所涉及的事实经常是可以预见的，这些可预见的事实就可以作为代表所报道的新闻中的属性。例如，将下列一则地震消息用框架表示:“某年某月某日，某地发生 6.0 级地震，若以膨胀注水孕震模式为标准，则三项地震前兆中的波速比为 0.45，水氡含量为 0.43，地形改变为 0.60。”

解：地震消息框架如图 3.2 所示。“地震框架”也可以是“自然灾害事件框架”的子框架,“地震框架”中的值也可以是一个子框架，如图中的“地形改变”就是一个子框架。

框架表示法最突出的特点是便于表达结构性知识，能够将知识的内部结构关系及知识间的联系表示出来，因此它是一种结构化的知识表示方法，这是产生式知识表示方法不具备的。产生式系统中的知识单位是产生式规则，这种知识单位太小而难于处理复杂问题，也不能将知识间的结构关系表示出来。产生式规则只能表示因果关系，而框架表示法不仅可以表示因果关系，还可以表示更复杂的关系。

框架表示法通过使槽值为另一个框架的名字实现不同框架间的联系，建立表示复杂知识的框架网络。在框架网络中，下层框架可以继承上层框架的槽值，也可以进行补充和修改，这样不仅减少了知识的冗余，而且较好地保证了知识的一致性。

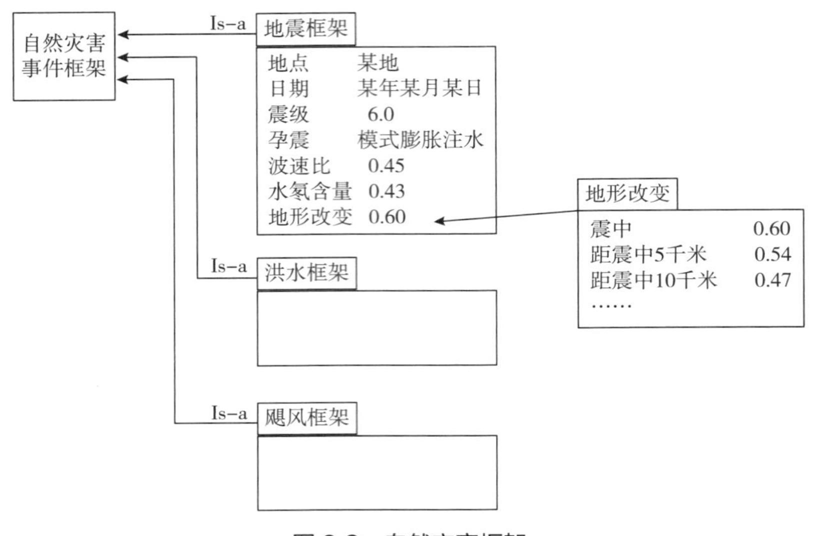

图 3.2　自然灾害框架

3.4　状态空间表示法

3.4.1　状态空间表示

状态空间（state space）是利用状态变量和操作符号表示系统或问题的有关知识的符号体系。状态空间可以用一个四元组表示：

$$(S, O, S_0, G)$$

其中，S 是状态集合，S 中每一元素表示一个状态，状态是某种结构的符号或数据。O 是操作算子的集合，利用算子可将一个状态转换为另一个状态。S_0 是问题的初始状态的集合，是 S 的非空子集，即 $S_0 \subset S$。G 是问题的目的状态的集合，是 S 的非空子集，即 $G \subset S$。G 可以是若干具体状态，也可以是满足某些性质的路径信息描述。

从 S_0 节点到 G 节点的路径称为求解路径。求解路径上的操作算子序列为状态空间的一个解。例如，操作算子序列 O_1，…，O_k 使初始状态转换为目标状态，则 O_1，…，O_k 即为状态空间的一个解（图 3.3）。当然，解往往不是唯一的。

$$S_0 \xrightarrow{O_1} S_1 \xrightarrow{O_2} S_2 \xrightarrow{O_3} \cdots \xrightarrow{O_k} G$$

图 3.3　状态空间的解

任何类型的数据结构都可以用来描述状态，如符号、字符串、向量、多维数组、树和表格等。所选用的数据结构形式要与状态所蕴涵的某些特性具有相似性。如对于八数码问题，一个 3×3 的阵列便是一个合适的状态描述方式。

古老的单人智力游戏：重排九宫问题。中国古代的“重排九宫”应该是产生于出现河洛书的时代，有数千年的历史。据说重排九宫起源于由三国演义故事“关羽义释曹操”而设计的智力玩具“华容道”。“华容道”游戏与匈牙利人发明的“魔方”、法国人发明的“独粒钻石棋”并称为“智力游戏界的三大不可思议”。“华容道”游戏流传到欧洲，将人物变成数字，所以也称八数码问题。1865 年，西方出现“重排十五游戏”。

例 3.3 八数码问题的状态空间表示

八数码问题（重排九宫问题）是在一个 3×3 的方格盘上，放有 1 ~ 8 的数码，另一格为空。空格四周上下左右的数码可移到空格。需要解决的问题是如何找到一个数码移动序列使初始的无序数码转变为一些特殊的排列。例如，图 3.4 所示的八数码问题的初始状态（a）为问题的一个布局，需要找到一个数码移动序列使初始布局（a）转变为目标布局（b）。

2	3	1
5		8
4	6	7

（a）初始状态

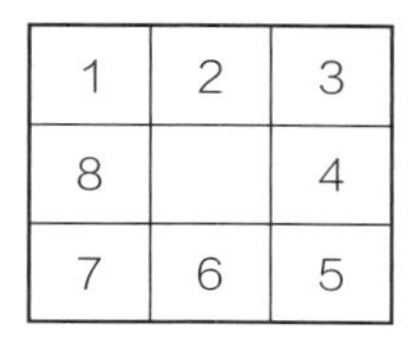

1	2	3
8		4
7	6	5

（b）目标状态

图 3.4 八数码问题

该问题可以用状态空间来表示。此时八数码的任何一种摆法就是一个状态，所有的摆法即为状态集 S，它们构成了一个状态空间，其数目为 9。而 G 是指定的某个或某些状态，例如图 3.4（b）。

对于操作算子设计，如果着眼在数码上，相应的操作算子就是数码的移动，其操作算子共有 4（方向）×8（数码）=32 个。如着眼在空格上，即空格在方格盘上的每个可能位置的上下左右移动，其操作算子可简化成 4 个：①将空格向上移 Up；②将空格向左移 Left；③将空格向下移 Down；④将空格向右移 Right。

移动时要确保空格不会移出方格盘之外，因此并不是在任何状态下都能运用这 4 个操作算子。如空格在方格盘的右上角时，只能运用两个操作算子——向左移 Left 和向下移 Down。

3.4.2 状态空间的图描述

状态空间可用有向图来描述，图的节点表示问题的状态，图的弧表示状态之间的关系。初始状态对应于实际问题的已知信息，是图中的根节点。在问题的状态空间描述中，寻找从一种状态转换为另一种状态的某个操作算子序列等价于在一个图中寻找某一路径。

如图 3.5 所示为用有向图描述的状态空间。该图表示对状态 S_0 允许使用操作算子 O_1，O_2 及 O_3，分别使 S_0 转换为 S_1，S_2 及 S_3。这样一步步利用操作算子转换下去，如 $S_{10} \in G$，则 O_2，O_6，O_{10} 就是一个解。

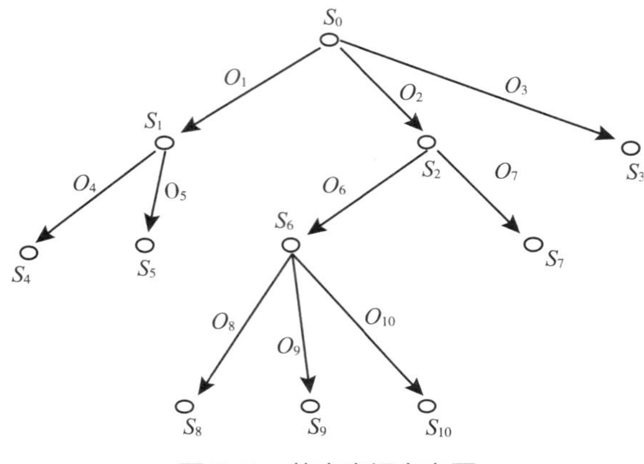

图 3.5　状态空间有向图

上面是较为形式化的说明，下面再以八数码问题为例，介绍具体问题的状态空间的有向图描述。

例 3.4　对于八数码问题，如果给出问题的初始状态，就可以用图来描述其状态空间。其中的弧可用 4 个操作算子来标注，即空格向上移 Up、向左移 Left、向下移 Down、向右移 Right。该图的部分描述如图 3.6 所示。

在某些问题中，各种操作算子的执行是有不同费用的。如在旅行商问题中，两两城市之间的距离通常是不相等的，那么，在图中只需要给各弧线标注距离或费用即可。下面以旅行商问题（traveling salesman problem，TSP）为例，说明这类状态空间的图描述，其终止条件则是用解路径本身的特点来描述，即经过图中所有城市的最短路径找到时搜索便结束。

旅行商问题的研究历史悠久。最早的描述是 1759 年欧拉研究的骑士环游问题，即对于国际象棋棋盘中的 64 个方格，走访 64 个方格一次且仅一次，并且最终返回到起始点。由于该问题的可行解是所有顶点的全排列，随着城市数量的增加，搜索空间急剧增加，以致产生组合爆炸。TSP 是一个 NP 完全问题。由于其在交通运输、

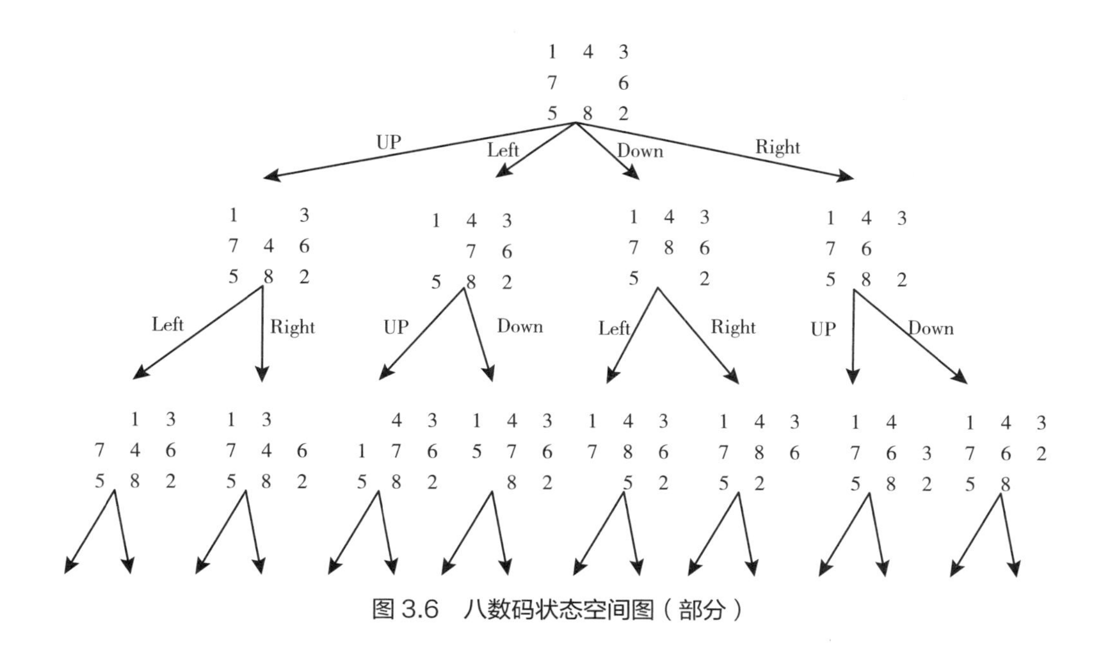

图 3.6　八数码状态空间图（部分）

物流配送、生产调度、通信、电路板线路设计等众多领域内有着非常广泛的应用，国内外学者对其进行了大量研究，提出了许多求解方法，但仍然需要继续研究。

例 3.5　旅行商问题或旅行推销员问题：假设一个推销员从出发地到若干个城市去推销产品，然后回到出发地。要求每个城市必须走一次，而且只能走一次。问题是要找到一条最好的路径，使得推销员访问每个城市后回到出发地所经过的路径最短或者费用最少。

图 3.7 是这个问题的一个实例，其中节点代表城市，弧上标注的数值表示经过该路径的费用（或距离）。假定推销员从 A 城出发。

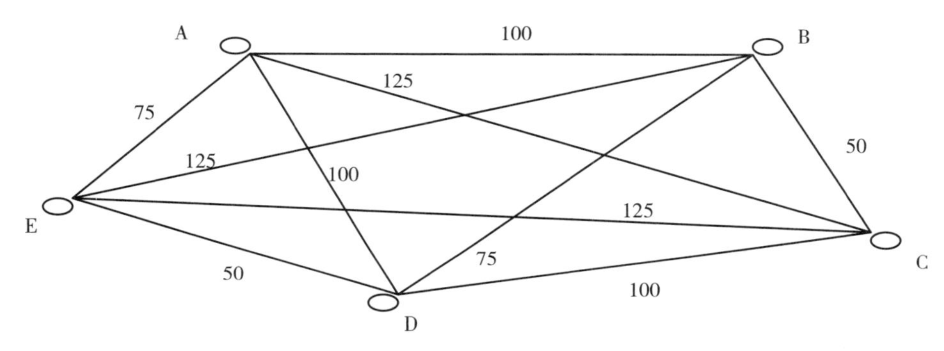

图 3.7　旅行商问题的一个实例

图 3.8 是该问题的部分状态空间表示。可能的路径有很多，例如，费用为 375 的路径（A，B，C，D，E，A）就是一个可能的旅行路径，但目的是要找具有最小费用的旅行路径。

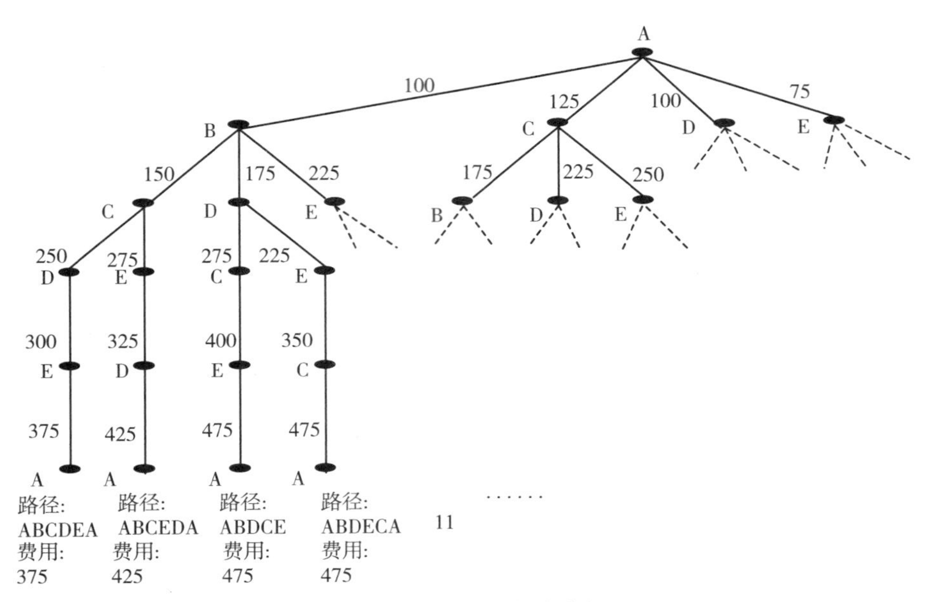

图 3.8　旅行推销员状态空间图

上面两个例子中，只绘出了问题的部分状态空间图。对于许多实际问题，要在有限的时间内绘出问题的全部状态图是不可能的。例如旅行商问题，n 个城市存在 $(n-1)!/2$ 条路径。如果用 10^8 次 / 秒的计算机进行穷举，则当 $n=7$ 时，搜索时间为 $t=2.5\times10^{-5}$ 秒；当 $n=15$ 时，$t=1.8$ 小时；当 $n=20$ 时，$t=350$ 年；当 $n=50$ 时，$t=5\times10^{48}$ 年；当 $n=100$ 时，$t=5\times10^{142}$ 年；当 $n=200$ 时，$t=5\times10^{358}$ 年。因此，这类显式表示对于大型问题的描述是不切实际的，而对于具有无限节点集合的问题则是不可能的。因此，要研究能够在有限时间内搜索到较好解的搜索算法。

3.5　本章小结

1. 知识表示的概念

把有关信息关联在一起所形成的信息结构称为知识。

知识主要具有相对正确性、不确定性、可表示性与可利用性等特性。

造成知识具有不确定性的原因主要有随机性、模糊性、经验性、认识不完全性。

2. 产生式表示法

产生式通常用于表示事实、规则以及它们的不确定性度量。

产生式不仅可以表示确定性规则，还可以表示各种操作、规则、变换、算子、函数等；不仅可以表示确定性知识，而且还可以表示不确定性知识。

一个产生式系统由规则库、综合数据库、推理机三部分组成。产生式系统求解问题的过程是一个不断地从规则库中选择可用规则与综合数据库中的已知事实进行匹配的过程，规则的每一次成功匹配都使综合数据库增加了新内容，并朝着问题的解决方向前进了一步。这一过程称为推理，是专家系统中的核心内容。

3. 框架表示法

框架是一种描述所论对象（一个事物、事件或概念）属性的数据结构。

一个框架由若干个被称为“槽”的结构组成，每一个槽又可根据实际情况划分为若干个“侧面”。一个槽用于描述所论对象某一方面的属性。一个侧面用于描述相应属性的一个方面。槽和侧面所具有的属性值分别被称为槽值和侧面值。

4. 状态空间表示方法

状态空间是利用状态变量和操作符号表示系统或问题的有关知识的符号体系，状态空间是一个四元组（S，O，S_0，G）。

从 S_0 节点到 G 节点的路径被称为求解路径。状态空间的一个解是一个有限的操作算子序列，它使初始状态转换为目标状态。

状态空间有向图的节点表示问题的状态，图的弧表示状态之间的关系。

习题：

1. 什么是知识？它有哪些特性？有哪几种分类方法？
2. 用产生式表示：如果一个人发烧、呕吐、出现黄疸，那么得肝炎的可能性有 7 成。
3. 试述产生式系统求解问题的一般步骤。
4. 构造一个描述你的一个教室的框架。
5. 用状态空间法表示问题时，什么是问题的解？求解过程的本质是什么？什么是最优解？最优解唯一吗？

第四章　知识图谱

知识图谱以结构化的形式描述客观世界中概念、实体间的复杂关系，将互联网的信息表达成更接近人类认知世界的形式，为人类提供了一种更好地组织、管理和理解互联网海量信息的能力。知识图谱采用本体知识表示方法，是语义 Web 技术在互联网上的成功应用。本章主要学习本体和互联网环境下的知识表示方法、知识图谱的生命周期和典型应用。

4.1　引言：从语义搜索认识知识图谱

知识图谱的概念最初由谷歌于 2012 年提出，目的是利用网络多源数据构建的知识库来增强语义搜索、提升搜索质量。正如谷歌知识图谱负责人阿米特·辛格（Amit Singhal）博士在介绍知识图谱时提到的“The world is not made of strings, but is made of things”（世界由客观事物组成，而不是字符串）。知识图谱描述的正是客观世界中概念、实体及其关系，其中，概念指人们在认识世界过程中形成的对客观事物的概化表示，如人、动物、组织机构等；实体指客观世界中的具体事物，如画家达·芬奇、篮球运动员姚明等；关系描述概念、实体间客观存在的关联，如艺术家和画家间的上下位关系、姚明和篮球运动员间的隶属关系、学生与其所在院校间的毕业院校关系等。

图 4.1 给出了知识图谱的一个典型示例。可以看出，知识图谱可以看作一张巨大的图，其中节点表示概念或实体，如图中的艺术家达·芬奇（Da Vinci）和米开朗基罗（Michelangelo）、作品蒙娜丽莎（Mona Lisa）和国家意大利（Italy）；而边界则由属性或关系构成，如达·芬奇和蒙娜丽莎的“创作者”关系以及他和意大利的“国籍”关系。

图 4.1 知识图谱示例

为了更好地理解知识图谱，我们先来看一下它最初的形态，即搜索中的展现形式，又称为知识卡片（Knowledge Card）。传统搜索引擎把包含用户搜索关键词的页面作为搜索结果返回给用户，而知识卡片旨在为用户提供更多与搜索内容相关的信息。具体而言，知识卡片为用户查询或返回答案中所包含的概念或实体提供详细的结构化摘要，实现对搜索效果的三方面提升，即找到最想要的信息、提供最全面的摘要及让搜索更有深度和广度。图 4.2 给出了在谷歌搜索“达·芬奇”时返回的知识卡片，用户可以从知识卡片中轻松获取达·芬奇的概要信息（如全名、生卒年、画风等）及其与其他实体的关系（如家谱、艺术作品等）。此外，知识卡片还通过“用户还搜索了”功能来方便用户去浏览其他相关实体的详细信息。除了谷歌知识图谱，百度的知心和搜狗的知立方都是以此为目的构建的知识图谱，也因此掀起了语义搜索的热潮。

除了上述最基本的实体信息，知识卡片还可以展示实体间关系的信息。例如，当我们搜索“姚明女儿的妈妈”时，知识图谱通过姚明和姚沁蕾的父女关系和叶莉与姚沁蕾的母女关系得出用户需要的搜索结果“叶莉”。图 4.3 给出了谷歌返回的知识卡片截图，在开头部分通过“姚沁蕾 / 母亲”以及相关实体中“姚明”的关系两处展示了与搜索相关实体间的关系，展示出了知识图谱强大的关系搜索和推理能力。

列奥纳多·达·芬奇

博学者

列奥纳多·达·芬奇，又译达文西，全名列奥纳多·迪·瑟皮耶罗·达·芬奇，是意大利文艺复兴时期的一个博学者：在绘画、音乐、建筑、数学、几何学、解剖学、生理学、动物学、植物学、天文学、气象学、地质学、地理学、物理学、光学、力学、发明、土木工程等领域都有显著的成就。维基百科

逝世于：1519 年 5 月 2 日，法国昂布瓦斯克劳斯·吕斯城堡

画风：文艺复兴时期，Early renaissance, 文艺复兴，意大利文艺复兴，佛罗伦萨画派

全名：Leonardo di ser Piero da Vinci

系列作品：圣母像

家长：卡特琳娜·达文西，瑟·皮耶罗·达芬奇

艺术作品　　还有 15+ 项

蒙娜丽莎 1503 年

最后的晚餐 1498 年

圣母领报 1472 年

施洗者圣约翰 1513 年

自画像 1512 年

用户还搜索了　　还有 15+ 项

米开朗基罗

拉斐尔

莱昂纳多·迪卡普里奥

文森特·梵高

巴勃罗·毕加索

图 4.2　知识图谱在搜索中的展现：知识卡片

姚沁蕾 / 母亲

叶莉

叶莉，上海人，中国女子篮球运动员，曾经效力上海东方八爪鱼队，位置是中锋，她身高 1.93 米。叶莉 1996 年进入上海体育运动技术学院，1998 年入选国家青年队，1999 年底进国家集训队。生涯最好的成绩是 2004 年代表中国国家女子篮球队夺得亚洲锦标赛冠军。维基百科

生于： 1981 年 11 月 20 日（36 岁），中华人民共和国

身高： 193 厘米

配偶： 姚明（结婚时间：2007 年）

子女： 姚沁蕾

用户还搜索了　　还有 5+ 项

姚明
丈夫

隋菲菲

孙明明

赵蕊蕊

王治郅

易建联

图 4.3　关系搜索中知识卡片示例

至此，我们对知识图谱以及其在搜索中的展现形式有了基本的认识。那么，知识图谱中知识的表示基础与第三章中介绍的方法有何异同？现在有哪些知识图谱？如何构建一个知识图谱？知识图谱还有什么典型应用？本章接下来的内容将一一解答。

4.2　万维网知识表示

万维网（world wide web）以文本和超链接描述信息，给人们提供了一个信息开放共享的平台，在不到 30 年的时间里得到了快速发展，从根本上改变了人们的工作和生活方式。目前，万维网正在经历从仅包含网页间超链接的文档万维网（web of document）向包含描述实体间丰富关系的数据万维网（web of data）的转变，背后的数据和知识表示是促进和支撑其发展的重要基础。本节首先回顾万维网的发展并对背后的主要知识表示方法进行梳理，以方便理解知识图谱产生的背景和必要性。

4.2.1 语义万维网

超文本（hypertext）是用超链接的方法将各种不同空间的文字信息组织在一起的网状文本。1963 年，泰德·尼尔森（Ted Nelson）创造了术语“超文本”，并于 1981 年在其著作中用这一术语描述了“创建一个全球化的大文档，文档的各个部分分布在不同的服务器中”的想法。

1989 年，当时在欧洲核子研究组织工作的蒂姆·伯纳斯·李（Tim Berners-Lee）突破性地提出将超文本嫁接到互联网上的构想，并于次年与同事罗伯特·卡里奥（Robert Cailliau）合作提出了更加正式的万维网提议——用户通过超链接浏览互联网上的各类资源，也可以通过互联网将自己的信息发布出去，成就了彻底改变人类工作和生活方式的万维网。蒂姆·伯纳斯·李因为这一伟大发明获得了 2016 年计算机领域的最高奖——图灵奖。

随着互联网应用的不断扩展，现有万维网技术的局限也逐渐暴露出来。超文本的设计思想是面向用户，需要人理解网页内容，而计算机只负责解析和展示，不能理解和推理网页内容，即互联网上的语义内容可以很容易地被人获取，但无法被计算机理解和计算。因此，蒂姆·伯纳斯·李于 1999 年进一步提出了扩展当前万维网、建立下一代扩展的万维网——语义万维网（semantic web，简称语义网）的愿景：在语义万维网中，信息内容具有良好的语义定义，计算机可以理解并自动存取语义信息，推理、完成特定任务的智能服务，使计算机和人能够更好地协同工作。

互联网的语义信息是分布式定义并且互相连接的。如图 4.4 所示，三种颜色代表互联网上三个分布的语义资源，分别是 W3C 组织的技术报告、组织结构和成员。通过三个结构化对象的融合可以知道：Eric Miller 住在都柏林，是 *RDF Premier* 一书的作者，*RDF Premier* 是 W3C 的工作草案，Eric Miller 领导着 W3C 的 Semantic Web Activity 组织，同时也是 RDF 工作草案组的联系人。用这种方法，我们可以获得关于 Eric Miller 在 W3C 中更全面的信息。

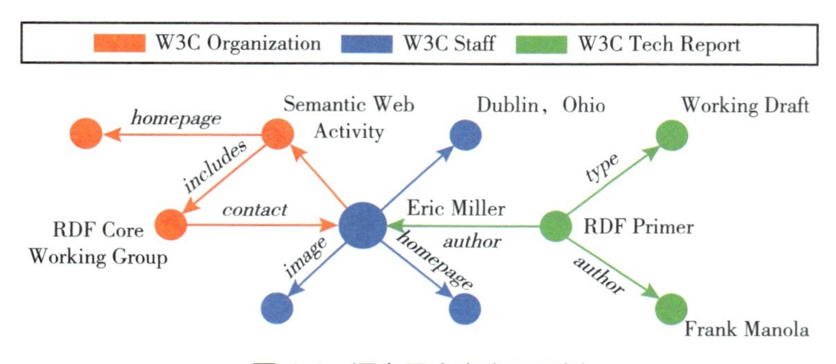

图 4.4 语义网内容表示示例

由此看出，语义网与万维网的主要区别在于：万维网是关于网页链接的图结构，节点是网页，网页内容是面向人理解的内容，节点之间通过超链接关联；而语义网是关于语义内容结构化表示的图结构，节点是语义信息，不仅人可以理解，也方便机器处理和理解，分布资源通过语义规范和链接实现集成。

4.2.2 语义网知识描述语言

万维网使用超文本标记语言（hypertext markup language，HTML）描述互联网上的网页。本节主要关注语义网发展过程中通过何种方式实现互联网内容由面向人理解到面向机器理解的转变，即万维网知识描述语言。

1. 可扩展标记语言 XML

可扩展标记语言（eXtensible markup language，XML）是一种使用标签来组织互联网信息的标记语言。之所以说它“可扩展”，是因为它的标签并不固定，可以根据实际需求进行扩展，在不同场景、不同领域使用的标签往往不同。这一特性使 XML 具有极大的灵活性。XML 的数据表示方式大大简化了互联网环境下数据分享、数据传输和数据交换的过程。

XML 包含标签、元素、属性三种基本概念。

（1）标签用于标识一段数据。标签必须成对出现，分别位于数据的开始和结束位置，称为开始标签和结束标签。开始标签的格式为 <tagname>，结束标签的格式为 </tagname>，一对标签的名字必须完全一样。标签可以嵌套使用，嵌套规则与数学表达式中括号的嵌套规则一致，如 <a>...<b>...</b>...</a> 是正确嵌套，而 <a>...<b>...</a>...</b> 是错误嵌套。

（2）元素指被标签包围的数据，如 <person><name>John</name></person> 中被 person 标签包围的部分 <name>John</name> 是描述一个人的元素；而被 name 标签包围的 John 也是一个元素，描述的是该人的名字。

（3）属性用来为元素提供额外的信息。在 XML 中，属性必须在开始标签内部使用键值对（key=value）来指定。一个元素可以包含多个属性，但是每个属性名仅能使用一次。如 <person type=student><name>John</name></person> 中的 type=student 为该元素的属性。

由上述描述可以看出，XML 本质上是一个树形结构，每个 XML 文档有且仅有一个顶级标签；每个元素必须包含一个开始标签和一个结束标签；标签不能交叉，必须被正确地嵌套；元素可以包含属性，但属性名不能重复使用；标签和属性的名字必须被允许（如特定领域只能使用特定的标签和属性）。

互联网上的数据种类繁多，实际使用 XML 进行知识表示的时候可能会遇到同一个标签表示不同含义的情形，这就需要引入命名空间。除此之外，XML 文档还需要很多限制以确保其“合理性”，比如在表示人的身高时，元素值超过了 5 米显然不合理，这些约束可以通过 XML Schema 来表示。感兴趣的读者可以通过 W3C 网站（https://www.w3.org/XML/）进行更深入的学习。

2. 资源描述框架 RDF 与链接数据

XML 没有对每个标签意义的准确描述，同一语义可以用多种不同结构的 XML 进行描述。在没有额外信息的情况下，机器无法理解各标签的准确含义和标签间的关系，也就无法进行知识的推理。资源描述框架（resource description framework，RDF）的提出在很大程度上解决了这些问题。

RDF 在 2004 年成为 W3C 的正式标准，是语义网的核心内容之一，可以实现语义网以下三个功能：一是保证了语义网的内容有准确的含义；二是保证了语义网的内容可以被计算机理解并处理；三是可以通过各种网页中的内容集成帮助进行自动数据处理。

与 XML 类似，RDF 数据模型中也包含以下几个较为重要的概念：

（1）资源（Resource）：存在统一资源标识符（uniform resource identifier，URI）的事物，它可以是互联网正在讨论或者指向的任何事物，RDF 中的各种定义本身也是资源。

（2）属性（Property）：一种特殊的资源，它描述了资源之间的关系。

（3）陈述（Statement）：一个由主语、谓词和宾语构成的三元组，三者均为资源。例如，“人工智能导论授课教师是李老师”就可以表示为陈述（人工智能导论，授课教师，李老师）。

类似地，RDF Schema 是用来定义 RDF 中的类和属性语义的描述性语言，除了 XML Schema 的功能，它还定义了资源间的继承关系及属性约束等，感兴趣的读者可继续深入学习（https://www.w3.org/RDF/ 和 https://www.w3.org/TR/rdf-schema/）。

如果将 RDF 陈述中的主语和宾语表示成节点，谓词表示为连接主语和宾语的有向边，就可以将互联网的知识结构转化为图结构。因此，合理地使用 RDF 能够将网络上各种繁杂的数据进行统一表示。设想一下：如果同一事物在网络上有且仅有唯一的表示，机器理解和计算起来是否就方便了许多呢？链接数据（Linked Data）就是由蒂姆·伯纳斯·李在 2006 年提出的一种语义网的实现设想，其目的是将网络上众多的数据链接起来，构建一个计算机能够理解的语义网络，进而在此之上构建多样化的智能应用。同时，他也提出了链接数据构建的四个基本原则：①使用 URI 来标识每个事物（资源）；②使用 HTTP URI，便于用户像访问网页一样直接查看事物，真正实现互联；③当用户查看一个 URI 时，使用 RDF 等标准提供有用的信息；④为事物添加与其他事物的 URI 链接，建立数据关联。

链接数据不仅打破了各种格式的信息之间的隔离，也打破了不同的信息来源之间的隔阂。由于都遵守统一的标准，链接数据使得数据集成和浏览复杂数据变得更加容易。这些标准还可以比较容易地更新和扩展模型。此外，遵循全球统一的链接原则也会提升数据的质量，使得数据的运用和传递更加方便。

开放链接数据项目（linked open data，LOD）是链接数据设想的一个具体实现，由 Chris Bizer 和 Richard Cyganiak 于 2007 年 5 月发起，号召人们将现有的数据发布成链接数据，并将不同数据源互联起来形成一个开放的数据网络。初期 LOD 仅链接了包括 DBpedia 和 FOAF 在内的 12 个数据集。近些年来，随着计算机性能的提升和大数据的普及，LOD 已经扩增至 1239 个数据集和 16147 条链接（最新统计时间为 2019 年 3 月，图 4.5 给出了数据的分布和链接情况），其中 56% 的数据集对外至少与一个数据集建立了链接，被链接最多的是 DBpedia。常见链接类型包括 foaf:knows、sioc:follows、owl:smaeAs、rdfs:seeAlso 和 skos:exactMatch 等。

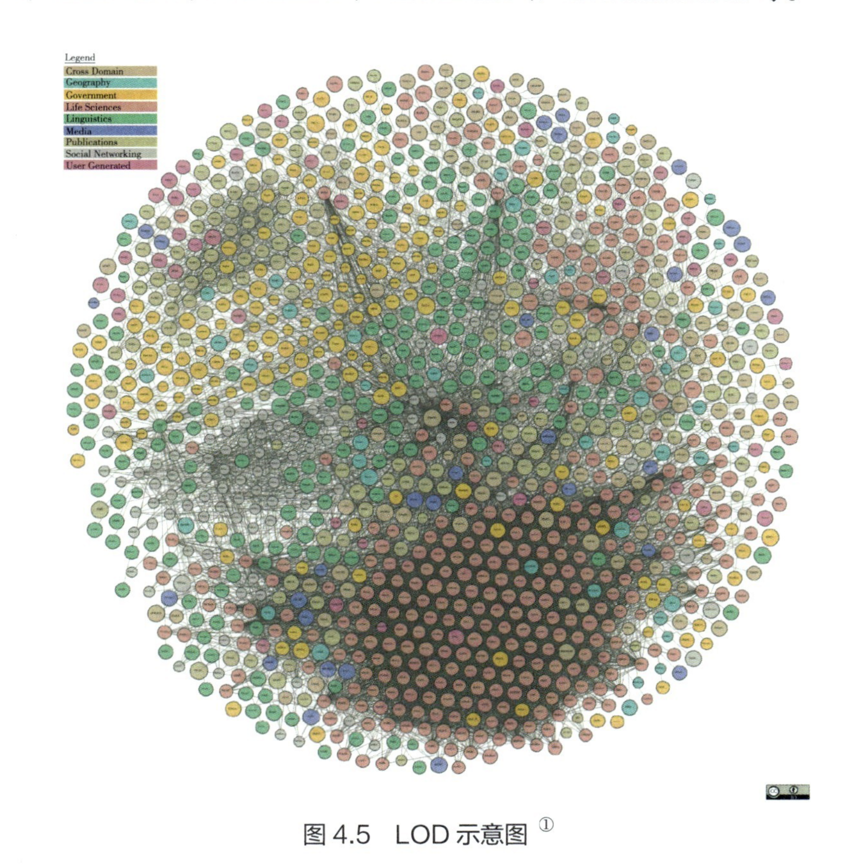

图 4.5 LOD 示意图[①]

① Linking Open Data cloud diagram 2019，by Andrejs Abele，John P. McCrae，Paul Buitelaar，Anja Jentzsch and Richard Cyganiak. http://lod-cloud.net/.

作为链接数据的重要项目，LOD增加了链接数据的创造性，并秉承开放的原则——所有开发人员、用户和企业都可以使用这些数据集并向数据集中增加新知识，不仅维持了链接数据的生命力，也保持了它的实时更新。

3. 本体知识表示与网络本体语言 OWL

本体（ontology）一词源于哲学领域，且一直以来存在着许多不同的用法。本体论是处理自然和现实组织的哲学分支，是形而上学的基本分支。本体论是研究“存在”的科学，即试图解释存在是什么、世间所有存在的共同特征是什么。借由本体论中的基本元素——概念及概念间的关联，汤姆·格鲁伯（Tom Gruber）教授在1993年提出了本体知识表示方法。具体地，在计算机领域，本体是指一种“形式化的、对于共享概念体系的明确且详细的说明”，本体显式地定义了领域中的概念、关系和公理及其之间的关系。通过定义，我们可以看出本体有如下四个特性：

（1）概念化：本体是对客观世界中存在事物或现象以及它们之间关系的概念化抽象；

（2）精确性：本体中的概念、关系以及各种约束被精确地定义；

（3）形式化：本体表示是为了方便人机交互和计算机推理，因此其定义是形式化且机器可理解和推理计算的；

（4）共享性：本体的表示要建立在领域内的共同认知基础上，可以有效促进知识共享。

本体一般由概念（concept）、实例（instance）和关系（relation）三个部分组成，此外还有一些本体包含公理（axiom）。

概念，也称为类，是某一领域内相同性质对象集合的抽象表示形式。如在描述大学领域的本体中，教师、学生和课程是必要的概念，而影视领域中的概念则包括电影、演员、导演、制片人等。

实例是概念中的特定元素，往往对应客观世界的具体事物。例如，清华大学的马少平教授是教师概念的一个实例，《人工智能导论》课程则是课程概念的一个实例。

关系，也称属性，是指概念与概念或概念与实例间的关联类型，如教职工与教授间存在概念层次关系，手臂和身体两个概念间存在部分整体关系，教师和课程间存在授课关系。关系/属性能够更好地刻画概念的特性，如性别、年龄、身高、体重、国籍、出生地等描述了人的基本特性。在这些关系中，有些关联的是实例，如国籍、出生地关联的是概念国家、城市的实例；另一些则关联的是具体的字符串或者数值，如性别、年龄、身高等。

公理描述领域内总是成立（为真）的陈述，是对所定义领域规则的描述。例如，如果知道一个人的妻子、也知道他妻子的父亲，那么就可以推出这个人与他妻子的父亲之间的关系是岳父关系，相当于家族知识描述中的一条规则。

网络本体语言（web ontology language，OWL）进一步增强了 RDF 的语义表达能力，是 W3C 标准定义的基于描述逻辑（description logic）的本体语言。OWL 中构造函数 / 公理是受限的，因此在此基础上的推理是可判断的。更强推理能力的基础是更强的知识表示能力，OWL 的语义表达主要体现在对属性（property）和类（class）的语义描述两方面。

在属性刻画方面，RDF 使用定义域（domain）和值域（range）来表示该属性适用的类和取值范围，将属性与类关联；还可以通过子属性（subPropertyOf）来具体化一个属性。OWL 中除了沿用这些方式，还定义了属性的不同特性，下面我们结合图 4.6 中的水系本体来对这些特性进一步说明。

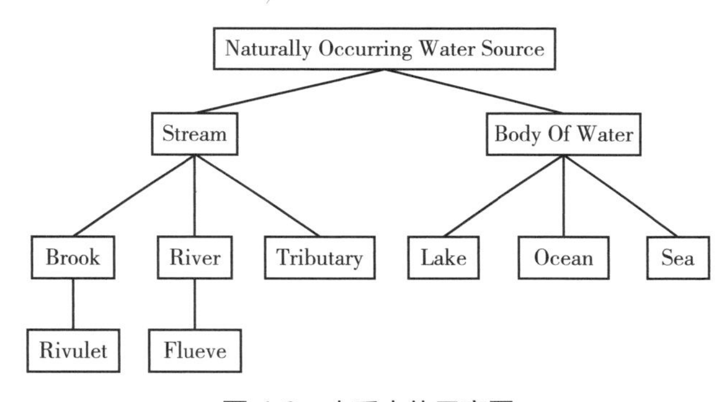

图 4.6 水系本体示意图

（1）对称性：对于概念 NaturallyOccurringWaterSource 定义属性 connectsTo:NaturallyOccurringWaterSource 为对称性属性，表示水域间的相互连接关系。如果已知（长江，connectsTo，东海），可以推出（东海，connectsTo，长江）。

（2）传递性：对于概念 BodyOfWater 定义属性 containedIn:BodyOfWater 为传递性属性，表示水域包含于的关系。如果已知（杭州湾，containedIn，东海）和（东海，containedIn，太平洋），则可以推出（杭州湾，containedIn，太平洋）。

（3）函数性：对于每个实例，该属性最多只有一个属性值。例如，对于概念 River 定义函数性属性 emptiesInto:BodyOfWater，如果有两条陈述分别是（长江，emptiesInto，东海）和（长江，emptiesInto，Sea02），则可以推断 Sea02 即是东海。

（4）可逆性：如果对于概念 BodyOfWater 定义属性 feedsFrom:River，且指定它和 emptieInto 互为逆属性，则给定（长江，emptiesInto，东海），可以推出（东海，feedsFrom，长江）。

（5）反函数性：与函数性类似，反函数性要求对于一个属性值，其对应定义域的值是唯一的，如 feedsFrom 就具有反函数性。

此外，OWL 还可以定义属性的值约束和基数约束，在一定程度上确保其推理的正确性。

OWL 中的类提供了将拥有相似特性的资源聚合在一起的抽象机制。与 RDF 类似，每个 OWL 的类关联一个包含多个个体（individual）的集合。较之 RDF，OWL 可以通过枚举所有实例的方式定义类（如可以通过枚举中国所有的湖泊来定义中国湖泊这个类），也可以通过已有类的集合操作（交集、并集和补集）来定义新的类（如可以新定义人造水源 ManMadeWaterSource 为 NaturallyOccurringWaterSource 的补集），还能定义类之间的等价和不相交的关系。

OWL 的表达能力与其复杂程度是正相关的，很多实际应用需要在二者间进行权衡。因此，OWL 提供了三个版本，按照表达能力由高到低依次为 OWL Full、OWL DL 和 OWL Lite。感兴趣的读者可前往 W3C 网站（https://www.w3.org/TR/owl-semantics/）了解它们之间的区别和联系。

4.3 知识图谱的现状及发展

从知识图谱结构和万维网知识表示可以看出，知识图谱是本体知识表示在互联网大数据时代的一个实际应用。伴随着互联网和信息技术的发展，知识图谱经历了由人工和群体智慧构建到面向互联网利用机器学习和信息抽取技术自动构建的过程。早期知识资源通过人工添加和合作编辑获得，如英文 CYC、WordNet 和中文的 HowNet。自动构建方法面向互联网的大规模、开放、异构环境，利用机器学习和信息抽取技术自动获取互联网上的知识，如华盛顿大学图灵中心的 KnowItAll 和 TextRunner、卡内基梅隆大学的“永不停歇的语言学习者”（Never-Ending Language Learner，NELL）都是这种类型的知识图谱。目前，大多数通用的知识图谱均是通过对百科类知识资源进行结构化来构建的，本节主要介绍几个基于此法构建的常用知识图谱。

维基百科（Wikipedia）是由维基媒体基金会负责运营的一个自由内容、自由编辑的多语言知识库。它以互联网和 Wiki 技术作为媒介，由全球各地的志愿者们合作编撰而成。每一个词条包含对应语言的客观实体、概念的文本描述以及各自丰富的属性、属性值信息。目前，维基百科有 309 种语言版本，共包含 5300 余万个词条，其中包括中英文在内的 17 种语言包含超过 100 万个词条。2012 年启动的 WikiData 继承了 Wikipedia 的协作机制，但与 Wikipedia 不同，WikiData 是以三元组为基础的知识条目编辑，截至 2020 年 4 月底已经包含超过 8267 万个词条。WikidData 在免费许可下可自由使用，支持标准格式导出，并可链接到链接数据网上的其他开放数据集。

DBpedia① 作为开放链接数据（LOD）的核心，最初源于由德国柏林自由大学以及莱比锡大学的研究者在 2007 年发起的一项从维基百科里萃取结构化知识的项目，曾被万维网创始人蒂姆·伯纳斯·李评为世界上最有名的去中心化链接数据的专题之一。目前广泛应用的是 2016 年 10 月的版本（2019 年 8 月版本还未正式公开），共包含 660 万英文实体，其中人物 150 万、地点 84 万、音乐电影游戏等 49.6 万、组织机构 28.6 万、动物 30.6 万和植物 5.8 万。在事实方面，DBpedia 共包含约 130 亿三元组，其中 17 亿来源于英文版的维基百科、66 亿来自其他语言版本的维基、48 亿来自 Wikipedia Commons 和 WikiData。

Freebase② 是一个由元数据组成的大型合作知识图谱，早期由 Metaweb 公司创建，后被谷歌收购，成为谷歌知识图谱的重要组成部分。它集成了许多网上的资源，主要数据由社区成员贡献，另外一部分则主要来源于维基百科等网站。截至 2014 年年底，Freebase 共包含 6800 万个实体、10 亿条关系、超过 24 亿事实三元组信息。2015 年 5 月，Freebase 整体迁入 WikiData，将服务映射为新的谷歌知识图谱 API 并于同年 12 月正式发布，Freebase 也在次年 5 月正式关闭服务。

YAGO③ 是由德国马克斯 – 普朗克研究所（Max Planck Institute，MPI）构建的大型多语言知识图谱，主要源自维基百科、WordNet 和 GeoNames。YAGO 将 WordNet 的词汇定义与 Wikipedia 的分类体系进行了融合，使其具有更加丰富的实体分类体系；从不同语言维基百科中提取大量实例、属性及属性值信息；GeoNames 则补充了丰富的地理对齐信息。截至目前，YAGO 拥有超过 1000 万个实体的知识，并且包含有关这些实体的超过 1.2 亿条事实三元组。需要说明的是，YAGO 从第二版开始考虑时空知识，为很多知识条目增加了时间和空间维度的属性描述，使得知识可以随时间变化而自动更新，具有很高的拓展性，而上面提到的多语言特性则是最新版的 YAGO3 才加入的。

BabelNet④ 是由罗马大学计算机科学系的计算语言学实验室构建的多语言知识图谱。BabelNet 不仅是多语言的百科式字典，用词典的方式编纂百科词条；也是大规模语义网络，概念和实体通过丰富的语义关系连接。BabelNet 用同义词集合表示具体的语义，共包含约 1579 万个同义词集合，每个同义词集合包含不同语言下所有表达这个语义的同义词。截至目前，最新版 BabelNet 4.0 包含 284 种语言、610

① http://wiki.dbpedia.org/.

② https://developers.google.com/freebase/.

③ http://www.yago-knowledge.org/.

④ https://babelnet.org/.

万个概念、967 万个实体和 2.77 亿个词汇和语义关系。同时，BabelNet 还从不同知识源（包括 Wikipedia、Wikidata 和 Wiktionary 等）和用户输入中持续进行知识更新。

XLORE[①] 是由清华大学知识工程研究室自主构建的基于中、英文维基和百度百科的开放知识平台，是第一个中英文知识规模较为平衡的大规模中英跨语言知识图谱。XLORE 致力于通过维基内部的跨语言链接发现更多的中英文等价关系，并基于概念与实例间的 isA 关系验证提供更精确的语义分类；此外还提供了丰富的查询接口供第三方使用。截至目前，XLORE 共包含约 248 万个概念、49.1 万个属性、1864 万个实体和 263 余万个跨语言链接。

除了基于维基类知识资源构建的知识图谱外，还有很多其他类型的知识图谱，如特定领域知识图谱用来描述限定领域内的概念和关系等。

4.4 知识图谱的生命周期

第一章介绍符号主义时曾提到，“机器证明以后，符号主义最重要的成就是专家系统和知识工程”——图灵奖获得者爱德华·费根鲍姆（Edward Albert Feigenbaum）在 1977 年第五届国际人工智能会议上提出将知识融入计算机系统的知识工程研究领域，以解决只有领域专家才能解决的复杂问题，建立了智能系统就是“知识库 + 推理引擎”的智能系统框架，此后基于符号知识表示和推理的各类专家系统将人工智能研究推向高潮。作为大数据时代知识工程的标志性产物，知识图谱同样遵循如图 4.7 所示的知识建模、知识获取、知识管理和知识赋能的知识工程生

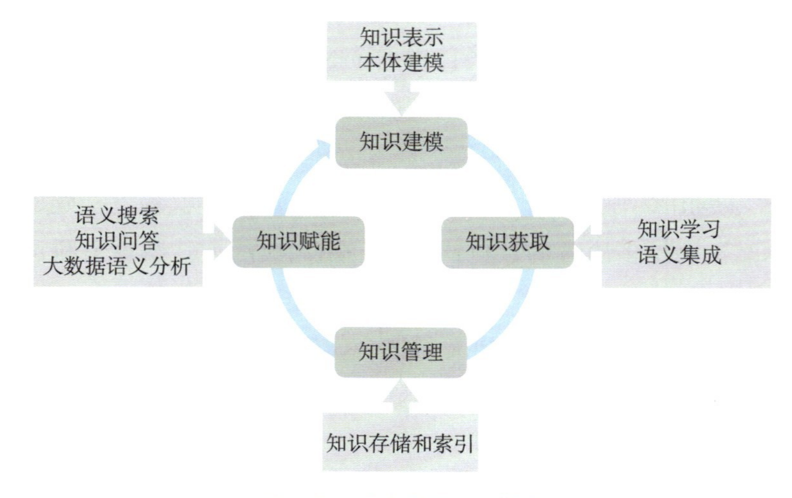

图 4.7　知识图谱生命周期

① http://xlore.org/.

命周期。本节在分析现有知识资源特点的基础上，简要介绍生命周期中的典型任务和相应研究方法。

4.4.1 互联网知识资源特点

传统知识图谱构建主要从领域专家处获取专业知识，互联网的迅速发展正在逐渐改变知识的产生方式，知识资源变得丰富多样，而构建过程也就需要针对知识资源的特性进行相应的调整和改变。因此，在介绍具体生命周期前，我们首先对学习资源及其特性进行简要分析。

简单来说，获取知识的资源对象大体可分为结构化、半结构化和非结构化三类。结构化数据是指知识定义和表示规范、完备的数据，如前文提到的 DBpedia 和 Freebase 等已有知识图谱、特定领域内的数据库等。半结构化数据的典型代表是百科类网站，知识的表示和定义虽不完全规范统一，部分数据（如目录、信息框、列表和表格等）仍遵循特定表示以较好的结构化程度呈现，但仍存在大量结构化程度较低的数据，一些领域中的描述类页面也可归在此类，如电商领域的产品介绍页。非结构化数据则是指没有定义和规范约束的“自由”数据，包括最广泛存在的自然语言文本、音视频等。

互联网时代，知识在数据中的分布有如下特点：

（1）多媒体性：同一知识可能表达为不同的媒体形式，如维基百科的词条可能包括文本描述、图片展示及音视频文件等。

（2）隐蔽性：很多有价值的知识可能存在于网页链接或者资源文件中，如语义网知名教授詹姆斯·亨德勒（James Hendler）的个人主页[①]中关于其个人简介的结构化表达就“藏”在一个单独的 RDF 文件[②]中。

（3）分布性：同一事物不同方面的知识往往分布各异，如科研人员的基本信息可以在其主页和个人简历中获取，论著发表情况收录于权威的 ACM 或者 DBLP 数据库中，而其参与的学术活动信息则只能通过相关活动页面或媒体报道获得。

（4）异构性：知识的分布式表达和定义不可避免地造成异构性，即不同用户对于同一知识的表达和理解存在或多或少的差异。以不同类型信息的组织管理需要用到的分类体系为例，比较著名的有开放式分类目录搜索系统[③]（open directory project，ODP），但是不同的门户网站和导航网站往往会根据需要定义各自的分类系统。

---

① http://www.cs.rpi.edu/~hendler/.

② http://www.cs.rpi.edu/~hendler/foaf.rdf.

③ http://dmoztools.net/.

（5）海量性：较之传统人工编撰的知识库，互联网上知识的规模巨大，如前文提到的维基百科共收录了约 5300 万个多语言词条，事实知识的条目更是数以亿计。

4.4.2 知识建模

知识建模的目标是根据领域特点选择合适的知识表示方法，并基于此定义领域知识描述的概念、事件、规则及其相互关系建立知识图谱的概念模型，主要包括概念抽取、概念层次（上下位关系）建模和概念属性学习等。

概念是人们理解客观世界的线索，是人们对客观世界事物在不同层次上的概化描述。概念层次是知识图谱的“骨骼”。表 4.1 给出了现有常用知识图谱的概念及上下位关系数。然而，大多数知识图谱的概念体系均存在或多或少的问题，直接影响知识图谱对客观世界的描述能力，制约和限制知识的共享和应用。例如，概念数量少会使得图谱对目标领域的知识覆盖率低，概念层次扁平化和上下位关系稀疏会造成知识表达的精细程度低，上下位关系的错误和噪声使得知识结构混乱。因此，概念抽取和概念层次建模非常必要。

表 4.1　不同知识图谱概念信息的统计

知识图谱	概念数	上下位关系数
Freebase	1,450	24,483,434
WordNet	25,229	283,070
WikiTaxonomy	111,654	105,418
YAGO	352,297	8,277,227
DBpedia	259	1,900,000
ResearchCyc	≈ 120,000	≈ 5,000,000
KnowItAll	N/A	54,753
TextRunner	N/A	≈ 11,000,000
OMCS	173,398	1,030,619
NELL	123	242,453
Probase	2,653,872	20,757,545

概念抽取的目标是自动从领域语料中识别领域相关术语。考虑到不同领域的差异性，完全依靠标注数据和有监督机器学习的方法（见第七章）并不现实，因此往往采用基于规则或弱监督的方法。前者一般利用短语内部的语法规则信息、语言模板信息来进行抽取；后者则主要基于“与已有概念相关度高的短语也极有可能是概念”的假设，利用少量已知概念和短语间共同出现等信息来迭代地进行抽取。

概念层次建模的目的是确定概念与子概念之间的关系，判断两个概念之间是否存在上下位关系，并以此为基础将概念组织成分类树或者有向无环图的结构。其中，上下位关系识别通常采用监督学习的方法，表 4.1 中丰富的数据均可以用来指导机器学习模型。此外，与概念抽取类似，上下位关系识别通用可以采用基于规则的方法，比较经典的 Hearst 模板囊括了英文中常见的上下位关系表达，如“NP such as {NP,} * {(orland)} NP”，其中 NP 表示名词短语（noun phrase）。

属性是概念的内涵表达，描述概念的特征或性质，具有描述和鉴别概念的功能。属性获取是概念知识建模和领域知识库自动构建的关键步骤。概念属性学习旨在对给定概念从不同类型的数据源中自动获取其属性集合。

4.4.3 知识获取

知识获取是对知识建模定义的知识要素进行实例化的过程。知识图谱中实例的属性描述以三元组的形式表示，其数量决定了知识图谱的丰富程度。因此，建模完成之后，通常采用不同类型的机器学习方法从多源异构的数据源中进行事实型知识的学习。典型的任务包括命名实体识别（简称实体识别）、实体链接、属性 / 关系抽取、事件抽取等。

（1）实体识别是在文本中识别给定概念的实例的过程，如“中国人工智能学会成立于 1981 年 10 月，现任理事长是来自清华大学的戴琼海院士”一句中，“中国人工智能学会”和“清华大学”均是概念“组织机构”的实例。

（2）实体链接是在实体识别的基础上，将文本中出现的实体提及映射到知识图谱中对应实体的过程，如将例句中“戴琼海”链接至百度百科。

（3）属性 / 关系抽取旨在丰富实体的属性信息，二者的目的一致，但问题设定稍有差异：属性抽取通常是给定实体和属性来抽取属性值，如在例句中抽取“中国人工智能学会”的“成立时间”为“1981 年 10 月”；关系抽取则一般是识别给定两个实体间的关系，如例句中可以识别“戴琼海”和“清华大学”的关系为“工作单位”。

（4）事件是发生在某个特定时间点或时间段、某个特定地域范围内，由一个或者多个角色参与的一个或者多个动作组成的事情或者状态的改变。上述任务主要关注实体及实体间的关联关系，大多数是静态知识；而事件能描述粒度更大的、动态的、结构化的知识，事件抽取旨在从文本中识别并抽取出事件信息并以结构化的形式呈现出来，包括其发生的时间、地点、参与角色以及与之相关的动作或者状态的改变。

上述任务通常被形式化为分类、序列标注等问题，而问题求解需要机器学习

（第七章）和自然语言处理技术（第十一章）的支持。

知识图谱间的分布性和异构性阻碍了知识共享。语义集成旨在发现异构知识图谱间实体（概念、属性或实例）的等价关系，从而实现知识共享。不同图谱的互补性也能在很大程度上提升知识的丰富程度，因此语义集成也可看作一种特殊知识的获取过程。

知识图谱多以本体进行定义和描述，因此知识图谱语义集成的核心是本体模式（概念和属性）层和实例层的匹配问题，即本体映射。Jérôme Euzenat 和 Pavel Shvaiko 在 *Ontology Matching* 一书中将匹配方法分为基于实体和基于结构两类。前者在计算匹配度时，独立地对实体进行分析，不考虑实体与其他实体的关系，多利用实体相关的文本信息，如字符串、自然语义等。后者通过分析实体与其他实体在结构中的关系来计算匹配度，主要是基于图结构的匹配和传播。

大规模高质量的知识获取和语义集成是大数据环境下知识图谱构建的一项艰巨任务，还有许多问题亟待研究。

4.4.4 知识管理

得益于强大的语义表达能力和灵活丰富的表现形式，知识图谱迅速普及，越来越多的数据开始表示成 RDF 或类似格式。因此，知识管理的一个核心问题是如何有效地存储和查询上述大规模的 RDF 数据集。

RDF 是典型的图结构，因此知识管理需要依靠图数据库实现。目前较为活跃的图数据库当属 Neo4j；此外还有一类是专用的三元组数据库（triple store），Virtuoso 就是一个此类 RDF 数据库，支持百亿条三元组，著名知识图谱 DBpedia 的存储就是采用该数据库。相关高性能数据库远不止这些，国内学术界和工业界在该领域也有大量研究，清华大学、北京大学、中国科学院计算所等科研机构也均有相关研究成果，感兴趣的读者可以自行查阅相关资料。

SPARQL 是针对 RDF 数据的查询语言，查询过程可以视为在 RDF 数据图上进行子图匹配运算。目前，基于图模型的查询主要利用 RDF 数据图的特点来构建索引。同时，知识规模急剧增长也催生了一批针对 RDF 数据的分布式查询方法，包括基于现有云平台的分布式查询、基于数据划分的分布式查询和联邦型分布式 RDF 数据查询。

4.4.5 知识赋能

知识图谱最初提出的目的是增强搜索结果、改善用户搜索体验，即语义搜索。但其应用方式远不止如此，下面分别通过案例简要说明知识图谱的典型应用的特点和知识图谱对其带来的提升，包括语义搜索、知识问答和大数据分析与决策。

在语义搜索方面，传统的基于关键词的搜索不能很好地理解用户的搜索意图，仅能通过用户提供的关键词与待检索文档间的文本相关性来匹配结果，用户还需要进一步甄选自己想要的结果，搜索体验差。知识图谱的引入能够有效利用其良好定义的结构形式，以有向图的方式提供满足用户需求的结构化语义内容。本章引言部分曾讲到，谷歌、百度和搜狗均利用建立大规模知识图谱对搜索关键词和文档内容进行语义标注，提供各种类型的语义搜索。除了引言处提到的实体搜索和关系搜索，还包括定义搜索和实例搜索等（图 4.8），使得用户能够直接获得精确度很高的答案。

（a）定义搜索

（b）实例搜索

图 4.8　语义搜索示例

知识问答是通过对问句的语义分析，将非结构化问句解析成结构化的查询，从已有结构化的知识图谱中获取答案，使用户可直接获得问题的答案。相对于语义搜索，知识问答的问句更长，描述的知识需求更明确。Watson 是 IBM 公司研发团队历经十余年努力开发出的基于知识图谱的智能机器人，最初的目的是参加美国的一档智力游戏节目“Jeopardy!”，并于 2011 年以绝对优势赢得了人机对抗比赛。除去大规模并行化的部分，Watson 工作原理的核心是概率化基于证据的答案生成，根据问题线索不断缩小在结构化知识图谱上搜索空间，并利用非结构化的文本内容寻找证据支持。对于复杂问题，Watson 采用分治策略，递归地将问题分解为更简单的问题来解决。如对于问题“《超级女声》首播那年，清华大学的校长是谁”，Watson 首先尝试回答“《超级女声》哪年首播”，当得到比较确定的结果“2004 年”后，原问题就简化为“2004 年清华校长是谁”，最终就可以得到正确答案“顾秉林”。

知识驱动的大数据分析与决策是另一种典型的应用方式，借助知识图谱丰富准确的知识结点和广泛的关系网络，对语义稀疏的领域大数据进行分析理解，为行业决策提供有力支撑。基于其订阅用户的注册信息和观看行为，美国 Netflix 公司构建了大规模影视知识图谱，精确化描述导演、编剧、演员、影视作品等概念实例的详细信息及其用户间关联，相比传统关注用户作品关系而将其他信息扁平化处理的方式，这种方式能够建模用户与不同类型实体的深层语义交互。通过分析受众群体、观看偏好、电视剧类型、导演与演员的受欢迎程度等信息，了解到用户很喜欢大卫·芬奇（David Fincher）导演的作品，凯文·史派西（Kevin Spacey）主演的作品总体收视率不错及英剧版的《纸牌屋》很受欢迎这些信息，决定投资拍摄了美剧《纸牌屋》，最终在美国及 40 多个国家成为热门的在线剧集。国内方面，阿里巴巴的商品知识图谱、美团点评的美团大脑均是利用行业数据建立的知识图谱，以更好地服务用户。

基于知识图谱的服务和应用已经成为当前的研究热点，除了应用方式多变，应用领域也逐渐延伸到各行各业。如在科技情报领域，AMiner[①] 是清华大学知识工程研究室自主研发的科技情报知识服务引擎，它集成了来自多个数据源的近亿级的学术文献数据，从海量文献及互联网信息中通过信息抽取方法自动获取研究者的相关信息（包括教育背景、基本介绍等）、论文引用关系、知识实体以及相关的学术会议和期刊等知识，建立科技情报知识图谱。同时，利用数据挖掘和社会网络分析技术，提供面向特定领域的专家搜索、权威机构搜索、研究热点发现和趋势分析、社会影响力分析、研究者社会网络关系识别、审稿人推荐、跨领域合作者推荐等功能。从 2018 年起，清华大学人工智能研究院知识智能研究中心联合中国工程院科技知识中心以 AMiner 为基础，聘请领域专家作为顾问，结合人工智能自动生成技术，以严谨、严肃、负责的态度制作发布了《清华大学人工智能技术系列报告》[②]，内容涵盖技术趋势、前沿预测、人才分布、实力对比及情报洞察等，截至目前共发布 23 期，订阅人数十余万。

---

① https://www.aminer.cn/.

② https://reports.aminer.cn/.

4.5 本章小结

知识图谱技术是人工智能知识表示和知识库在互联网大数据环境下的应用，显示出知识在智能系统中的重要性，是实现智能系统的基础知识资源。纵观知识图谱发展的相关研究现状，以下研究将成为未来知识图谱研究的热点：

（1）知识图谱是符号主义人工智能的典型代表，面对大规模计算和应用有着固有的局限性。当前深度学习主导的人工智能（连接主义）处于前所未有的兴盛时期，但越来越多的研究者开始关注其鲁棒性和可解释性，而知识正是不可或缺的部分。因此，亟须研究知识表示和获取的新理论和新方法，使知识既具有显式的语义定义，又便于大数据下的知识计算。

（2）随着信息技术从信息服务向知识服务转变，传统“小作坊式”的知识图谱构建方式已经无法满足日益增长的需求。我国在《新一代人工智能发展规划》中也强调了知识计算引擎与知识服务技术的重要性。因此，亟须建立知识图谱共性关键技术体系和生产构建平台，以服务不同的行业和应用。

（3）知识图谱虽然已经在语义搜索和知识问答等应用中取得了一定的成就，但是基于知识图谱的应用研究远不止这些，如何进一步推进知识驱动的智能信息处理应用是十分有价值的研究。

习题：

1. 使用两种以上的 XML 表示“张三选修了李老师的人工智能导论课程”这条知识。
2. 使用 RDF 表示上述知识。
3. 请选择合适的方式表示下面文本中关于“新型冠状病毒肺炎”的知识。

   2019 年 12 月以来，湖北省武汉市部分医院陆续发现了多例有华南海鲜市场暴露史的不明原因肺炎病例，现已证实为 2019 新型冠状病毒感染引起的急性呼吸道传染病。2020 年 2 月 11 日，世界卫生组织总干事谭德塞在瑞士日内瓦宣布，将新型冠状病毒感染的肺炎命名为“COVID–19”。2020 年 2 月 21 日，国家卫生健康委发布了关于修订新型冠状病毒肺炎英文命名事宜的通知，决定将“新型冠状病毒肺炎”英文名称修订为“COVID–19”，与世界卫生组织命名保持一致，中文名称保持不变。
4. 举例说明 4.2.2 中 OWL 的各属性特性。

第五章　搜索技术

人类的思维过程可以看作是一个搜索的过程。从小学到现在，你一定遇到过很多种智力游戏问题，如传教士和野人问题：有 3 个传教士和 3 个野人来到河边准备渡河，河岸有一条船，每次至多可供 2 人乘渡。为了安全起见，传教士应如何规划摆渡方案，使任何时刻在河的两岸以及船上的野人数目总是不超过传教士的数目（但允许在河的某一岸或者船上只有野人而没有传教士）。如果让你来做这个智力游戏，在每一次渡河之后都会有几种渡河方案供你选择，究竟哪种方案才有利于在满足题目所规定的约束条件下顺利过河呢？这就是搜索问题。经过反复努力和试探，你终于找到了一种解决办法。在高兴之余，你可能马上又会想到这个方案所用的步骤是否最少？也就是说它是最优的吗？如果不是，如何才能找到最优方案？在计算机上又如何实现这样的搜索？这些问题就是本章我们要介绍的搜索问题，而求解这类搜索问题的技术称为搜索技术。

图 5.1 给出了一个搜索问题的示意图。其含义是如何在一个比较大的问题空间

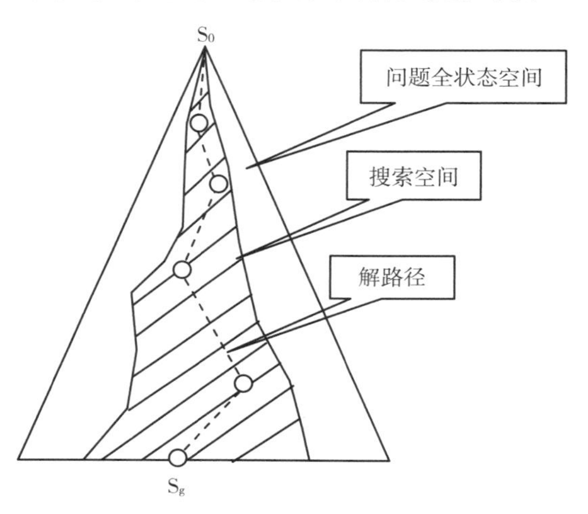

图 5.1　搜索空间示意图

中，只通过搜索比较小的范围就找到问题的解。使用不同的搜索，找到解的搜索空间范围是有区别的。一般来说，对于大空间问题，搜索策略是要解决组合爆炸的问题。

通常搜索策略的主要任务是确定如何选取规则的方式。有两种基本方式：一种是不考虑给定问题所具有的特定知识，系统根据事先确定好的某种固定排序，依次调用规则或随机调用规则，这实际上是盲目搜索的方法，一般统称为无信息引导的搜索策略；另一种是考虑问题领域可应用的知识，动态地确定规则的排序，优先调用较合适的规则使用，这就是所谓的启发式搜索策略或有信息引导的搜索策略。

本章将介绍常用的搜索技术。

5.1　图搜索策略

很多搜索问题都可以转化为图搜索问题。比如前面介绍的传教士与野人问题，假设初始状态传教士、野人和船均在河的左岸，目标是在满足问题的约束条件下到达河的右岸。如果我们用在河的左岸的传教士、野人人数以及船是否在左岸表示一个状态，则该问题任何时刻的状态都可以用一个三元组表示（M，C，B），其中 M、C 分别表示在左岸的传教士、野人人数，B 表示船是否在左岸，B=1 表示船在左岸，B=0 表示船在右岸。则该问题的初始状态为（3，3，1），目标状态为（0，0，0）。所有满足约束条件的状态之间，构成了如图 5.2 所示的状态图。如何通过这个图找出一条从初始状态（3，3，1）到目标状态（0，0，0）的路径，就是图搜索问题。所谓的路径，就是给出一个状态序列，序列的第一个状态是初始状态，最后一个状态是目标状态，序列中任意两个相邻的状态之间通过一个连线连接。

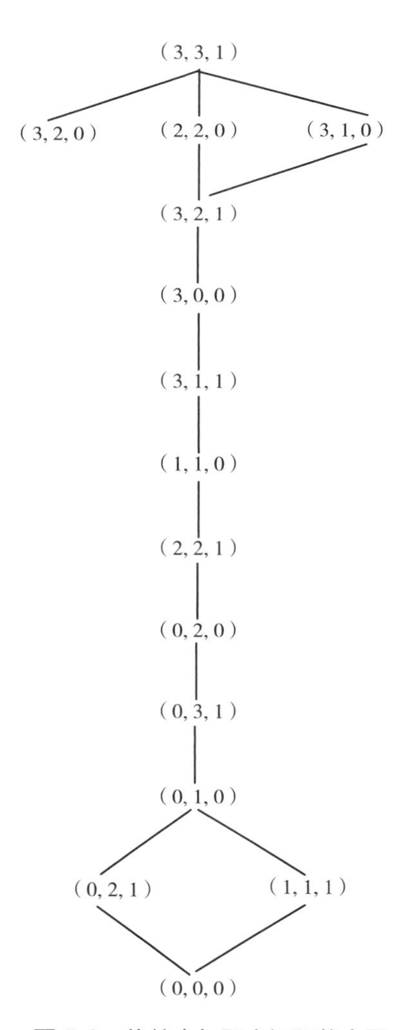

图 5.2　传教士与野人问题状态图

为了提高搜索效率，图搜索并不是先生成所有状态的连接图再进行搜索，而是边搜索边生成图，直到找到一个符合条件的解，即路径为止。在搜索的过程中，生成的无用状态越少——即非路径上的状态越少，搜索的效率就越高，所对应的搜索策略就越好。

一般地，假设某个搜索过程的中间情况如图 5.3 所示。图中节点表示状态，实心圆表示已经扩展的节点（即已经生成出了连接该节点的所有后继节点），空心圆表示还没有被扩展的节点。所谓的图搜索策略，就是如何从叶节点（空心圆）中选择一个节点扩展，以便尽快地找到一条符合条件的路径。不同的选择方法就构成了不同的图搜索策略。如果在选择节点时利用了与问题相关的知识或者启发信息，则称之为启发式搜索，否则称之为盲目搜索。

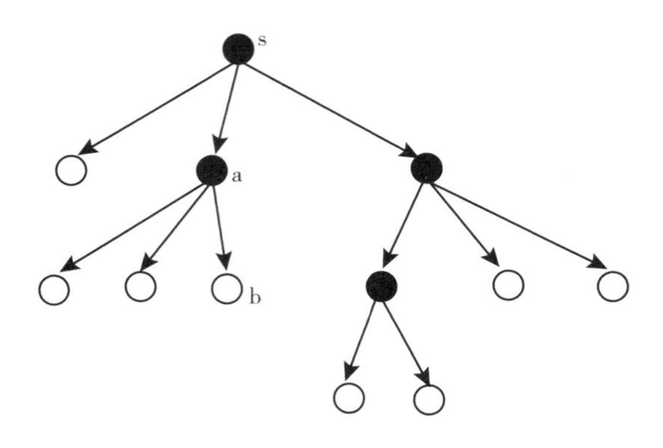

图 5.3　图搜索示意图

5.2　盲目搜索

如果在搜索过程中没有利用任何与问题有关的知识或者启发信息，则称之为盲目搜索。深度优先搜索和宽度优先搜索是常用的两种盲目搜索方法。

5.2.1　深度优先搜索

深度优先搜索是一种常用的盲目搜索策略，其基本思想是优先扩展深度最深的节点。在一个图中，初始节点的深度定义为 0，其他节点的深度定义为其父节点的深度加 1。例如，在图 5.3 中，初始节点 s 的深度为 0，节点 a、b 的深度分别为 1 和 2。

深度优先搜索每次选择一个深度最深的节点进行扩展，如果有相同深度的多个节点，则按照事先的约定从中选择一个。如果该节点没有子节点，则选择一个除了该节点以外的深度最深的节点进行扩展。依次进行下去，直到找到问题的解结束；

或者再也没有节点可扩展结束，这种情况下表示没有找到问题的解。

下面我们以 N 皇后问题为例，介绍深度搜索策略的搜索过程。

N 皇后问题：在一个 N×N 的国际象棋棋盘上摆放 N 枚皇后棋子，摆好后要满足每行、每列和每个对角线上只允许出现一枚皇后，即棋子间不许相互俘获。为了简单起见，我们以 4 皇后问题为例。图 5.4 给出了 4 皇后问题的一个解。

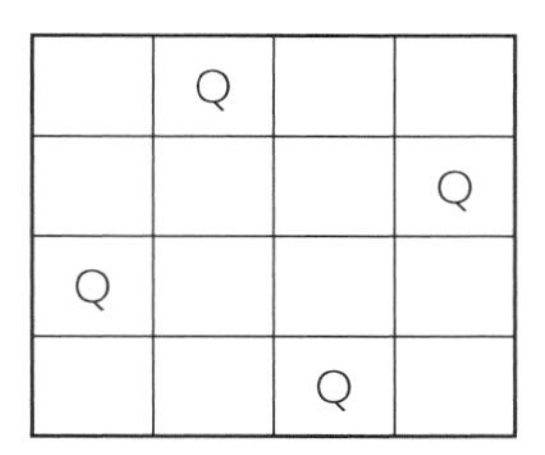

图 5.4　4 皇后问题

为了求解该问题，我们用坐标表示一个皇后所在的位置，如上例中，1 行 2 列有一个皇后，则可以表示为（1，2）。多个皇后则用所有皇后的位置组成的表表示。图 5.4 给出的解就可以表示为：((1，2),(2，4),(3，1),(4，3))。我们假设搜索过程是从上向下按行进行、每一行从左到右按列进行，则深度优先搜索过程如图 5.5 所示。

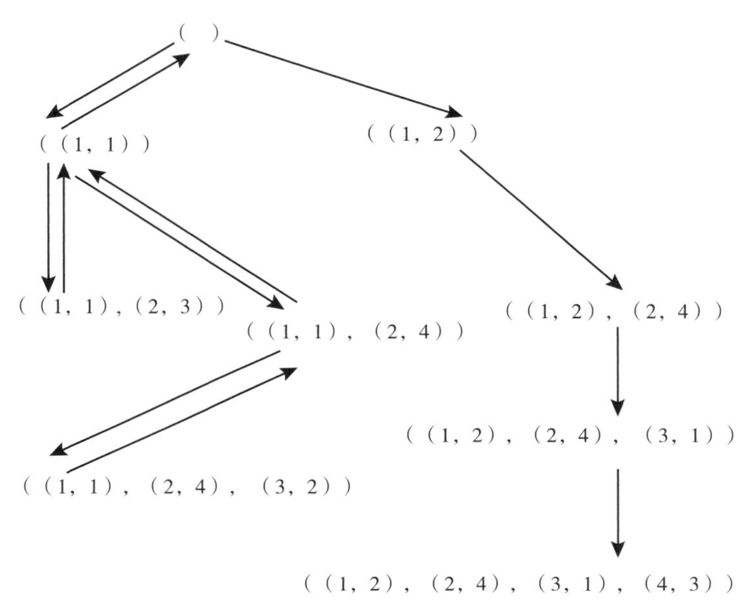

图 5.5　4 皇后问题搜索图

在上述搜索过程中，每当某一行不能摆放棋子时，就发生“回溯”返回到一个深度较浅的节点进行试探，否则就一直选择深度深的节点进行扩展。对于N皇后这样的问题这是可行的，因为只要按照规则能摆放棋子就可以进行下去，直到找到一个解。但是对于很多问题，这样做可能会导致沿着一个“错误”的路线搜索下去而陷入“深渊”。为了防止这样的事情发生，在深度优先搜索中往往会加上一个深度限制，即在搜索过程中如果一个节点的深度达到了深度限制，无论该节点是否还有子节点，都强制进行回溯，选择一个稍浅的节点扩展，而不是沿着最深的节点继续扩展。

下面以八数码问题为例，说明具有深度限制的深度优先搜索是如何进行的。

八数码问题：在 3×3 组成的九宫格棋盘上摆有 8 个将牌，每一个将牌都刻有 1 ~ 8 数码中的某一个数码。棋盘中留有一个空格，允许其周围的某一个将牌向空格移动，这样通过移动将牌就可以不断改变将牌的布局。这种游戏求解的问题是：给定一种初始的将牌布局或结构（称初始状态）和一个目标的布局（称目标状态），问如何移动将牌实现从初始状态到目标状态的转变。问题的解答其实就是给出一个合法的走步序列。图 5.6 给出了八数码问题的一个示例。

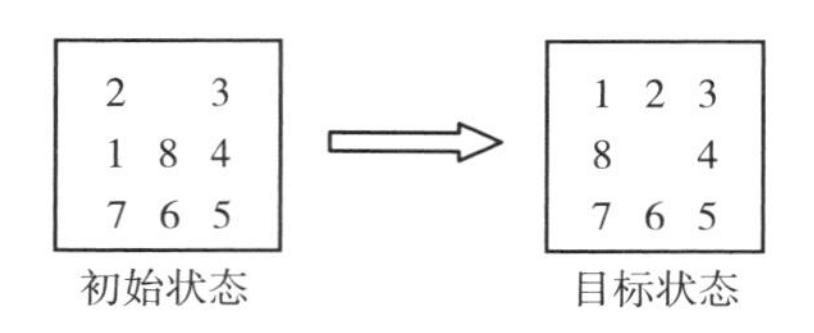

图 5.6　八数码问题

图 5.7 给出了运用带有深度限制的深度优先方法求解八数码问题的搜索图，其中深度限制设置为 4。图中圆圈中的序号表示节点的扩展顺序（到 9 之后，用 a、b、c、d 表示），当达到深度限制之后，回溯到稍浅一层的节点继续搜索直至找到目标节点。除了初始节点外，每个节点用箭头指向其父节点，当搜索到目标节点后，沿着箭头所指反向追踪到初始节点，即可得到问题的解答。

如何合理地设定深度限制与具体的问题有关，需要根据经验设置一个合理值。如果深度限制过深，则影响求解效率；反之如果限制过浅，则可能导致找不到解。可以采取逐步加深的方法，先设置一个比较小的值，然后再逐步加大。

深度优先搜索也可能遇到“死循环”问题，也就是沿着一个环路一直搜索下去。为了解决这个问题，可以在搜索过程中记录从初始节点到当前节点的路径，每扩展一个节点，就要检测该节点是否出现在这条路径上；如果发现在该路径上，则强制回溯，探索其他深度最深的节点。

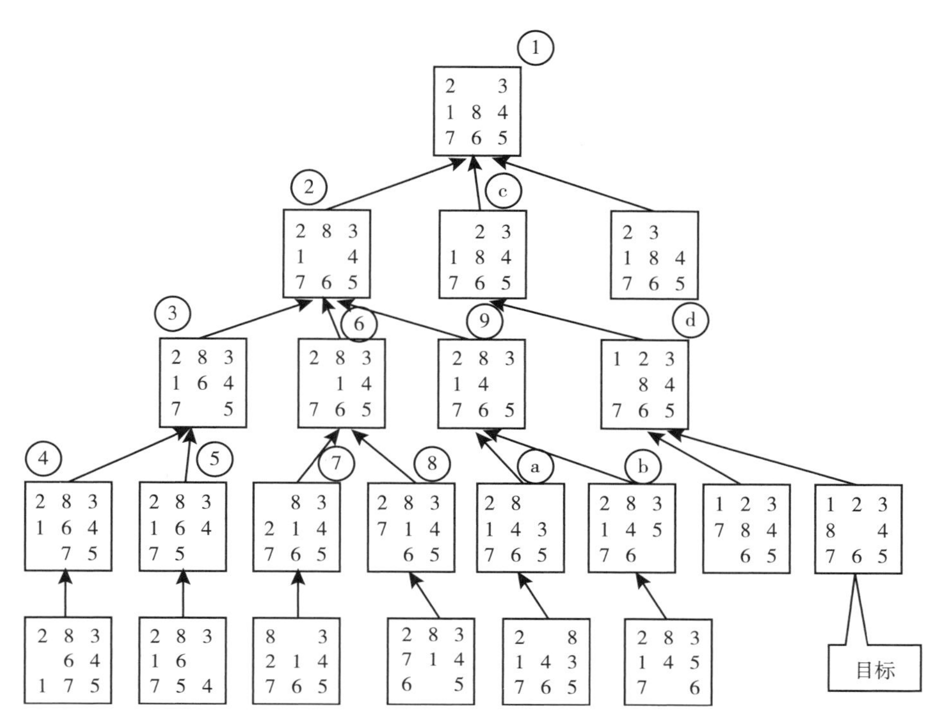

图 5.7　带深度限制的深度优先策略求解八数码问题搜索图

5.2.2　宽度优先搜索

与深度优先策略刚好相反，宽度优先搜索策略是优先搜索深度浅的节点，即每次选择深度最浅的叶节点进行扩展，如果有深度相同的节点，则按照事先约定从深度最浅的几个节点中选择一个。同样是八数码问题，如果运用宽度优先搜索策略，则搜索图如图 5.8 所示。图中同样用带有圆圈的数字给出了节点的扩展顺序。从图中可以看出，与深度优先搜索的“竖”着搜不同，宽度优先搜索体现的是“横”着搜。

同样都是盲目搜索，宽度优先搜索与深度优先搜索具有哪些不同呢？可以证明，对于任何单步代价都相等的问题，在问题有解的情况下，宽度优先搜索一定可以找到最优解。例如，在八数码问题中，如果移动每个将牌的代价都是相同的，比如都是 1，则利用宽度优先算法找到的解一定是将牌移动次数最少的最优解。但是，由于宽度优先搜索在搜索过程中需要保留已有的搜索结果，需要占用比较大的搜索空间，而且会随着搜索深度的加深成几何级数增加。深度优先搜索虽然不能保证找到最优解，但是可以采用回溯的方法，只保留从初始节点到当前节点一条路径即可，可以大大节省存储空间，其所需要的存储空间只与搜索深度呈线性关系。

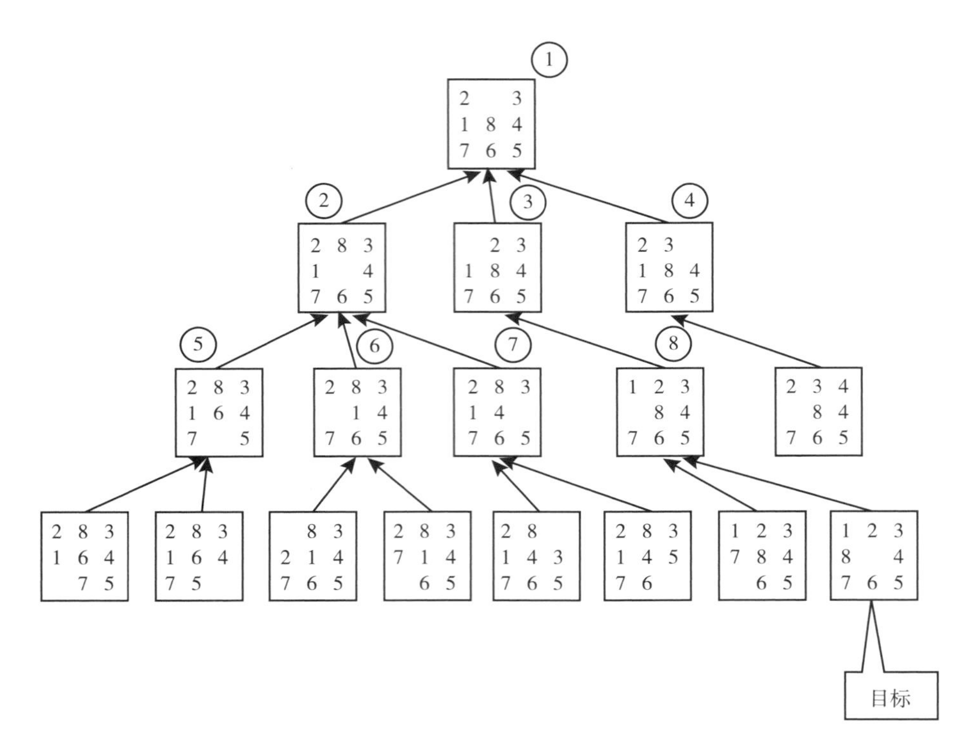

图 5.8　宽度优先策略求解八数码问题搜索图

5.3　启发式搜索

前面介绍的深度优先搜索和宽度优先搜索都是盲目搜索算法，搜索范围比较大，效率比较低。如何在搜索过程中引入启发信息，减少搜索范围，以便尽快地找到解，这种搜索策略则称为启发式搜索。

A 算法以及 A* 算法是常用的启发式搜索算法，我们首先介绍 A 算法。

设图 5.9 是搜索过程中得到的搜索图，下一步我们需要从所有的叶节点中选择一个节点扩展。为了尽快找到从初始节点到目标节点的一条耗散值比较小的路径，我们希望所选择的节点尽可能在最佳路径上。如何评价一个节点在最佳路径上的可能性呢？A 算法给出了评价函数的定义：

$$f(n)=g(n)+h(n)$$

其中 n 为待评价的节点；g(n) 为从初始节点 s 到节点 n 的最佳路径耗散值的估计值；h(n) 为从节点 n 到目标节点 t 的最佳路径耗散值的估计值，称为启发函数；f(n) 为从初始节点 s 经过节点 n 到达目标节点 t 的最佳路径耗散值的估计值，称为评价函数。这里的耗散值指的是路径的代价，根据求解问题的不同，可以是路径

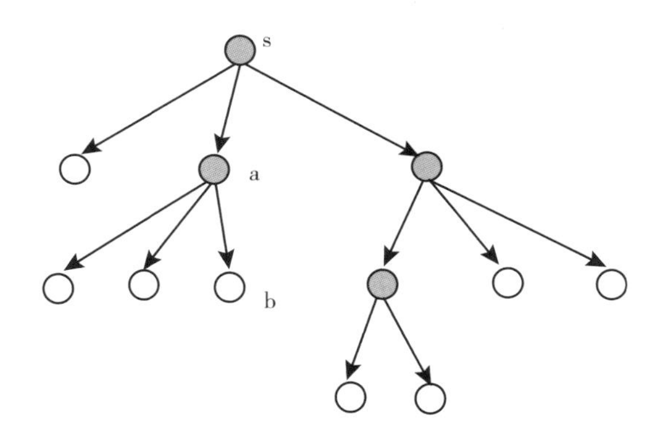

图 5.9 搜索示意图

的长度或是需要的时间，或是花费的费用等。如果 f(n)能够比较准确地估计出 s—n—t 这条路径的耗散值的话，我们每次从叶节点中选择一个 f(n)值最小的节点扩展，则有理由相信这样的搜索策略对于我们尽快搜索到一条从初始节点 s 到目标节点 t 的最佳路径是有意义的。采用这种搜索策略的搜索算法，称为 A 算法。实现 A 算法的关键是 f(n)的计算，其中 g(n)可以通过已有的搜索结果计算得到。如在图 5.9 中，节点 b 的 g(n)值可以通过 s—a—b 这条路径的耗散值计算得到，根据具体的问题，g(n)很容易计算得到。启发函数 h(n)则需要根据问题定义，同一个问题也可以定义出不同的函数，如何定义一个好的启发函数成为用 A 算法求解问题的关键所在。

下面我们以图 5.10 所示的八数码问题为例，说明 A 算法的搜索过程。为此，我们给出八数码问题的一个启发函数的定义：

$$h(n)=\text{不在位将牌的个数}$$

其含义是：将待评价的节点与目标节点进行比较，计算一共有几个将牌所在位置与目标是不一致的，而不在位的将牌个数的多少大体反映了该节点与目标节点的距离。将图 5.10 所示的初始状态与目标状态进行比较，发现 1、2、6、8 四个将牌不在目标状态的位置上，所以初始状态的“不在位的将牌数”就是 4，也就是初始状态的 h 值等于 4。其他状态的 h 值也按照此方法计算。用 A 算法求解该八数码问

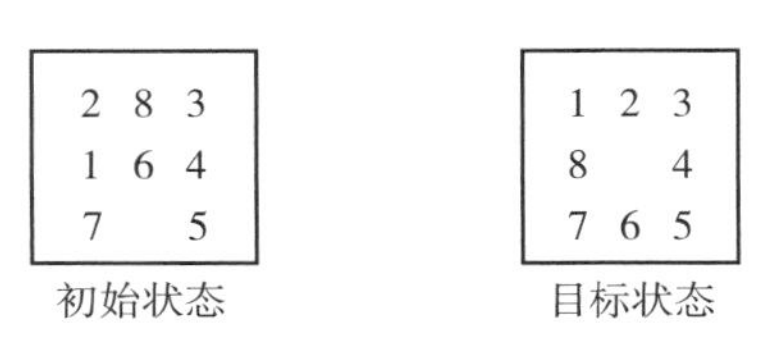

图 5.10 八数码问题示例

题的搜索图如图 5.11 所示。图中字母后面的数字是该状态的 f 值，带圆圈的数字表示节点的扩展顺序。

A 算法可以这样实现：设置一个变量 OPEN 用于存放那些搜索图上的叶节点，也就是已经被生成出来、但是还没有扩展的节点；变量 CLOSED 用于存放搜索图中的非叶节点，也就是那些不但被生成出来了、还已经被扩展的节点。OPEN 中的节点按照 f 值从小到大排列。每次 A 算法从 OPEN 表中取出第一个元素（也就是 f 值最小的节点 n）进行扩展，如果 n 是目标节点，则算法找到了一个解，算法结束；

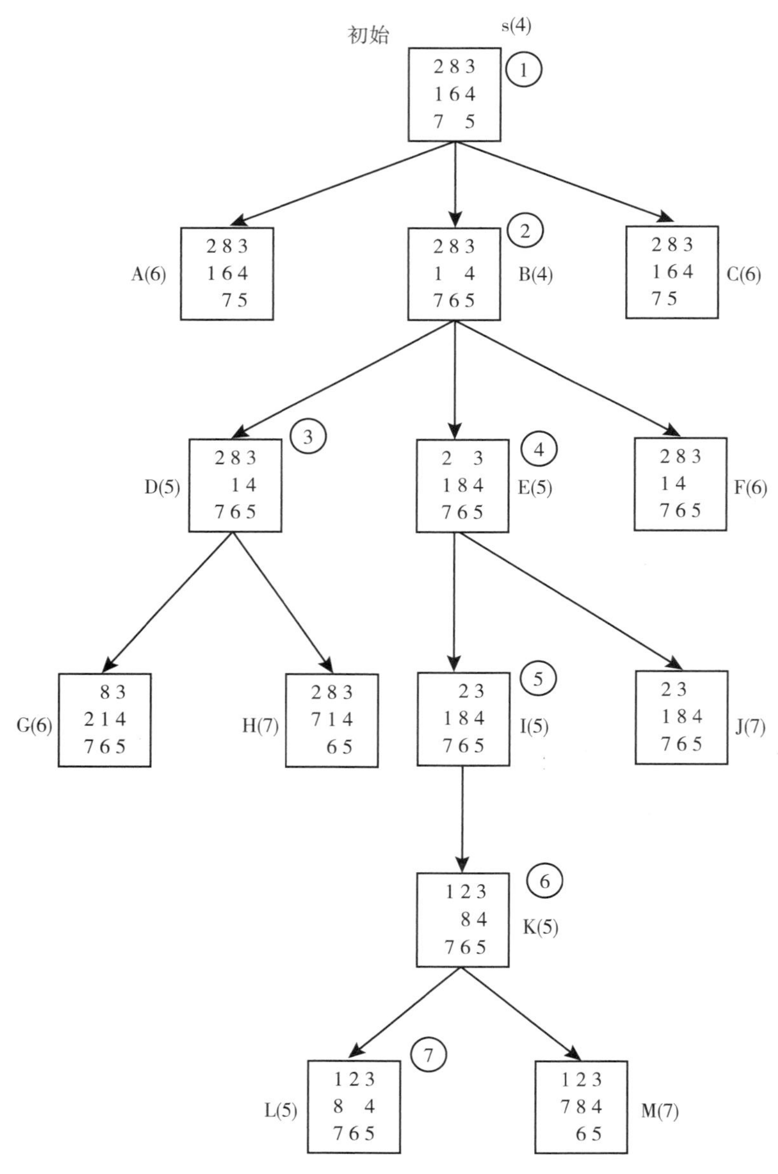

图 5.11　八数码问题 A 算法搜索示意图

否则就扩展 n。对于 n 的子节点 m，如果 m 既不在 OPEN 中、也不在 CLOSED 中，则将 m 加入 OPEN 中；如果 m 在 OPEN 中，说明从初始节点到 m 找到了两条路径，保留耗散值短的那条路径。如果 m 在 CLOSED 中，也说明从初始节点到 m 有两条路径，如果新找到的这条路径耗散值大，则什么也不做；如果新找到的路径耗散值小，则将 m 从 CLOED 中取出放入 OPEN 中。对 OPEN 重新按照 f 值从小到大排序，重复以上过程，直到找到一个解结束；或者 OPEN 为空算法以失败结束，说明问题没有解。为什么要将 m 重新放入到 OPEN 中呢？因为这样的 m 在 CLOSED 中，其后继节点（子节点、子子节点等）已经生成了，现在找到了一条到达 m 的新路径，也会影响到其后继节点。将 m 重新放入 OPEN，以便将来有机会再次扩展 m 节点时，对其子节点进行修改。

在 A 算法中，由于并没有对启发函数做出任何规定，所以 A 算法得到的结果如何也不好评定。如果启发函数 h(n) 满足如下条件：

$$h(n) \leq h^*(n)$$

则可以证明当问题有解时，A 算法一定可以得到一个耗散值最小的结果，也即最佳解。满足该条件的 A 算法称作 A* 算法。

一般来说，$h^*(n)$ 并不知道，那么如何判断 $h(n) \leq h^*(n)$ 是否成立呢？这就要根据具体问题具体分析了。比如说，问题是在地图上找到一条从地点 A 到地点 B 的距离最短的路径，我们可以用当前节点到目标节点的欧氏距离作为启发函数 h(n)。虽然我们不知道 $h^*(n)$ 是多少，但由于两点间直线距离最近，所以肯定有 $h(n) \leq h^*(n)$。这样用 A* 算法就可以找到该问题距离最短的一条路径。

应用 A* 算法求解实际问题，最重要的就是 h（n）的定义，而 h（n）的定义与具体问题有关，没有一般的方法。但是，h（n）的定义是否可以有个基本原则呢？答案是肯定的。一般的原则就是：适当放宽问题的限制条件，在宽条件下计算节点 n 到目标的最短路径的耗散值，以此作为 h（n）。由于 h（n）是在宽条件下计算出的，那么一定会满足 A* 条件。比如，以八数码问题为例，原问题的限制条件是一个将牌只能移动到旁边的空格中。如果我们放宽这个条件，允许将牌跳跃到目标位置且不用管其目标位置是否已经有其他将牌，这样的话，如果有 m 个将牌不在位，则最多经过 m 次跳跃就达到了目标状态。所以，h（n）可以定义为不在位的将牌数。但是这个条件放松得有点过宽了，可以适当收缩一下，不允许将牌跳跃，只能移动到旁边的位置，但是旁边有将牌时也可以移动，也就是一个位置可以有多个将牌。这样的话，一个将牌如果距离它的目标位置有 k 步，则移动 k 次就可以达到其目标位置；如果有 m 个将牌不在位，把他们分别到目标位置的距离加起来就是节点 n 到目标状态需要的最小步数。所以，也可以定义 h（n）为不在位将牌的距离和，而且这样定义的 h（n）比只用不在位将牌数的效果要好。

在前面 A 算法的实现介绍中，当满足条件时，有些节点会被从 CLOSED 中取出重新放回 OPEN 表中，这样就有可能一个节点被多次扩展，造成求解效率降低。如果启发函数 h(n)满足以下条件：

$$h(n_i)-h(n_j)\leqslant C(n_i,n_j) \text{ 且 } h(t)=0$$

其中 n_j 是 n_i 的子节点，t 是目标节点，$C(n_i, n_j)$ 是 n_j 与 n_i 之间的耗散值。则称该启发函数 h(n)满足单调限制条件。

例如，前面所说的八数码问题，我们用不在位的将牌数作为启发函数，假设将牌移动一步的耗散值为 1，这样任何父子节点之间的耗散值为 1，即 $C(n_i, n_j)=1$。每次移动一个将牌将只有以下三种情况：①一个将牌从不在位移动到在位，不在位将牌数少 1，$h(n_i)-h(n_j)=1$；②一个将牌从在位移动到不在位，不在位将牌数增加 1，$h(n_i)-h(n_j)=-1$；③一个将牌从不在位移动到不在位，不在位将牌数不变，$h(n_i)-h(n_j)=0$。三种情况均满足 $h(n_i)-h(n_j)\leqslant C(n_i, n_j)$，而且由于目标节点不在位将牌数为 0，所以也满足 $h(t)=0$。因此，这样的启发函数是满足单调条件的。

可以证明，如果 A 算法中所使用的启发函数满足单调条件，则不会发生一个节点被多次扩展的问题。也容易证明，满足单调条件的启发函数也一定满足 A* 条件，即一定有：

$$h(n)\leqslant h^*(n)$$

因此，如果启发函数 h(n)满足单调条件，既不会发生重复节点扩展的问题，而且当问题有解时，还一定可以找到最优解结束。但是反过来不一定成立，也就是说，满足 A* 条件的启发函数 h(n)不一定满足单调条件。单调条件是比 A* 条件更强的条件。

5.4 博弈搜索

2016 年 3 月，AlphaGo 围棋软件战胜韩国棋手李世石，2017 年 3 月又战胜我国棋手柯洁，在世界范围内引起了轰动。那么计算机是如何实现下棋的呢？博弈搜索就是计算机实现下棋的搜索方法。

下棋一直被认为是人类的高智商游戏。从人工智能诞生的那一天开始，研究者就开始研究计算机如何下棋。著名人工智能研究者、图灵奖获得者约翰·麦卡锡在20世纪50年代就开始从事计算机下棋方面的研究工作，并提出了著名的 α－β 剪枝算法。很长时间内，该算法成了计算机下棋程序的核心算法，著名的国际象棋程序深蓝采用的就是该算法框架。

IBM公司一直具有研究计算机下棋程序的传统，该公司的一个研究小组研究的西洋跳棋程序在1962年曾经战胜了美国一个州冠军。当然，让IBM公司大出风头的是其研制的深蓝系统，在1997年首次正式比赛中战胜人类国际象棋世界冠军卡斯帕罗夫，可以说是人工智能发展史上的一个里程碑。

那么，深蓝究竟是如何工作的呢？

经常听到这样一种说法，现在计算机计算速度这么快、内存这么大，完全可以依靠暴力搜索找到必胜策略战胜人类。真的有这么简单吗？答案是否定的。

有人对中国象棋进行过估算，按照一盘棋平均走50步计算，总状态数约为 10^{161} 的规模，假设1毫微秒走一步，则需 10^{145} 年才能生成出所有状态。这是一个什么概念呢？据估计宇宙的年龄大概是 10^{10} 年量级。可见，即便今天的计算机再快，也不可能生成出中国象棋的所有状态，对于国际象棋也一样。

深蓝采用的是前面提到的约翰·麦卡锡提出的 α－β 剪枝算法。该算法的基本思想是利用已经搜索过的状态对搜索进行剪枝，以提高搜索效率。算法首先按照一定原则模拟双方一步步下棋，直到向前看几步为止，然后对棋局进行打分（分数越大表明对我方越有利，反之表明对对方有利）并将该分数向上传递。当搜索其他可能的走法时，会利用已有的分数剪掉对我方不利、对对方有利的走法，尽可能最大化我方所得分数，按照我方所能得到的最大分数选择走步。从以上描述可以看出，对棋局如何打分是 α－β 剪枝算法中非常关键的内容。深蓝采用规则的方法对棋局打分，大概的思路就是对不同的棋子按照重要程度给予不同的分数，比如车分数高一点、马比车低一点等。同时还要考虑棋子的位置赋予不同的权重，比如马在中间位置比在边上的权重就大；还要考虑棋子之间的联系，比如是否有保护、被捕捉等。当然，实际系统中比这要复杂得多，但大概思想差不多。这样打分看起来很粗糙，但是如果搜索的深度比较深的话，尤其是进入了残局，还是非常准确的。因为对于国际象棋来说，当进入残局后，棋子的多少可能就决定了胜负。这就如同用牛顿法数值计算一个曲线下的面积，用多个矩形近似曲线肯定有不小的误差，但是如果矩形的宽度足够小时，矩形的面积和就可以逼近曲线下的面积了，道理是一样的。

根据上面的介绍，α－β 剪枝算法也只是搜索到一定的深度就停止，并不是一搜到底。那么是不是可以不用 α－β 剪枝算法，而是生成出小于该深度的所有状态，也可以达到同样的效果呢？换句话说，α－β 剪枝算法对于提高搜索效率究竟有多大的提高呢？对于这个问题，深蓝的主要参与者许峰雄博士在一次报告会上说：在深蓝计算机上，如果不采用 α－β 剪枝算法，要达到和深蓝一样的下棋水平的话，每步棋需要搜索 17 年的时间。由此可见，α－β 剪枝算法是非常有效的。在深蓝之后，中国象棋、日本将棋等采用类似的方法先后达到了人类顶级水平。2006 年 8 月 9 日，为了纪念人工智能 50 周年，在浪潮杯中国象棋人机大战中，"浪潮天梭"系统击败了以柳大华等 5 位中国象棋大师组成的大师队，第二天再战许银川国际大师，双方战平。

长时间以来，计算机在人机大战中一马平川，攻克一个又一个堡垒，唯独剩下围棋成为一个未开垦的处女地。为什么在其他棋类中屡建奇功的 α－β 剪枝算法对围棋不灵呢？很多人认为是围棋的状态更多、更复杂，计算机还处理不了。从可能的状态数上来说，围棋确实更复杂一些，但这不是根本原因。前面分析过，α－β 剪枝算法中非常依赖对棋局的打分，无论是国际象棋还是中国象棋都有一个共同的特点：一方面局面越下越简单，进入残局后，棋子的多少就可能决定胜负；另一方面以将军为获胜标志，判断起来简单。而围棋就不同了，对局面的判断非常复杂，棋子之间相互联系，不可能单独计算，而且没有一个像将军这样的获胜标志，导致对棋局打分非常困难，从而使计算机围棋的水平一直停滞不前，即便国际上最好的围棋程序也达不到业余初段的水平。

计算机围棋的第一次突破发生在 2006 年，来自法国的一个计算机围棋研究团队将统计决策模型中的信心上限决策方法引入计算机围棋中，结合蒙特卡洛树搜索方法，使围棋程序性能有了质的提高，在 9 路围棋上（9×9 大小的棋盘）战胜了人类职业棋手。在此之后，围棋程序基本以蒙特卡洛树搜索结合信心上限决策方法为主要的计算框架，并经过不断地改进提高，2013 年计算机程序 CrazyStone 在受让四子的情况下，在 19 路（19×19 大小的正式棋盘）围棋上战胜被称为"人脑计算机"的日本棋手石田芳夫九段，被认为达到了业余围棋五六段的水平。

蒙特卡洛方法是 20 世纪 40 年代中期由 S.M. 乌拉姆和 J. 冯・诺伊曼提出的一类随机模拟方法的总称，其名称来源于摩纳哥的著名赌城，可以用随机模拟的方法求解很多问题的数值解。著名的"蒲丰投针"就属于这类方法，通过向画有格子的纸上投针计算 π 值。

如前所述，传统方法之所以在围棋上失效，一个主要原因在于围棋的棋局难于估计，于是有人就想到用蒙特卡洛随机模拟的方法对棋局进行估值。其思想很简单，对于当前棋局，随机地模拟双方走步直到分出胜负为止。通过多次模拟，计算每个可下棋点的获胜概率，选取获胜概率最大的点走棋。在围棋程序中实际使用的是一种被称为蒙特卡洛树搜索的方法，边模拟边建立一个搜索树，父节点可以共享子节点的模拟结果，以提高搜索效率。其基本原理如图 5.12 所示，分为以下四个过程：

- 选择：以当前棋局为根节点，自上而下地选择一个落子点；
- 扩展：向选定的节点添加一个或多个子节点；
- 模拟：对扩展出的节点用蒙特卡洛方法进行模拟；
- 回传：根据模拟结果依次向上更新祖先节点的估计值。

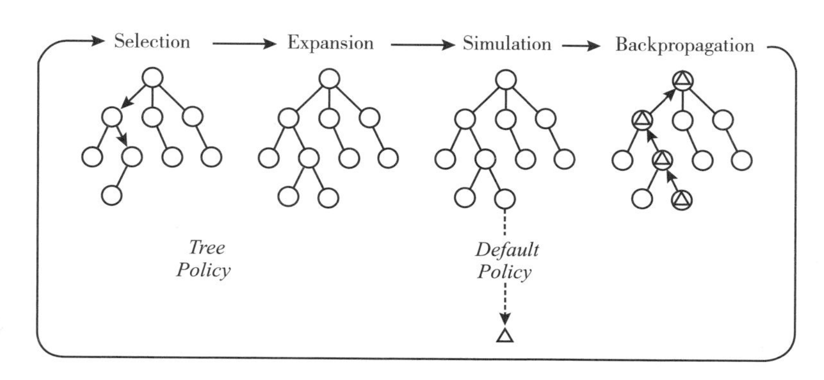

图 5.12 围棋中的蒙特卡洛树搜索方法

上述过程有点类似于人类下棋时的计算过程，搜索树的深度相当于向前看多少步棋，对棋局的判断则是通过“模拟”这个过程实现的。人在计算的过程中，对可能的走棋点会分轻重缓急，重要的点多考虑，次要的点少考虑甚至不考虑。计算机程序在第一步“选择”过程中如何体现这一想法呢？信心上限决策方法的引入就是这一思想的体现。

信心上限决策是在研究多臂老虎机问题时提出的一个统计决策模型，该模型可以实现最大化效益。在围棋问题中，每个可落子点相当于多臂老虎机的一个臂，要选择可带来最大化效益的那个节点扩展。按照信心上限决策方法，要考虑两个因素：一是优先选择模拟过程中到目前为止胜率最大的节点，以进一步考察它是否是一个好点；二是优先选择那些到目前为止模拟次数比较少的节点，以考察这些点是否有潜在的好点。

信心上限决策方法就是在对上述两个因素的加权折中，选取 I_j 最大的点进行扩展。I_j 是上述两个因素的加权和：

$$I_j = \overline{X}_j + c\sqrt{\frac{2\ln(n)}{T_j(n)}}$$

其中，$\overline{X}_j$ 是节点 j 目前的收益（比如获胜概率）；n 是目前为止的总的模拟次数；T_j

(n)是节点 j 目前的模拟次数；c 是加权系数，对二者的重要性进行调节。

在蒙特卡洛树搜索中引入信心上限决策方法后，计算机围棋水平得到很大的提高，最好的围棋程序已经可以达到业余五六段水平。由于是通过模拟的方法对棋局进行评估，如果想达到比较准确的评估，需要模拟更多的次数，因此蒙特卡洛树搜索存在两个不足，进而影响了其水平的提高：①虽然采用了信心上限决策方法选择扩展的棋子，但是其选择范围还是全体可下子点；②每次模拟必须一下到底，完成整局棋的模拟直到分出胜负为止。由于围棋可能存在的状态非常巨大，这两点均极大地影响了搜索效率、阻碍了计算机围棋水平的提高。

5.5 本章小结

搜索技术在人工智能中起着重要作用，人工智能中的推理机制就是通过搜索实现的，很多问题求解也可以转化为状况空间的搜索问题。深度优先和宽度优先是常用的盲目搜索方法，具有通用性好的特点，但往往效率低下，不适合求解复杂问题。启发式搜索利用问题相关的启发信息，可以减少搜索范围，提高搜索效率。A*算法是一种典型的启发式搜索算法，可以通过定义启发函数提高搜索效率，并可以在问题有解的情况下找到问题的最优解结束。

计算机博弈（即计算机下棋）也是典型的搜索问题，计算机通过搜索寻找最好的下棋走法。像象棋、围棋这样的棋类游戏具有非常多的状态，不可能通过穷举的办法达到战胜人类棋手的水平，算法在其中起着重要作用。

谷歌的 AlphaGo 将深度学习方法引入到蒙特卡洛树搜索中，主要设计了两个深度学习网络，一个为策略网络，用于评估可能的下子点，从众多的可下子点中选择若干个认为最好的可下子点，这样就极大地缩小了蒙特卡洛树搜索中扩展节点的范围；另一个为估值网络，可以对给定的棋局进行估值，在模拟过程中不需要模拟到棋局结束就可以利用估值网络判断棋局是否有利。这样就可以在规定的时间内实现更多的搜索和模拟，从而达到提高围棋程序下棋水平的目的。除此之外，AlphaGo 还把增强学习引入计算机围棋中，通过不断的自我学习提高其下棋水平。通过采用这样一种方法，AlphaGo 具有了战胜人类最高水平棋手的能力。

习题：

1. 用深度优先方法求解下面的二阶梵塔问题，画出搜索过程的状态变化示意图。

   对每个状态规定的操作顺序为：先搬 1 柱的盘，放的顺序是先 2 柱后 3 柱；

再搬 2 柱的盘，放的顺序是先 3 柱后 1 柱；最后搬 3 柱的盘，放的顺序是先 1 柱后 2 柱。

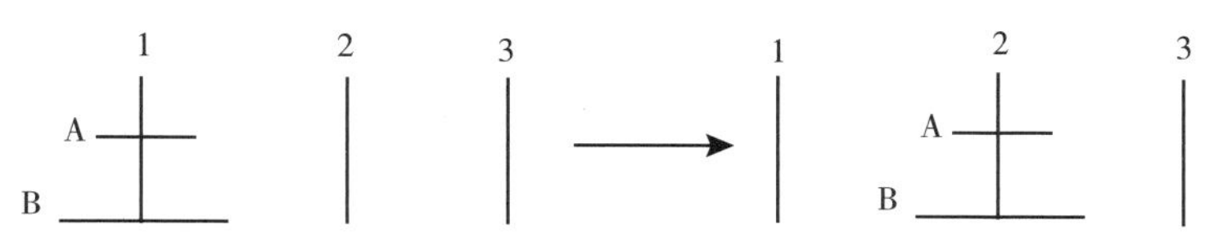

2. 请用 A* 算法求解下述八数码问题：

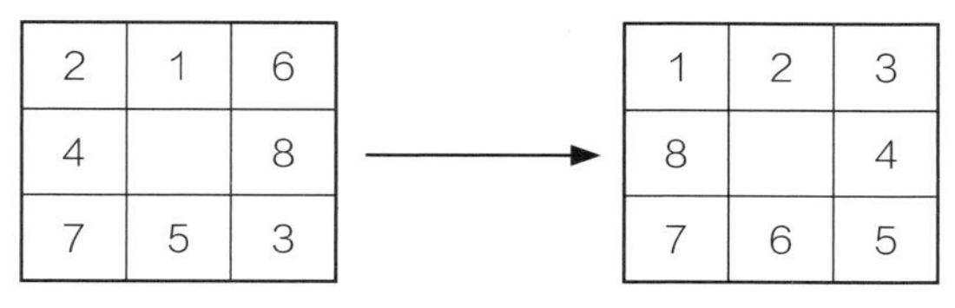

3. 在八数码问题中，如果移动一个将牌的耗散值为将牌的数值，请定义一个启发函数并说明该启发函数是否满足 A* 条件。

第六章　群智能算法

受自然界和生物界规律的启迪，人们根据其原理模仿设计了许多求解问题的算法，并广泛应用于组合优化、机器学习、智能控制、模式识别、规划设计、网络安全等领域。

本章首先简要介绍群智能算法产生的背景，然后介绍遗传算法、粒子群优化算法、蚁群算法及其应用。

6.1　群智能算法产生的背景

自然界中有许多现象令人惊奇，如蚂蚁搬家、鸟群觅食、蜜蜂筑巢等。这些现象不仅吸引生物学家去研究，也让计算机学家痴迷。例如，鸟群飞行的排列有着惊人的同步性，这种同步性使得鸟群的整体运动非常流畅。

科学家对鸟群的飞行进行了计算机仿真。他们让每个个体按照特定的规则飞行，形成鸟群整体的复杂行为。所提模型成功的关键在于对个体间距离的操作，也就是说群体行为的同步性是因为个体努力维持自身与邻居之间的距离为最优，为此，每个个体必须知道自身位置和邻居的信息。生物社会学家 E. O. Wilson 曾说过"至少从理论上，在搜索食物的过程中群体中的个体成员可以得益于所有其他成员的发现和先前的经历。当食物源不可预测地零星分布时，这种协作带来的优势是决定性的，远大于对食物的竞争带来的劣势"。

这些在由简单个体组成的群落与环境以及个体之间的互动行为称作"群智能"。受动物群体智能启发的算法称为群智能（swarm intelligence，SI）算法。在计算智能领域，群智能算法包括粒子群优化算法、蚁群算法和人工免疫算法。粒子群优化算法起源于对简单社会系统的模拟，最初的设想是用粒子群优化算法模拟鸟群觅食的过程，后来发现它是一种很好的优化工具。蚁群算法是对蚁群采集食物过程的模拟，已经成功地运用在很多离散优化问题上。

遗传算法等进化算法本质上也是一种群智能算法，都是受自然现象的启发，基于抽取出的简单自然规则而发展出的计算模型。虽然都是基于种群的方法，但进化算法强调以种群的达尔文主义进化模型为基础，而粒子群算法、蚁群算法等群智能优化方法则注重对群体中个体之间相互作用与分布式协同的模拟。

6.2　遗传算法

遗传算法的起源可追溯到 20 世纪 60 年代初期。1967 年，美国密歇根大学 J. Holland 教授的学生 Bagley 在他的博士论文中首次提出了遗传算法这一术语，并讨论了遗传算法在博弈中的应用，但早期研究缺乏带有指导性的理论和计算工具的开拓。1975 年，J. Holland 等提出了对遗传算法理论研究极为重要的模式理论，出版了专著《自然系统和人工系统的适配》，在书中系统阐述了遗传算法的基本理论和方法，推动了遗传算法的发展。20 世纪 80 年代后，遗传算法进入兴盛发展时期，被广泛应用于自动控制、生产计划、图像处理、机器人等研究领域。

6.2.1　遗传算法的基本思想

对于自然界中生物遗传与进化机理的模仿，长期以来人们针对不同问题设计了许多不同的编码方法来表示问题的可行解，产生了多种不同的遗传算子来模仿不同环境下的生物遗传特性。这样，由不同的编码方法和不同的遗传算子就构成了各种不同的遗传算法。但这些遗传算法都具有共同的特点，即通过对生物遗传和进化过程中选择、交叉、变异机理的模仿来完成对问题最优解的自适应搜索过程。基于这个共同的特点，Goldberg 总结出基本遗传算法（simple genetic algorithms，SGA），该算法只使用选择算子、交叉算子和变异算子三种基本遗传算子，遗传进化操作过程简单、容易理解，给各种遗传算法提供了一个基本框架。基本遗传算法所描述的框架也是进化算法的基本框架。

进化算法类似于生物进化，需要经过长时间的成长演化最后收敛到最优化问题的一个或者多个解。因此，了解生物进化过程有助于理解遗传算法等进化算法的工作过程。

“适者生存”揭示了大自然生物进化过程中的一个规律，即最适合自然环境的个体生存产生后代的可能性大。生物进化的基本过程如图 6.1 所示。

以一个初始生物群体为起点，经过竞争后，一部分个体被淘汰而无法再进入

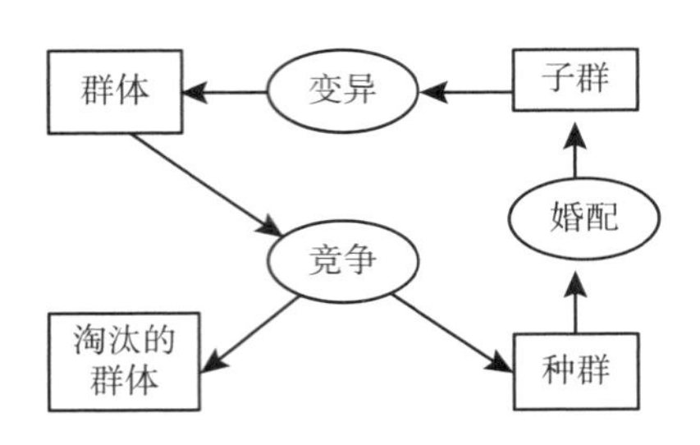

图 6.1　生物进化的基本过程

这个循环圈，另一部分则进入种群。竞争过程遵循生物进化中"适者生存，优胜劣汰"的基本规律，所以都有一个竞争标准或者生物适应环境的评价标准。需要说明的是，适应程度高的个体只是进入种群的可能性比较大，但并不一定进入种群；而适应程度低的个体只是进入种群的可能性比较小，但并不一定被淘汰。这一重要特性保证了种群的多样性。

生物进化中，种群经过婚配产生子代群体（简称子群），同时可能因变异而产生新的个体。每个基因编码了生物机体的某种特征，如头发的颜色、耳朵的形状等。综合变异的作用，使子群成长为新的群体而取代旧群体。在一个新的循环过程中，新的群体代替旧的群体而成为循环的开始。

遗传算法处理的是染色体。在遗传算法中，染色体对应的是数据或数组，通常用一维的串结构数据来表示。一定数量的个体组成了群体。群体中个体的数量称为种群的规模。各个个体对环境的适应程度叫适应度。适应度大的个体被选择进行遗传操作产生新个体的可能性大，体现了生物遗传中适者生存的原理。选择两个染色体进行交叉产生一组新的染色体的过程，类似生物遗传中的婚配。编码的某一个分量发生变化，类似生物遗传中的变异。

遗传算法包含五个基本要素，即参数编码、初始群体的设定、适应度函数的设计、遗传操作设计和控制参数设定。

6.2.2　编码

由于遗传算法不能直接处理问题空间的参数，因此必须通过编码将要求解的问题表示成遗传空间的染色体或者个体。它们由基因按一定结构组成。由于遗传算法的鲁棒性，其对编码的要求并不苛刻。对一个具体问题如何编码是应用遗传算法求解的首要问题，也是遗传算法应用的难点。事实上，还不存在一种通用的编码方法，特殊的问题往往采用特殊的方法。

1. 二进制编码

将问题空间的参数编码为一维排列的染色体的方法，称为一维染色体编码方法。一维染色体编码中最常用的符号集是二值符号集｛0，1｝，即采用二进制编码（binary encoding）。

二进制编码是用若干二进制数表示一个个体，将原问题的解空间映射到位串空间 B=｛0，1｝上，然后在位串空间上进行遗传操作。

二进制编码类似于生物染色体的组成，从而使算法易于用生物遗传理论来解释，并使得遗传操作（如交叉、变异等）很容易实现。但在求解高维优化问题时，二进制编码串非常长，从而使算法的搜索效率很低。

2. 实数编码

为克服二进制编码的缺点，针对问题变量是实向量的情形，可以直接采用实数编码。

实数编码是用若干实数表示一个个体，然后在实数空间上进行遗传操作。

采用实数编码不必进行数制转换，可直接在解的表现型上进行遗传操作，从而可引入与问题领域相关的启发式信息来增加算法的搜索能力。近年来，遗传算法在求解高维或复杂优化问题时一般使用实数编码。

6.2.3 群体设定

由于遗传算法是对群体进行操作的，所以必须为遗传操作准备一个由若干初始解组成的初始群体。群体设定主要包括初始种群的产生和种群规模的确定两个方面。

1. 初始种群的产生

遗传算法中，初始群体中的个体可以是随机产生的，但最好先随机产生一定数目的个体，然后从中挑选最好的个体纳入初始群体中。这种过程不断迭代，直到初始群体中的个体数目达到预先确定的规模。

2. 种群规模的确定

群体中个体的数量称为种群规模。群体规模影响遗传优化的结果和效率。当群体规模太小时，会使遗传算法的搜索空间范围有限，搜索有可能出现未成熟收敛现象，使算法陷入局部最优解。当群体规模太大时，适应度评估次数增加，则计算复杂；而且当群体中个体非常多时，少量适应度很高的个体会被选择生存下来，但大多数个体却被淘汰，影响配对库的形成，从而影响交叉操作。种群规模一般取 20 ~ 100 个个体。

6.2.4 适应度函数

遗传算法遵循自然界优胜劣汰的原则，在进化搜索中基本不用外部信息，而是用适应度值表示个体的优劣并作为遗传操作的依据。适应度是评价个体优劣的标准。个体的适应度高，则被选择的概率高，反之就低。适应度函数（fitness function）是用来区分群体中个体好坏的标准，是进行自然选择的唯一依据。因此，适应度函数的设计非常重要。

在具体应用中，适应度函数的设计要结合求解问题本身的要求而定。一般而言，适应度函数是由目标函数变换得到的。

将目标函数变换成适应度函数的最直观方法是直接将待求解优化问题的目标函数作为适应度函数。

若目标函数 $f(x)$ 为最大化问题，则适应度函数可以取为：

$$Fit(f(x))=f(x) \tag{6.1}$$

若目标函数 $f(x)$ 为最小化问题，则适应度函数可以取为：

$$Fit(f(x))=\frac{1}{f(x)} \tag{6.2}$$

6.2.5 选择

选择操作也称复制（reproduction）操作，是从当前群体中按照一定概率选出优良的个体，使它们有机会作为父代繁殖下一代子孙。判断个体优良与否的准则是各个个体的适应度值。显然这一操作借用了达尔文适者生存的进化原则，即个体适应度越高，其被选择的机会越大。

需要注意的是，如果总挑选最好的个体，遗传算法就变成了确定性优化方法，使种群过快地收敛到局部最优解；如果只作随机选择，则遗传算法就变成完全随机方法，需要很长时间才能收敛甚至不收敛。因此，选择方法的关键是找到一个策略，既要使种群较快地收敛，也能够维持种群的多样性。

选择操作的实现方法很多，这里仅介绍几种常用的选择方法。

1. 个体选择概率分配方法

在遗传算法中，哪个个体被选择进行交叉是按照概率进行的。适应度大的个体被选择的概率大，但不是说一定能够被选上。同样，适应度小的个体被选择的概率虽小，但也可能被选上。所以，首先要根据个体的适应度确定被选择的概率，然后按照个体选择概率进行选择。

（1）适应度比例方法（fitness proportional model），亦称蒙特卡罗法（monte carlo），是目前遗传算法中最基本也是最常用的选择方法。在适应度比例法中，各个个体被选择的概率和其适应度值成比例。设群体规模大小为 M，个体 i 的适应度值为 f_i，则这个个体 i 被选择的概率为：

$$p_{si}=\frac{f_i}{\sum_{i=1}^{M} f_i} \tag{6.3}$$

（2）排序方法（rank-based model），是计算每个个体的适应度后，根据适应度大小顺序对群体中个体进行排序，然后把事先设计好的概率按排序分配给个体，作为各自的选择概率。在排序方法中，选择概率仅仅取决于个体在种群中的序位，而不是实际的适应度值。虽然适应度值大的个体仍然会排在前面，有较多的被选择机会，但两个适应度值相差很大的个体被选择的概率相差就没有原来大了。排序方法比适应度比例方法具有更好的鲁棒性，是一种比较好的选择方法。

只要符合“原来适应度值大的个体变换后被选择的概率仍然大”这个原则，就可以采用各种变换方法。线性排序是其中最常用的一种排序方法。线性排序选择最初由 J. E. Baker 提出，他首先假设群体成员按适应值大小依次排列为 x_1，x_2，…，x_M，然后根据一个线性函数给第 i 个个体 x_i 分配选择概率 p_{si}：

$$p_{si}=\frac{a-bi}{M(M+1)} \tag{6.4}$$

式中，a、b 是常数。

2. 选择个体方法

选择操作是根据个体的选择概率，确定哪些个体被选择进行交叉、变异等操作。基本原则是选择概率越大的个体，被选择的机会越大。基于这个原则，可以采用许多个体选择方法。其中轮盘赌选择（roulette wheel selection，RWS）策略在遗传算法中使用得最多。

在轮盘赌选择方法中，先按个体的选择概率产生一个轮盘，轮盘每个区的角度与个体的选择概率成比例，然后产生一个随机数，它落入转盘的哪个区域就选择相应的个体交叉。

显然，选择概率大的个体被选中的可能性大，获得交叉的机会就大。

在实际计算时，可以按照个体顺序求出每个个体的累积概率，然后产生一个随机数，它落入累积概率的哪个区域就选择相应的个体交叉。例如，表 6.1 所示 11 个个体的适应度、选择概率和累积概率。为了选择交叉个体，需要进行多轮选择。例如，第 1 轮产生一个随机数为 0.81，落在第 5 个和第 6 个个体之间，则第 6 个个体被选中；第 2 轮产生一个随机数为 0.32，落在第 1 个和第 2 个个体之间，则第 2 个个体被选中；以此类推。

表 6.1　个体适应度、选择概率和累积概率

个体	1	2	3	4	5	6	7	8	9	10	11
适应度	2.0	1.8	1.6	1.4	1.2	1.0	0.8	0.6	0.4	0.2	0.1
选择概率	0.18	0.16	0.15	0.13	0.11	0.09	0.07	0.05	0.03	0.02	0.01
累积概率	0.18	0.34	0.49	0.62	0.73	0.82	0.89	0.94	0.97	0.99	1.00

类似于体育比赛中规定上届冠军直接进入决赛，通常在采用轮盘赌选择方法时，同时采用最佳个体保存方法，以保护已经产生的最佳个体不被破坏。

最佳个体保存方法或称为精英选拔方法（elitist model），将群体中适应度最高的一个或者多个个体不进行交叉而直接复制到下一代中，保证遗传算法终止时得到的最后结果一定是历代出现过的最高适应度的个体。使用这种方法能够明显提高遗传算法的收敛速度，但可能使种群过快收敛，从而只找到局部最优解。实验结果表明，保留种群个体总数 2% ~ 5% 适应度最高的个体，效果最为理想。

在使用其他选择方法时，一般都同时使用最佳个体保存方法，以保证不会丢失最优个体。

6.2.6　交叉

当两个生物机体配对或者复制时，它们的染色体相互混合，产生一对由双方基因组成的新的染色体。这一过程称为交叉（crossover）或者重组（recombination）。

举个简单的例子：假设雌性动物仅仅青睐大眼睛的雄性，这样眼睛越大的雄性越容易受到雌性的青睐，生出更多的后代。可以说动物的适应性正比于它的眼睛的直径。因此，从一个具有不同大小眼睛的雄性群体出发，当动物进化时，在同位基因中能够产生大眼睛雄性动物的基因相对于产生小眼睛雄性动物的基因就更有可能复制到下一代。当进化几代以后，大眼睛雄性群体将会占据优势。生物逐渐向一种特殊遗传类型收敛。

一般来说，交叉得到的后代可能继承了上代的优良基因，后代会比它们父母更加优秀；但也可能继承了上代的不良基因，后代会比它们父母差，难以生存，甚至不能再复制自己。越能适应环境的后代越能继续复制自己并将其基因传给后代，由

此形成一种趋势——每一代总是比其父母一代生存和复制得更好。

遗传算法中起核心作用的是交叉算子，也称为基因重组。采用的交叉方法应能够使父串的特征遗传给子串，子串应能够部分或者全部地继承父串的结构特征和有效基因。最简单、常用的交叉算子是一点或多点交叉。

一点交叉（single-point crossover）：又称为简单交叉。其具体操作是，在个体串中随机设定一个交叉点，实行交叉时，该点前后两个个体的部分结构进行互换并生成两个新的个体。

二点交叉（two-point crossover）：其操作与一点交叉类似，只是设置了两个交叉点（仍然是随机设定），将两个交叉点之间的码串相互交换。

类似于二点交叉，可以采用多点交叉（multiple-point crossover）。

由于交叉可能出现不满足约束条件的非法染色体，为解决这一问题，可以采取对交叉、变异等遗传操作进行适当的修正，使其满足优化问题的约束条件。

交叉概率用来确定两个染色体进行局部互换以产生两个新的子代的概率。采用较大的交叉概率 P_c，可以增强遗传算法开辟新的搜索区域的能力，但高性能模式遭到破坏的可能性也会随之增加。采用太低的交叉概率会使搜索陷入迟钝状态。交叉概率 P_c 一般取值 0.25 ~ 1.00，实验表明交叉概率通常取 0.7 左右是理想的。

每次从群体中选择两个染色体，同时生成 0 和 1 之间的一个随机数，然后根据这个随机数确定这两个染色体是否需要交叉。如果这个随机数低于交叉概率（0.7），就进行交叉。然后沿着染色体的长度随机选择一个位置，并把此位置之后的所有的位进行互换。

6.2.7 变异

如果生物繁殖仅仅是上述交叉过程，那么即使经历成千上万代，适应能力最强的成员的眼睛尺寸也只能同初始群体中的最大眼睛一样。而根据对自然的观察可以看到，人类的眼睛尺寸实际存在一代比一代大的趋势。这是因为在基因传递给子孙后代的过程中会有很小的概率发生差错，从而使基因发生微小的改变，这就是基因变异。发生变异的概率通常很小，但在经历许多代以后变异就会很明显。

一些变异对生物是不利的，另一些对生物的适应性可能没有影响，但也有一些可能会给生物带来好处，使它们超过其他同类生物。例如前面的例子，变异可能会产生眼睛更大的生物。当经历许多代以后，眼睛会越来越大。

进化机制除了能够改进已有的特征，也能够产生新的特征。例如，可以设想某个时期动物没有眼睛，而是靠嗅觉和触觉来躲避捕食者。然而，两个动物在某次交配时一个基因突变发生在它们后代的头部皮肤上，发育出一个具有光敏效应的细胞，使它们的后代能够识别周围环境是亮还是暗。它能够感知捕食者的到来，能够知道现在是白天还是夜晚等信息，有利于它的生存。这个光敏细胞会进一步突变逐渐形成一个区域，从而成为眼睛。

在遗传算法中，变异是将个体编码中的一些位进行随机变化。变异的主要目的是维持群体的多样性，为选择、交叉过程中可能丢失的某些遗传基因进行修复和补充。变异算子的基本内容是对群体中的个体串的某些基因座上的基因值做变动。变异操作是按位进行的，即把某一位的内容进行变异。变异概率是在一个染色体中将位进行变化的概率。主要变异方法如下。

位点变异：在个体码串随机挑选一个或多个基因座，并对这些基因座的基因值以变异概率 P_m 作变动。对于二进制编码的个体来说，若某位原为 0，则通过变异操作变成了 1，反之亦然。对于整数编码，被选择的基因变为以概率选择的其他基因。为了消除非法性，再将其他基因所在的基因座上的基因变为被选择的基因。

逆转变异：在个体码串中随机选择两点（称为逆转点），然后将两个逆转点之间的基因值以逆向排序插入到原位置中。

插入变异：在个体码串中随机选择一个码，然后将此码插入随机选择的插入点中间。

在遗传算法中，变异属于辅助性的搜索操作。变异概率 P_m 一般不能大，以防止群体中重要的、单一的基因被丢失。事实上，变异概率太大将使遗传算法趋于纯粹的随机搜索。通常取变异概率 P_m 为 0.001 左右。

综上所述，遗传算法的基本流程如图 6.2 所示。

6.2.8　遗传算法的特点

比起其他优化搜索，遗传算法采用了许多独特的方法和技术。归纳起来，主要有以下几个方面：

（1）遗传算法的编码操作使它可以直接对结构对象进行操作。所谓结构对象，泛指集合、序列、矩阵、树、图、链和表等各种一维、二维甚至三维结构形式的对象。因此，遗传算法具有非常广泛的应用领域。

（2）遗传算法采用群体搜索策略，即采用同时处理群体中多个个体的方法，同时对搜索空间中的多个解进行评估，从而使遗传算法具有较好的全局搜索性能，减少了陷于局部优解的风险（但还是不能保证每次都得到全局最优解）。遗传算法本身也十分易于并行化。

（3）遗传算法仅用适应度函数值来评估个体，并在此基础上进行遗传操作，使种群中个体之间进行信息交换。特别是遗传算法的适应度函数不仅不受连续可微的

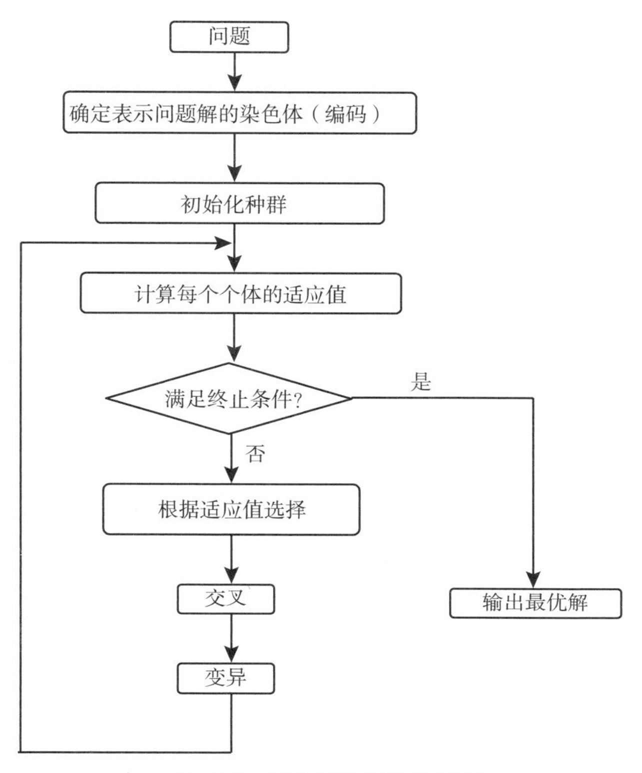

图 6.2　遗传算法的基本流程

约束，而且其定义域也可以任意设定。对适应度函数的唯一要求是能够算出可以比较的正值，遗传算法的这一特点使其应用范围大大扩展，非常适合于传统优化方法难以解决的复杂优化问题。

为了改进遗传算法的优化性能，业界提出了许多改进算法。例如，多倍体遗传算法，即一个个体对应一个显性染色体和多个隐性染色体，两个个体的显性染色体和隐性染色体分别同时进化。还有多种群遗传算法，即建立多个种群同时进化并交换优秀个体，以打破种群内的平衡态达到更高的平衡态，有利于算法跳出局部最优。

6.2.9　遗传算法的应用

下面以生产调度这个典型的大规模优化求解问题为例，介绍遗传算法的应用。由于生产调度问题的解容易进行编码，而且遗传算法可以处理大规模问题，所以遗传算法成为求解生产调度问题的重要方法之一。

1. 流水车间调度问题

流水车间调度问题（flow-shop scheduling problem，FSP）是 NP 完全问题，一般

可以描述为：n 个工件要在 m 台机器上加工，每个工件需要经过 m 道工序，每道工序要求不同的机器，n 个工件在 m 台机器上的加工顺序相同。工件在机器上的加工时间是给定的，设为 t_{ij}（i=1，…，n；j=1，…，m）。问题的目标是确定 n 个工件在每台机器上的最优加工顺序，使最大流程时间达到最小。

对该问题常常做如下假设：

（1）每个工件在机器上的加工顺序是给定的；

（2）每台机器同时只能加工一个工件；

（3）一个工件不能同时在不同的机器上加工；

（4）工序不能预定；

（5）工序的准备时间与顺序无关且包含在加工时间中；

（6）工件在每台机器上的加工顺序相同且是确定的。

令 $c(j_i, k)$ 表示工件 j_i 在机器 k 上的加工完工时间，$\{j_1, j_2, \cdots, j_n\}$ 表示工件的调度，那么，对于无限中间存储方式，n 个工件、m 台机器的流水车间调度问题的完工时间可表示为：

$$\begin{aligned}
&c(j_1, 1)=t_{j11}\\
&c(j_1, k)=c(j_1, k-1)+t_{j1k},\ k=2, \cdots, m\\
&c(j_i, 1)=c(j_{i-1}, 1)+t_{ji1};\ i=2, \cdots, n\\
&c(j_i, k)=\max\{c(j_{i-1}, k), c(j_i, k-1)\}+t_{jik};\\
&i=2, \cdots, n;\ k=2, \cdots, m
\end{aligned} \tag{6.5}$$

最大流程时间为：

$$c_{\max}=c(j_n, m) \tag{6.6}$$

调度目标为确定 $\{j_1, j_2, \cdots, j_n\}$，使 $c_{\max}$ 最小。

2. 求解流水车间调度问题的遗传算法设计

遗传算法所固有的全局搜索与收敛特性使由它得到的次优解往往优于传统方法得到的局部极值解，加之搜索效率比较高，因而被认为是一种切实有效的方法并得到了日益广泛的研究。

下面介绍遗传算法求解流水车间调度问题的编码与适应度函数的设计。

（1）FSP 的编码方法。对于调度问题，通常不采用二进制编码，而使用实数编码。将各个生产任务编码为相应的整数变量。一个调度方案是生产任务的一个排列，其排列中每个位置对应于每个带编号的任务。根据一定评价函数，用遗传算法求出最优的工件加工排列。

对于 FSP，最自然的编码方式是用染色体表示工件的顺序，如对于有四个工件的 FSP，第 k 个染色体 $v_k=[1, 2, 3, 4]$，表示工件的加工顺序为 j_1，j_2，j_3，j_4。

（2）FSP 的适应度函数。令 $c_{\max}^k$ 表示 k 个染色体 v_k 的最大流程时间，调度的目标是使最大流程时间最小，所以这是一个最小化问题，因此，FSP 的适应度函数取为：

$$eval(v_k)=\frac{1}{c_{\max}^k} \tag{6.7}$$

3. 求解流水车间调度问题的遗传算法实例

例 6.1 由 Ho 和 Chang（1991）给出的 5 个工件、4 台机器问题的加工时间如表 6.2 所示。

表 6.2 加工时间表

工件 j	t_{j1}	t_{j2}	t_{j3}	t_{j4}
1	31	41	25	30
2	19	55	3	34
3	23	42	27	6
4	13	22	14	13
5	33	5	57	19

为了便于比较，选取这个小规模的车间调度问题，可以先用穷举法求得最优解为 4–2–5–1–3，加工时间为 213；最劣解为 1–4–2–3–5，加工时间为 294；所有可能的加工顺序的平均加工时间为 265。

下面用遗传算法求解。选择交叉概率 $p_c=0.6$，变异概率 $p_m=0.1$，种群规模为 20，迭代次数 $N=50$。运算结果如表 6.3 和图 6.3、图 6.4 所示。

表 6.3 遗传算法运行的结果

总运行次数	最好解	最坏解	平均	最好解的频率	最好解的平均代数
20	213	221	213.95	0.85	12

可见，用遗传算法求解绝大部分都能够得到最优解。即使有时候没有找到最优解，也能够找到比较好的解。在上面的例子中，用遗传算法找到的解中最差的也有 221，比起平均解 265 要好很多。

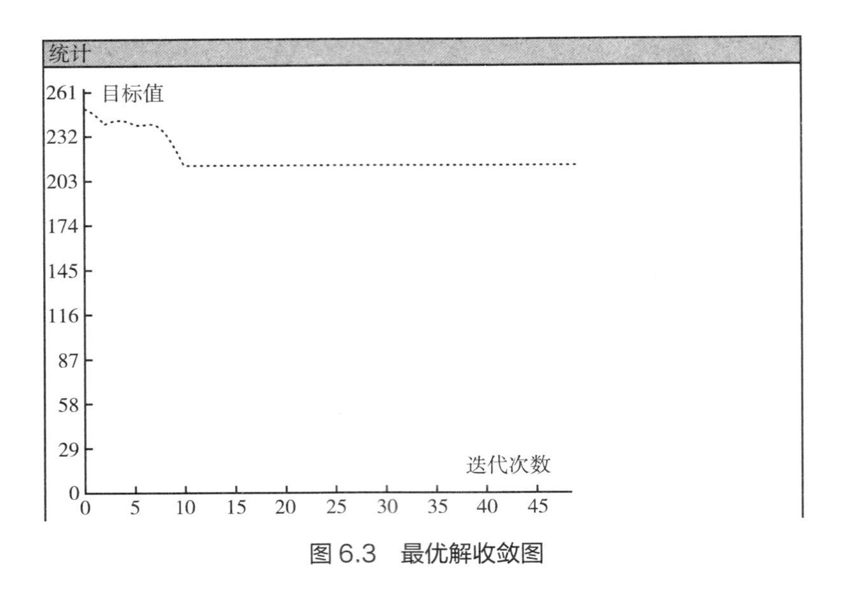

图 6.3　最优解收敛图

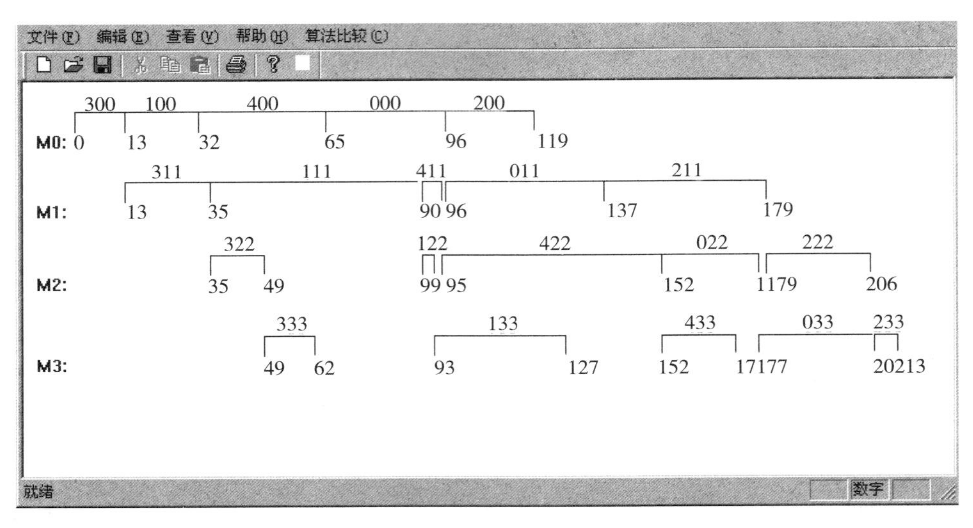

图 6.4　机器甘特图

6.3　粒子群优化算法及其应用

6.3.1　粒子群优化算法的基本原理

粒子群优化（particle swarm optimization，PSO）算法是美国普渡大学的 Kennedy 和 Eberhart 受到鸟类群体行为的启发，于 1995 年提出的一种仿生全局优化算法。PSO 算法将群体中的每个个体看作 n 维搜索空间中一个没有体积、没有质量的粒子，在搜索空间中以一定的速度飞行，通过群体中粒子间的合作与竞争产生的群体智能指导优化搜索。

粒子群优化算法在 n 维连续搜索空间中，对粒子群中的第 i（i=1，2，…，m）个粒子，定义 n 维当前位置向量 $x^i(k)=[x^i_1 x^i_2 \cdots x^i_n]^T$ 表示搜索空间中第 i 个粒子的当前位置，n 维速度向量 $v^i(k)=[v^i_1 v^i_2 \cdots v^i_n]^T$ 表示该粒子的搜索方向。

群体中第 i 个粒子经历过的最优位置（pbest）记为 $p^i(k)=[p^i_1 p^i_2 \cdots p^i_n]^T$，群体中所有粒子经历过的最优位置（gbest）记为 $p^g(k)=[p^g_1 p^g_2 \cdots p^g_n]^T$，则基本的 PSO 算法为：

$$v^i_j(k+1)=\omega(k)v^i_j(k)+\varphi_1 rand(0,a_1)(p^i_j(k)-x^i_j(k))+\varphi_2 rand(0,a_2)(p^g_j(k)-x^i_j(k)) \quad (6.8a)$$

$$x^i_j(k+1)=x^i_j(k)+v^i_j(k+1) \quad (6.8b)$$

$$i=1,2,\cdots,m; \qquad j=1,2,\cdots,n$$

其中，$\omega(k)$ 是惯性权重因子；φ_1、φ_2 是加速度常数，均为非负值；$rand(0, a_1)$ 和 $rand(0, a_2)$ 为 $[0, a_1]$、$[0, a_2]$ 范围内的具有均匀分布的随机数，a_1 与 a_2 为相应的控制参数。

式（6.8a）右边的第一部分是粒子在前一时刻的速度对下一时刻速度的影响；第二部分为个体“认知（cognition）”分量，表示粒子本身的思考，将现在的位置和曾经经历过的最优位置相比；第三部分是群体“社会（social）”分量，表示粒子间的信息共享与相互合作。φ_1 和 φ_2 分别控制个体认知分量和群体社会分量相对贡献的学习率。引入 $rand(0, a_1)$ 和 $rand(0, a_2)$ 将增加认知和社会搜索方向的随机性和算法多样性。

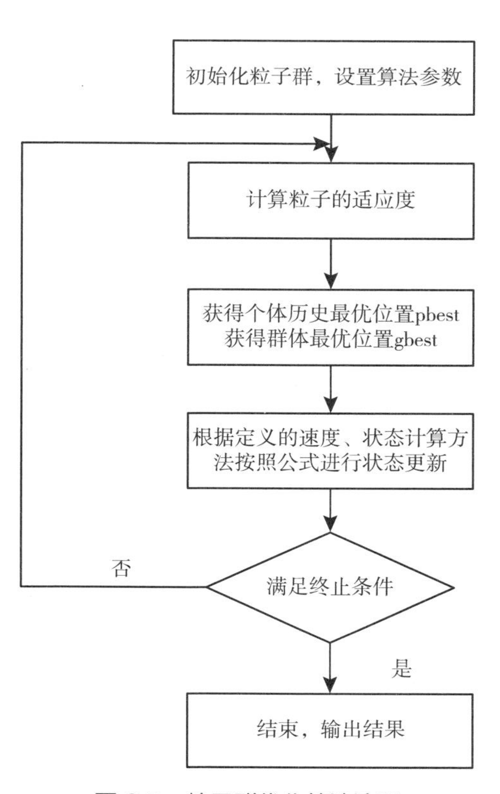

图 6.5　粒子群优化算法流程

粒子群优化算法的流程如下：

（1）初始化每个粒子，即在允许范围内随机设置每个粒子的初始位置和速度。

（2）评价每个粒子的适应度，计算每个粒子的目标函数。

（3）设置每个粒子经历过的最好位置 P_i。对每个粒子，将其适应度与其经历过的最好

位置 P_i 进行比较，如果优于 P_i，则将其作为该粒子的最好位置 P_i。

（4）设置全局最优值 P_g。对每个粒子，将其适应度与群体经历过的最好位置 P_g 进行比较，如果优于 P_g，则将其作为当前群体的最好位置 P_g。

（5）根据式（6.8）更新粒子的速度和位置。

（6）检查终止条件。如果未达到设定条件（预设误差或者迭代的次数），则返回第（2）步。

粒子群优化算法流程如图 6.5 所示。

6.3.2　粒子群优化算法的参数分析

1. PSO 算法的参数

PSO 算法的参数包括群体规模 m、惯性权重 ω、加速度 φ_1 与 φ_2、最大速度 V_{max}、最大代数 G_{max}。

（1）最大速度 V_{max}。对于速度 v_i，算法中有最大速度 V_{max} 作为限制。如果当前粒子的某维速度大于最大速度 V_{max}，则该维的速度就被限制为最大速度 V_{max}。

最大速度 V_{max} 决定当前位置与最好位置之间的区域的分辨率（或精度）。如果 V_{max} 太大，粒子可能会飞过好的解；如果 V_{max} 太小，粒子容易陷入局部最优值。

（2）权重因子。在 PSO 算法中有 3 个权重因子，即惯性权重 ω、加速度常数 φ_1 与 φ_2。

惯性权重 ω 使粒子保持运动惯性，使其有扩展搜索空间的趋势，有能力搜索新的区域。

加速度常数 φ_1 和 φ_2 代表将每个粒子推向 P_i 和 P_g 位置的统计加速度项的权重。低的值允许粒子在被拉回之前可以在目标区域外徘徊，而高的值则导致粒子突然冲向或者越过目标区域。

2. 位置更新方程中各部分的影响

对于式（6.8a），如果只有第一部分而没有后两部分，即 $\varphi_1 = \varphi_2 = 0$，粒子将一直以当前的速度飞行直至边界。由于它只能搜索有限的区域，所以很难找到最优解。

如果没有第一部分，即 $\omega = 0$，则速度只取决于粒子当前位置和其历史最好位置 P_i 和 P_g，速度本身没有记忆性。假设一个粒子位于全局最好位置，它将保持静止；而其他粒子则飞向它本身最好位置 P_i 和全局最好位置 P_g 的加权中心。在这种条件下，粒子群将收敛到当前的全局最好位置，更像一个局部算法。在加上第一部分后，粒子有扩展搜索空间的趋势，即第一部分有全局搜索能力。这也使得 ω 的作用为针对不同的搜索问题，调整算法全局和局部搜索能力的平衡。

如果没有第二部分，即 $\varphi_1 = 0$，则在粒子的相互作用下，有能力达到新的搜索空间，但容易陷入局部最优点。

如果没有第三部分，即 $\varphi_2 = 0$，因为个体间没有交互，一个规模为 M 的群体等价于 M 个单个粒子的运行，因而得到最优解的概率非常小。

3. 参数设置

早期的实验将 ω 固定为 1.0，将 φ_1 和 φ_2 固定为 2.0，因此 $V_{\max}$ 成为唯一需要调节的参数，通常设为每维变化范围 10% ~ 20%。Suganthan 的实验表明，φ_1 和 φ_2 为常数时可以得到较好的解，但不一定必须为 2。

粒子群优化算法初始群体的产生方法与遗传算法类似，一般采用随机产生。粒子群优化算法的种群大小根据问题的规模而定，同时要考虑运算时间。

粒子的适应度函数根据具体问题而定，通常将目标函数转换成适应度函数，与遗传算法类似。

在基本的粒子群优化算法中，粒子的编码使用实数编码方法。这种编码方法在求解连续的函数优化问题中十分方便，同时对粒子的速度求解与粒子的位置更新也很自然。

6.3.3　粒子群优化算法求解车辆路径问题

粒子群优化算法已在诸多领域得到应用，包括训练神经网络、辨识生产过程模型、电力系统最优调度、机械设计最优化、通信电路优化设计、机器人路径规划、经济优化决策、图像处理、生物信息处理、医学诊断等。下面介绍粒子群优化算法在车辆路径问题中的应用。

1. 车辆路径问题（VRP）的模型

车辆路径问题：假定配送中心最多可以用 K 辆车对 L 个客户进行运输配送。每个车辆载重为 $b_k(k = 1, 2, \cdots, K)$，每个客户的需求为 $d_i(i = 1, 2, \cdots, L)$，客户 i 到客户 j 的运输成本为 c_j^i（可以是距离、时间、费用等）。寻找一条路径使总运输成本最小。

2. 编码与初始种群

对于这类组合优化问题，编码方式、初始解的设置对问题的求解都有很大影响。对于 K 辆车和 L 个客户的问题，采用常用的自然数编码方式，用从 1 到 L 的自然数随机排列来产生一组解。

3. 实验结果

粒子群优化算法的各个参数设置如下：种群规模 $P = 50$，迭代次数 $N = 1000$，

c_1 的初始值为 1，随着迭代的进行线性减小到 0，$c_2 = c_3 = 1.4$，$|V_{max}| \leqslant 100$。优化结果及其与遗传算法的比较如表 6.4 所示。

表 6.4　优化结果及其与遗传算法的比较

实例	PSO		GA	
	best	dev（%）	best	dev（%）
A-n32-k5	829	5.73	818	4.34
A-n33-k5	705	6.65	674	1.97
A-n34-k5	832	6.94	821	5.52
A-n39-k6	872	6.08	866	5.35
A-n44-k6	1016	8.49	991	5.76
A-n46-k7	977	6.89	957	4.7
A-n54-k7	1205	3.26	1203	3.08
A-n60-k9	1476	9.01	1410	4.13
A-n69-k9	1275	10	1243	7.24
A-n80-k10	1992	12.98	1871	6.12

6.4　蚁群算法

蚁群算法（ant colony optimization，ACO）是由意大利科学家 Marco Dorigo 等受蚂蚁觅食行为的启发于 20 世纪 90 年代初提出来的。蚁群算法在解决离散组合优化方面具有良好的性能。

6.4.1　蚁群觅食习性

Marco Dorigo 和 V. Maniezzo 等人在观察蚂蚁觅食习性时发现，蚂蚁总能找到巢穴与食物之间的最短路径。

经研究发现，蚁群觅食时总存在信息素（phero-mone）跟踪和信息素遗留两种行为，即蚂蚁一方面会按照一定的概率沿着信息素较强的路径觅食，另一方面蚂蚁会在走过的路上释放信息素，使在一定范围内的其他蚂蚁能够觉察到并改变它们的行为。当一条路上的信息素越来越多，后来的蚂蚁选择这条路的概率就越来越大，从而进一步增加该路径的信息素强度；而其他路径上蚂蚁越来越少时，这条路径上的信息素会随着时间的推移逐渐减弱。这种选择过程称为蚂蚁的自催化过程，其原理是一种正反馈机制，所以蚂蚁系统也称为增强型学习系统。

20 世纪 90 年代后期，这种算法得到了许多改进并被广泛应用。Dorigo 等提出了蚁群优化的算法框架，所有符合蚁群优化描述框架的算法都可称为蚁群优化算法，或简称为蚁群算法。

6.4.2 蚁群算法的基本算法

蚁群算法的第一个应用是著名的旅行商问题（TSP）。M.Dorigo 等人充分利用蚁群搜索食物的过程与旅行商问题之间的相似性，通过人工模拟蚂蚁搜索食物的过程，即通过个体之间的信息交流与相互协作，最终找到从蚁穴到食物源的最短路径来求解旅行商问题。下面用旅行商问题作为实例阐明蚁群算法。

设 m 是蚁群中蚂蚁的数量，d_{xy}（x，$y=1$，…，n）表示元素（城市）x 和元素（城市）y 之间的距离。$\eta_{xy}(t)$ 表示能见度，称为启发信息函数，等于距离的倒数，即 $\eta_{xy}(t)=\dfrac{1}{d_{xy}}$。$b_x(t)$ 表示时刻 t 位于城市 x 的蚂蚁的个数，$m=\sum_{x=1}^{n}b_x(t)$。$\tau_{xy}(t)$ 表示 t 时刻在 xy 连线上残留的信息素。在初始时刻，各条路径上的信息素相等，即 $\tau_{xy}(0)=C(const)$。蚂蚁 k（$k=1$，…，m）在运动过程中，根据各条路径上的信息素决定转移方向。$P_{xy}^{k}(t)$ 表示在 t 时刻蚂蚁 k 选择从元素（城市）x 转移到元素（城市）y 的概率，由信息素 $\tau_{xy}(t)$ 和局部启发信息 $\eta_{xy}(t)$ 共同决定，也称为随机比例规则（random-proportional rule）。

$$P_{xy}^{k}(t)=\begin{cases}\dfrac{[\tau_{xy}(t)]^{\alpha}[\eta_{xy}(t)]^{\beta}}{\sum\limits_{y\in allowed_k(x)}[\tau_{xy}(t)]^{\alpha}[\eta_{xy}(t)]^{\beta}} & if \quad y\in allowed_k(x)\\ 0 & \text{否则}\end{cases} \tag{6.9}$$

其中，$allowed_k(x)=\{0, 1, \cdots, n-1\}-tabu_k(x)$ $allowed_k(x)=\{c-tabu_k(x)\}$，表示蚂蚁 k 下一步允许选择的城市。$tabu_k(x)$（$k=1$，2，…，m）记录蚂蚁 k 当前所走过的城市。α 是信息素启发式因子，表示轨迹的相对重要性，反映了残留信息浓度 $\tau_{xy}(t)$ 在指导蚁群搜索中的相对重要程度。α 值越大，该蚂蚁越倾向于选择其他蚂蚁经过的路径，该状态转移概率越接近于贪婪规则。当 $\alpha=0$ 时，算法就是传统的贪心算法；而当 $\beta=0$ 时，算法就成为纯粹的正反馈的启发式算法。

随着时间的推移，以前留下的信息素逐渐消逝，用参数 $1-\rho$ 表示信息素消逝程度。蚂蚁完成一次循环，各路径上信息素浓度消散规则为：

$$\tau_{xy}(t+1)=\rho\tau_{xy}(t)+\Delta\tau_{xy}(t) \tag{6.10}$$

路径（x，y）上信息素的增量 $\Delta\tau_{xy}(t)$ 为：

$$\Delta\tau_{xy}(t)=\sum_{k=1}^{m}\Delta\tau^{k}{}_{xy}(t) \tag{6.11}$$

M.Dorigo 给出 $\Delta\tau^{k}{}_{xy}(t)$ 的一种模型，称为蚂蚁圈系统（ant-cycle system）。第 k 只蚂蚁留在路径（x，y）上的信息素的增量 $\Delta\tau^{k}{}_{xy}(t)$ 为：

$$\Delta\tau_{xy}^{k}(t)=\begin{cases}\dfrac{Q}{L_k} & \text{若第 } k \text{ 只蚂蚁在本次循环中从 } x \text{ 到 } y\\ 0 & \text{否则}\end{cases} \tag{6.12}$$

其中，Q 为常数；L_k 为优化问题的目标函数值，表示第 k 只蚂蚁在本次循环中所走路径的长度。

由于这种方法利用的是全局信息 Q/L_k，即蚂蚁完成一个循环后更新所有路径上的信息，所以保证了残留信息素不会无限累积。如果路径没有被选中，那么上面的残留信息素会随时间的推移而逐渐减弱，使算法能“忘记”不好的路径。即使路径经常被访问，也不会因为 $\Delta\tau^{k}{}_{xy}(t)$ 的累积而产生 $\Delta\tau^{k}{}_{xy}(t)>>\eta_{xy}(t)$，使期望值的作用无法体现。这充分体现了算法中全局范围内较短路径（较好解）的生存能力，加强了信息正反馈性能，提高了系统搜索收敛的速度。

6.4.3 蚁群算法的参数选择

从蚁群搜索最短路径的机理不难看出，算法中有关参数的不同选择对蚁群算法的性能有至关重要的影响，但目前其选取的方法和原则尚没有理论依据，通常都是根据经验而定。

信息素启发因子 α 的大小反映了蚁群在路径搜索中随机性因素作用的强度，其值越大，蚂蚁选择以前走过的路径的可能性越大，搜索的随机性减弱；当 α 过大时，会使蚁群的搜索过早陷于局部最优。

期望值启发式因子 β 的大小反映了蚁群在路径搜索中先验性、确定性因素作用的强度，其值越大，蚂蚁在某个局部点上选择局部最短路径的可能性越大，虽然搜索的收敛速度得以加快，但蚁群在最优路径的搜索过程中随机性减弱，易于陷入局部最优。

蚁群算法的全局寻优性能，首先要求蚁群的搜索过程必须有很强的随机性；而蚁群算法的快速收敛性，又要求蚁群的搜索过程必须要有较高的确定性。因此，α 和 β 对蚁群算法性能的影响和作用是相互配合、密切相关的。

信息素挥发度 $1-\rho$ 的大小直接关系到蚁群算法的全局搜索能力及其收敛速度。由于信息素挥发度 $1-\rho$ 的存在，当要处理的问题规模比较大时，会使那些从来未被搜索到的路径（可行解）上的信息量减小到接近于 0，因而降低了算法的全局搜索能力；而且当 $1-\rho$ 过大时，以前搜索过的路径被再次选择的可能性过大，也会影响到算法的随机性能和全局搜索能力；反之，减小信息素挥发度 $1-\rho$ 虽然可以提高算法的随机性能和全局搜索能力，但又会使算法的收敛速度降低。

总信息素量 Q 为蚂蚁循环一周时释放在所经过的路径上的信息素总量。总信息素量 Q 越大，则在蚂蚁已经走过的路径上信息素的累积越快，可以加强蚁群搜索时的正反馈性能，有助于算法的快速收敛。由于在蚁群算法中各个算法参数的作用实际上是紧密结合的，其中对算法性能起着主要作用的应该是信息素启发式因子 α、期望启发式因子 β 和信息素残留常数 ρ 三个参数。总信息素量 Q 对算法性能的影响则有赖于上述三个参数的配置以及算法模型的选取。

6.4.4　蚁群算法的应用

柔性作业车间调度问题：某加工系统有 6 台机床，要加工 4 个工件，每个工件有 3 道工序，如表 6.5 所示。比如，工序 P_{11} 代表第一个工件的第一道工序，可由机床 1 用 2 个单元时间完成，或由机床 2 用 3 个单元时间完成，或由机床 3 用 4 个单元时间完成。

表 6.5　柔性作业车间调度事例

工序选择		加工机床及加工时间					
		1	2	3	4	5	6
	p_{11}	2	3	4			
J_1	p_{12}		3		2	4	
	p_{13}	1	4	5			
	p_{21}	3		5		2	
J_2	p_{22}	4	3		6		
	p_{23}			4		7	11
	p_{31}	5	6				
J_3	p_{32}		4		3	5	
	p_{33}			13		9	12
	p_{41}	9		7	9		
J_4	p_{42}		6		4		5
	p_{43}	1		3			3

经算法运行 300 代后，得到最优解为 17 个单元时间。其甘特图如图 6.6 所示。

由图 6.6 可以看出，机器 6 并没有加工任何工件。其原因在于它虽然可以加工工序 p_{23}、p_{33}、p_{42}、p_{43}，但从表 6.5 可知机器 6 的加工时间大于其他可加工机器特别是 p_{23}、p_{33} 的加工时间，因此机器 6 并未分到任何加工任务。

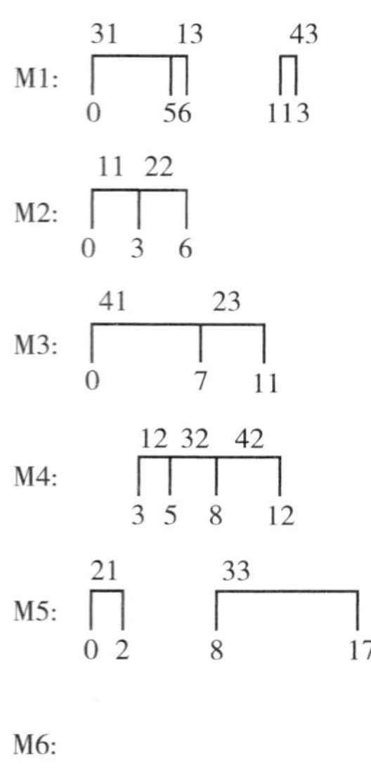

图 6.6　最优解甘特图

6.5　本章小结

1. 遗传算法

遗传算法的设计包括编码、适应度函数、选择、控制参数、交叉与变异等遗传算子等。

遗传算法常用的编码方案有二进制编码、实数编码等。

遗传算法中初始群体中的个体可以是随机产生的。群体规模太小时，遗传算法的优化性能一般不会太好，容易陷入局部最优解；而当群体规模太大时，则计算复杂。

遗传算法的适应度函数是用来区分群体中的个体好坏的标准。适应度函数一般由目标函数变换得到，但必须将目标函数转换为求最大值的形式，而且保证函数值必须非负。

个体选择概率的常用分配方法有适应度比例方法、排序方法等。选择个体方法主要有轮盘赌选择、最佳个体保存方法等。

遗传算法中起核心作用的是交叉算子。主要有一点交叉、二点交叉等基本的交叉算子。

变异操作主要有位点变异、逆转变异、插入变异、互换变异、移动变异等变异方法。

2. 粒子群优化算法

（1）初始化每个粒子，即在允许范围内随机设置每个粒子的初始位置和速度。

（2）评价每个粒子的适应度，计算每个粒子的目标函数。

（3）设置每个粒子经历过的最好位置 P_i。对每个粒子，将其适应度与其经历过的最好位置 P_i 进行比较，如果优于 P_i，则将其作为该粒子的最好位置 P_i。

（4）设置全局最优值 P_g。对每个粒子，将其适应度与群体经历过的最好位置 P_g 进行比较，如果优于 P_g，则将其作为当前群体的最好位置 P_g。

（5）根据式（6.8）更新粒子的速度和位置。

（6）检查终止条件。如果未达到设定条件（预设误差或者迭代的次数），则返回第（2）步。

3. 蚁群算法

蚂蚁在运动过程中，根据各条路径上的信息素按概率决定转移方向。

在 t 时刻蚂蚁 k 选择从元素（城市）x 转移到元素（城市）y 的概率为：

$$P_{xy}^{k}(t)=\begin{cases}\dfrac{[\tau_{xy}(t)]^{\alpha}[\eta_{xy}(t)]^{\beta}}{\sum\limits_{y\in allowed_k(x)}[\tau_{xy}(t)]^{\alpha}[\eta_{xy}(t)]^{\beta}} & if \quad y\in allowed_k(x)\\ 0 & \text{否则}\end{cases}$$

α 值越大，该蚂蚁越倾向于选择其他蚂蚁经过的路径，该状态转移概率越接近于贪婪规则。

各路径上信息素浓度消散规则为：$\tau_{xy}(t+1)=\rho\tau_{xy}(t)+\Delta\tau_{xy}(t)$

蚁群的信息素浓度更新规则为：$\Delta\tau_{xy}(t)=\sum\limits_{k=1}^{m}\Delta\tau^{k}{}_{xy}(t)$

信息素增量：$\Delta\tau_{xy}^{k}(t)=\begin{cases}\dfrac{Q}{L_k} & \text{若第 } k \text{ 只蚂蚁在本次循环中从 } x \text{ 到 } y\\ 0 & \text{否则}\end{cases}$

习题：

1. 遗传算法的基本步骤和主要特点是什么？
2. 在遗传算法中，适应度函数的作用是什么？
3. 群智能算法的基本思想是什么？
4. 简述粒子群算法位置更新方程中各部分的影响。
5. 蚁群算法中的参数如何选择？

第七章　机器学习

人工智能近年在语音识别、图像处理等诸多领域都获得了重要进展，在人脸识别、机器翻译等任务中已经达到甚至超越了人类的能力，尤其是在举世瞩目的围棋“人机大战”中，AlphaGo 以绝对优势先后战胜过去 10 年最强的人类棋手、世界围棋冠军李世石九段和柯洁九段，让人类领略到了人工智能技术的巨大潜力。可以说，人工智能技术所取得的成就在很大程度上得益于目前机器学习理论和技术的进步。在可以预见的未来，以机器学习为代表的人工智能技术将给人类未来生活带来深刻的变革。作为人工智能的核心研究领域之一，“机器学习”（machine learning）是人工智能发展到一定阶段的产物，其最初的研究动机是为了让计算机系统具有人的学习能力以便实现人工智能。

什么叫机器学习？至今，还没有统一的“机器学习”定义，而且也很难给出一个公认的和准确的定义。简单地按照字面理解，机器学习的目的是让机器能像人一样具有学习能力。机器学习领域奠基人之一、美国工程院院士 Mitchell 教授认为机器学习是计算机科学和统计学的交叉，同时也是人工智能和数据科学的核心。他在撰写的经典教材 *Machine Learning* 中所给出的机器学习经典定义为“利用经验来改善计算机系统自身的性能”。一般而言，经验对应于历史数据（如互联网数据、科学实验数据等），计算机系统对应于机器学习模型（如决策树、支持向量机等），而性能则是模型对新数据的处理能力（如分类和预测性能等），如图 7.1 所示。通俗来说，经验和数据是燃料，性能是目标，而机器学习技术则是火箭，是计算机系统

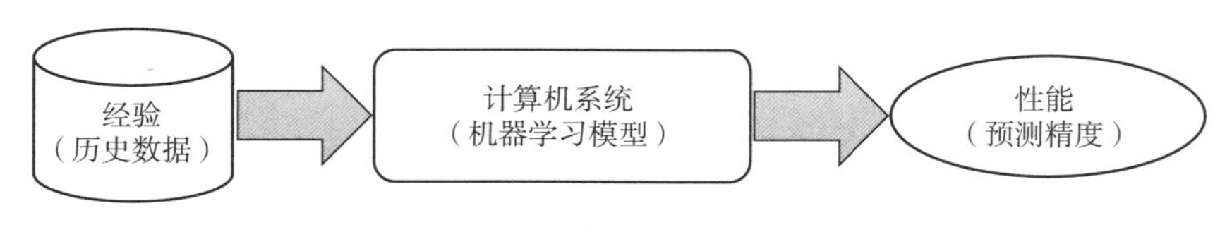

图 7.1　机器学习定义

通往智能的技术途径。

更进一步说，机器学习致力于研究如何通过计算的手段，利用经验改善系统自身的性能，其根本任务是数据的智能分析与建模，进而从数据里面挖掘出有用的价值。随着计算机、通信、传感器等信息技术的飞速发展以及互联网应用的日益普及，人们能够以更加快速、容易、廉价的方式来获取和存储数据资源，使得数字化信息以指数方式迅速增长。但是，数据本身是死的，它不能自动呈现出有用的信息。机器学习技术是从数据当中挖掘出有价值信息的重要手段，它通过对数据建立抽象表示并基于表示进行建模，然后估计模型的参数，从而从数据中挖掘出对人类有价值的信息。

7.1 机器学习的发展

机器学习是人工智能研究较为年轻的分支，尤其是 20 世纪 90 年代以来，在统计学界和计算机学界的共同努力下，一批重要的学术成果相继涌现，机器学习进入了发展的黄金时期。机器学习面向数据分析与处理，以无监督学习、有监督学习和弱监督学习等为主要的研究问题，提出和开发了一系列模型、方法和计算方法，如基于 SVM 的分类算法、高维空间中的稀疏学习模型等。

在机器学习的发展过程中，卡内基梅隆大学的 Tom Mitchell 教授起到了不可估量的作用，他是机器学习的先行者之一。Tom Mitchell 撰写的《机器学习》是机器学习领域最早的教科书。机器学习发展的重要里程碑之一是概率统计和机器学习的融合。美国科学院院士 Larry Wasserman 在其撰写的 *All of Statistics* 中指出，统计学家和计算机学家都逐渐认识到对方在机器学习发展中的贡献。通常来说，统计学家长于理论分析，具有较强的建模能力；而计算机学习具有较强的计算能力和解决问题的直觉，因此，两者有很好的互补，机器学习的发展也正是得益于二者的共同推动。2010 年和 2011 年的图灵奖分别被授予学习理论的奠基人 Leslie Valliant 教授和研究概率图模型与因果推理模型的 Judea Pearl 教授，这具有重要的风向标意义，标志着统计机器学习已经成为主流计算机界认可的计算机科学主流分支。美国工程院院士 Vladimir Vapnik 教授是统计学习理论的主要创建人之一，提出 VC 理论和支持向量机等著名算法。美国三院院士 Michael Jordan 教授遵循自下而上的方式，对统计学习做出了贡献。Vapnik 和 Jordan 教授先后都获得冯诺依曼奖章。近年来，顶级杂志 *Science*、*Nature* 连续发表多篇机器学习领域的技术和综述性论文，也标志着机器学习已经成为重要的基础学科。

机器学习的发展的另一个重要节点是深度学习的出现。如果说 Leslie Valliant、

Judea Pearl、Vladimir Vapnik、Michael Jordan 等教授奠定了统计机器学习的发展基石，那么多伦多大学的 Geoffrey Hinton 教授等人则使深度学习技术迎来了革命性的突破。至今已有多种深度学习框架，如深度神经网络、卷积神经网络和递归神经网络已被应用在计算机视觉、语音识别、自然语言处理、音频识别与生物信息学等领域。近年来，机器学习技术对工业界的重要影响多来自深度学习的发展，如无人驾驶、图像分类等。关于深度学习的更多内容，我们将在后面的章节中进行更加详细的介绍，本章将从监督学习、无监督学习和强化学习三个方面来介绍机器学习的基本概念和方法。

7.2 监督学习

为了更好地理解不同类型的机器学习方法，我们首先定义一些基本概念。如前所述，机器学习是建立在数据建模基础上的，因此，数据是进行机器学习的基础。我们可以把所有数据的集合称为数据集（dataset），如图 7.2 所示。其中每条记录称为一个“样本”（sample），如图中每个不同颜色和大小的三角形和圆形均是一个样本。样本在某方面的表现或性质称为属性（attribute）或特征（feature），每个样本的特征通常对应特征空间中的一个坐标向量，称为一个特征向量（feature vector）。如图 7.2 数据集中，每个样本具有形状、颜色和大小三种不同的属性，其特征向量可以由这三种属性构成为 $x_i = [shape, color, size]$。机器学习任务的目标即是从数据中学习出相应的“模型”（model），也就是说模型可以从数据中来学习出如何判断不同样本的形状、颜色和大小。有了这些模型后，在面对新的情况时，模型会给我们提供相应的判断。以此为例，在面对一个新样本时，我们可以根据样本的形状、颜色和大小等不同属性对样本进行相应分类。为了学习到这一模型，相关研究者提出了不同的策略，本节首先介绍其中最为常用的一种——监督学习。

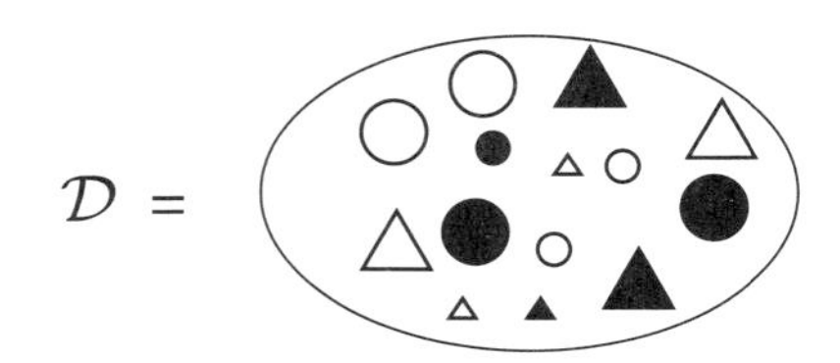

图 7.2 数据集示例

监督学习是机器学习中最重要的一类方法，占据了目前机器学习算法的绝大部分。监督学习就是在已知输入和输出的情况下训练出一个模型，将输入映射到输出。简单来说，我们在开始训练前就已经知道了输入和输出，我们的任务是建立起一个将输入准确映射到输出的模型，当给模型输入新的值时就能预测出对应的输出了。以图 7.2 为例，我们可以将其建模为一个二分类的问题：$y_i = 0$ 对应该集合中实心的黑色样本，$y_i = 1$ 代表该集合中空心的白色样本[①]。所谓的监督学习，就是我们已知道样本的属性 $x_i = [shape, color, size]$，并同时告诉机器学习模型该样本的类比（即其对应的值）。机器学习的过程就是利用算法建立输入变量 x_i 和输出变量 y_i 的函数关系的过程，在这一过程中机器不断通过训练输入来指导算法不断改进。如果输出的结果不正确，那么这个错误结果与期望正确结果之间的误差将作为纠正信号传回到模型，以纠正模型的改进。

作为目前最广泛使用的机器学习算法，监督学习已经发展出了数以百计的不同方法。本节将选取易于理解及目前被广泛使用的 K- 近邻算法、决策树和支持向量机为代表，介绍其基本原理。

7.2.1　K- 近邻算法

K- 近邻算法（K-nearest neighbors, KNN）是最简单的机器学习分类算法之一，适用于多分类问题。简单来说，其核心思想就是“排队”：给定训练集，对于待分类的样本点，计算待预测样本和训练集中所有数据点的距离，将距离从小到大取前 K 个，则哪个类别在前 K 个数据点中的数量最多，就认为待预测的样本属于该类别。用我国的一句古话可以形象地说明：“近朱者赤，近墨者黑。”

下面通过一个简单的例子说明。如图 7.3 所示，如果要决定中心的待预测样本点是属于三角形还是正方形，我们可以选取训练集中距离其最近的一部分样本点。例如，当我们选取 $K = 3$，我们可以看到其中 2 个点是三角形、1 个点是正方形，则待预测样本将被赋予三角形的类别。KNN 算法最大的优点是简单且容易实现，支持多分类，并且不需要进行训练，可以直接用训练数据来实现分类。

但是，KNN 算法的缺点也是显而易见的，最主要的缺点是对参数的选择很敏感。仍以图 7.3 为例，当选取不同的参数 K 时，我们会得到完全不同的结果。例如，选取 $K = 10$ 时（如图中虚线所示），其中有 6

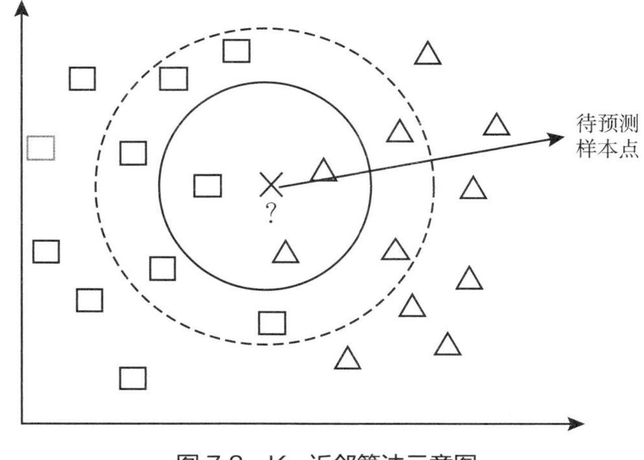

图 7.3　K- 近邻算法示意图

① 这里的 0 或 1 均是符号，分别对应要区分的两类。它们的物理含义视问题而定。

个正方形和 4 个三角形，则待预测样本点被赋予了正方形，即使它可能真的是三角形。KNN 算法的另一个缺点是计算量大，每次分类都需要计算未知数据和所有训练样本的距离，尤其在遇到训练集非常大的情况，因此在实际应用中被采用的不是很多。

7.2.2 决策树

决策树（decision tree）是一类常见的监督学习方法，代表的是对象属性与对象值之间的一种映射关系。顾名思义，决策树是基于树结构来进行决策的，这恰是人类在面临决策问题时一种很自然的处理机制。一棵决策树一般包含一个根节点、若干个内部节点和若干个叶节点，其中每个内部节点表示一个属性上的测试，每个分支代表一个测试输出，每个叶节点代表一种类别。

如表 7.1 所示的训练数据，每一行代表一个样本点，分别从颜色、形状、大小三方面的特征来描述水果属性。通过构造如图 7.4 的决策树，利用不同的叶节点对应形状、大小、颜色等不同的属性并分别测试，我们可以得到最终的叶节点，从而将所有样本根据其属性分成不同的类别。

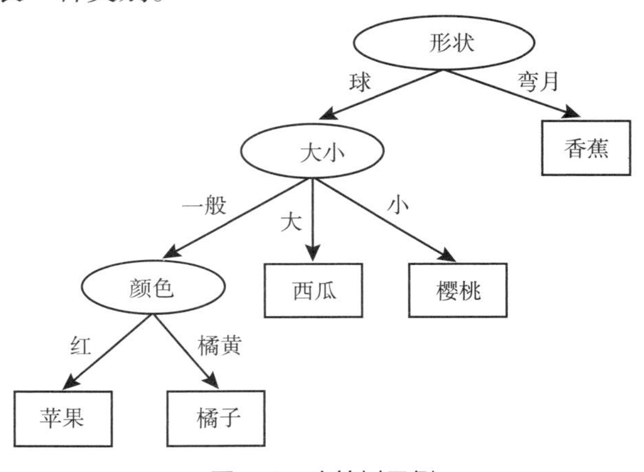

图 7.4 决策树示例

表 7.1 水果数据集

编号	颜色	形状	大小	类别
1	红	球	一般	苹果
2	黄	弯月	一般	香蕉
3	红	球	轻	樱桃
4	绿	椭球	重	西瓜
5	橘	黄球	一般	橘子

决策树学习的目的是产生一棵泛化能力强（即处理未见示例能力强）的决策树，其基本流程遵循简单且直观的“分而治之”（divide-and-conquer）策略。通常来讲，决策树的生成是一个递归过程。在决策树基本算法中，有三种情形会导致递

归返回：①当前节点包含的样本全属于同一类别，无须划分；②当前属性集为空或是所有样本在所有属性上取值相同，无法划分；③当前节点包含的样本集合为空，不能划分。

同其他分类器相比，决策树易于理解和实现，具有能够直接体现数据的特点，因此，人们在学习过程中不需要了解很多的背景知识，通过解释都有能力去理解决策树所表达的意思。决策树往往不需要准备大量的数据，并且能够同时处理数据型和常规型属性，在相对短的时间内能够对大型数据源给出可行且效果良好的结果；同时，如果给定一个观察模型，那么根据所产生的决策树很容易推出相应的逻辑表达式。

决策树学习的关键是如何选择最优划分属性。一般而言，随着划分过程不断进行，我们希望决策树的分支节点所包含的样本尽可能属于同一类别，即节点的“纯度”（purity）越来越高。相关的研究者提出了信息增益、增益率、基尼指数等不同准则用以实现决策树划分选择，但经典决策树在存在噪声的情况下其性能会出现明显下降。

7.2.3 支持向量机

支持向量机（support vector machine，SVM）于 1995 年正式发表，由于其严格的理论基础以及在诸多分类任务中显示出的卓越性能，很快成为机器学习的主流技术，并直接掀起了“统计学习”（statistical learning）在 2000 年前后的高潮。给定一组训练实例，每个训练实例被标记为属于两个类别中的一个或另一个，SVM 训练算法通过寻求结构化风险最小来提高学习机泛化能力，实现经验风险和置信范围的最小化，建立一个将新的实例分配给两个类别之一的模型，从而达到在统计样本量较少的情况下亦能获得良好统计规律的目的。

SVM 模型是将实例表示为空间中的点，这样映射就使得单独类别的实例被尽可能大地间隔（margin）分开。然后，将新的实例映射到同一空间，并基于它们落在间隔的哪一侧来预测所属类别。通俗来讲，它是一种二类分类模型，其基本模型定义为特征空间上的间隔最大的线性分类器，即支持向量机的学习策略便是间隔最大化，最终可转化为一个凸二次规划问题的求解。下面通过一个简单的例子来解释支持向量机。

如图 7.5 所示的一个二维平面（一个超平面，在二维空间中的例子就是一条直线），上有两种不同的点，分别用实心点和空心点表示。同时，为了方便描述，我们通常用“+1”表示一类，“–1”表示另外一类。支持向量机的目标就是通过求解超平面将不同属性的点分开，在超平面一边的数据点所对应的 y 全是 –1，而在另一边全是 1 。一般而言，一个点距离超平面的远近可以表示为分类预测的确信或准确程度。当一个数据点的分类间隔越大时，即离超平面越远时，分类的置信度越大。对于一个包含 n 个点的数据集，我们可以很自然地定义它的间隔为所有这 n 个点中间隔值最小的那个。于是，为了提高分类的置信度，我们希望所选择的超平面能够最大化这个间隔值。这就是 SVM 算法的基础，即最大间隔（max-margin）准则。

在图 7.5 中，距离超平面最近的几个训练样本点被称为“支持向量”（support vector），两个异类支持向量到超平面的距离之和被称为“间隔”（margin）。支持向量机的目标就是找到具有“最大间隔”（maximum margin）的划分超平面。

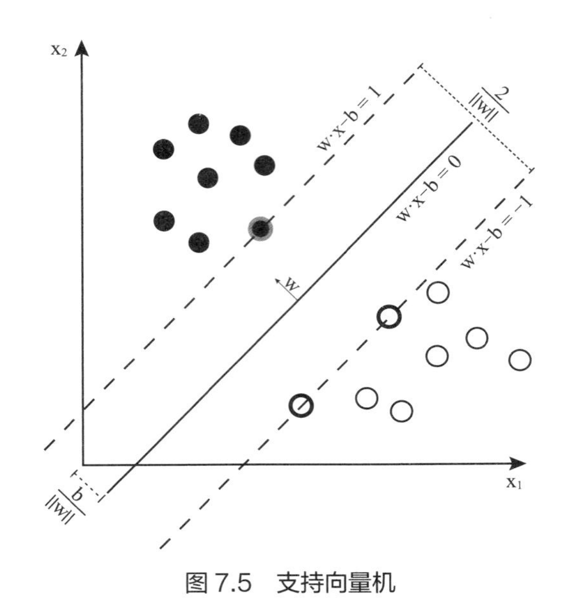

图 7.5　支持向量机

需要指出的是，以上问题是支持向量机问题的基本模型，在很多现实问题中往往需要考虑更加复杂的情况。首先，基本型假设训练样本是线性可分的，即存在一个划分超平面能将训练样本正确分类，然而在现实任务中原始样本空间内也许并不存在一个能正确划分两类样本的超平面。如图 7.6（a）所示，实际上无法找到一个线性分类面将图中的实心样本和空心样本分开。为了解决这类问题，相关研究者提出了诸多的解决办法，其中一个重要方法即核方法。这种方法通过选择一个核函数，将数据映射到高维空间，使在高维属性空间中有可能训练数据实现超平面的分割，避免了在原输入空间中进行非线性曲面分割计算，以解决在原始空间中线性不可分的问题。如图 7.6（b）所示，通过将原来在二维平面上的点映射到三维空间上，即可以利用一个线性平面将图中的实心样本和空心样本分开。

由于核函数的良好性能，计算量只和支持向量的数量有关，而独立于空间的维

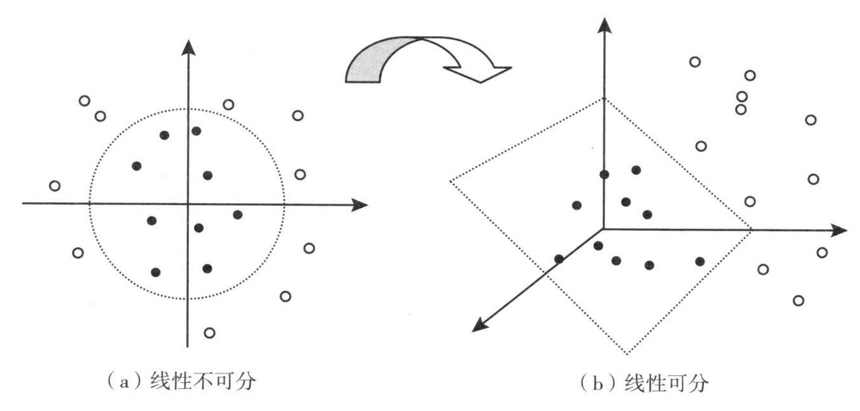

图 7.6　利用核方法将线性不可分映射到高维空间

度；而且在处理高维输入空间的分类时，这样的非线性扩展在计算量上并没有比原来有显著的增加。因此，核方法在目前机器学习任务中有非常广泛的应用，尤其是在解决线性不可分问题当中，更多内容可以查阅周志华教授撰写的《机器学习》。

7.3　无监督学习

顾名思义，无监督学习就是不受监督的学习。同监督学习建立在人类标注数据的基础上不同，无监督学习不需要人类进行数据标注，而是通过模型不断地自我认知、自我巩固，最后进行自我归纳来实现其学习过程。虽然目前无监督学习的使用不如监督学习广泛，但这种独特的方法论为机器学习的未来发展方向给出了很多启发和可能性，正在引起越来越多的关注。2015 年，深度学习“三巨头”——Yann LeCun、Yoshua Bengio、Geoffrey Hinton 首次合作在 *Nature* 上撰文，在对深度学习未来展望时写道：“无监督学习对于重新点燃深度学习的热潮起到了促进作用，我们期望无监督学习在长期内越来越重要，使我们能够通过观察发现世界的内在结构，而不是被告知每一个客观事物的名称。”

同监督学习相比，无监督学习具有很多明显优势，其中最重要的一点是不再需要大量的标注数据。如今，以深度学习为代表的机器学习模型往往需要在大型监督型数据集上进行训练，即每个样本都有一个对应的标签。比如，目前在图像分类任务当中被普遍使用的 ImageNet 数据集有 100 多万张人为标记的图像，共分为 1000 类。而近期谷歌公司更是表示要着手建立 10 亿级别的数据集。很显然，要创建如此规模的数据集需要花费大量的人力、物力和财力，同时也需要消耗大量的时间。正因为无监督学习的重要意义，Yann LeCun 有一个非常著名的比喻：“假设机器学习是一个蛋糕，强化学习是蛋糕上的一粒樱桃，监督学习是外面的一层糖衣，那么无监督学习才是蛋糕的糕体。”

我们可以用一个简单的例子来理解无监督学习。设想我们有一批照片，其中包含着不同颜色的几何形状。但是机器学习模型只能看到一张张照片，这些照片没有任何标记，也就是计算机并不知道几何形状的颜色和外形。我们通过将数据输入到无监督学习的模型中去，算法可以尝试着理解图中的内容，并将相似的物体聚在一起。在理想情况下，机器学习模型可以将不同形状、不同颜色的几何形状聚集到不同的类别中去，而特征提取和标签都是模型自己完成的。

实际上，无监督学习更接近我们人类的学习方式。比如，一个婴儿在开始接触世界的时候，父母会拿着一张照片或者一只小猫告诉他这是“猫”。但是接下来在遇到不同的猫的照片或者猫的时候，父母并不会一直告诉他这是“猫”。婴儿会不断地自我发现、学习、调整自己对“猫”的认识，从而最终理解并认识什么是“猫”。相比之下，目前的监督学习算法则要求我们一次次反复地告诉机器学习模型什么是“猫”，也许要高达数万甚至数十万次。很显然，无监督学习的模式更加接近我们的学习方式。关于无监督学习的更多内容可以参考 Christopher M. Bishop 的《模式识别与机器学习》。

7.3.1 聚类

聚类是无监督学习中最重要的一类算法。在聚类算法中，训练样本的标记信息是未知的，给定一个由样本点组成的数据集，数据聚类的目标是通过对无标记训练样本的学习来揭示数据的内在性质及规律，将样本点划分成若干类，使得属于同一类的样本点非常相似，而属于不同类的样本点不相似。需要说明的是，这些概念对聚类算法事先是未知的，聚类过程仅能自动形成簇结构，簇所对应的概念语义需由使用者来把握和命名。聚类既能作为一个单独过程用于找寻数据内在的分布结构，也可作为分类等其他学习任务的前驱过程，为进一步的数据分析提供基础。数据聚类在各科学领域的数据分析中扮演着重要角色，如计算机科学、医学、社会科学和经济学等。

简单来说，聚类是将样本集分为若干互不相交的子集，即样本簇。聚类算法的目标是使同一簇的样本尽可能彼此相似，即具有较高的类内相似度（intra-cluster similarity）；同时不同簇的样本尽可能不同，即簇间的相似度（inter-cluster similarity）低。自机器学习诞生以来，研究者针对不同的问题提出了多种聚类方法，其中最为广泛使用的是 K- 均值算法。

K- 均值算法无论是思想还是实现都比较简单。对于给定样本集合，K- 均值算法的目标是使得聚类簇内的平方误差最小化，即：

$$E=\sum_{i=1}^{k}\sum_{X\in C_i}\|X-\mu_i\|_2^2$$

其中，K 是人为制定的簇的数量，μ_i 是簇 C_i 的均值向量，X 是对应的样本特征向量。直观来看，这个误差刻画了簇内样本围绕簇均值向量的紧密程度，E 值越小则簇内样本相似度越高。K– 均值算法的求解通常采用贪心策略，通过迭代方法实现。算法首先随机选择 K 个向量作为初始均值向量，然后进行迭代过程，根据均值向量将样本划分到距离最近的均值向量所在的簇中，划分完成后更新均值向量直到迭代完成。

K– 均值算法时间复杂度近于线性，适合挖掘大规模数据集。但是，由于损失函数是非凸函数，意味着不能保证取得的最小值是全局最小值。在通常的实际应用中，K– 均值达到的局部最优已经满足需求。如果局部最优无法满足性能需要，简单的方法是通过不同的初始值来实现。

需要指出的是，K– 均值算法对参数的选择比较敏感，也就是说不同的初始位置或者类别数量的选择往往会导致完全不同的结果。如图 7.7 所示，当指定 K– 均值算法的簇的数量 $K=2$ 后，如果选取不同的初始位置，实际上我们会得到不同的聚类结果。而在图 7.8 中可以看到，当簇的数量 $K=4$，我们同样会得到不同的聚类结果。对比图 7.7 和图 7.8 会发现，当设置不同的聚类参数 K 时，机器学习算法也

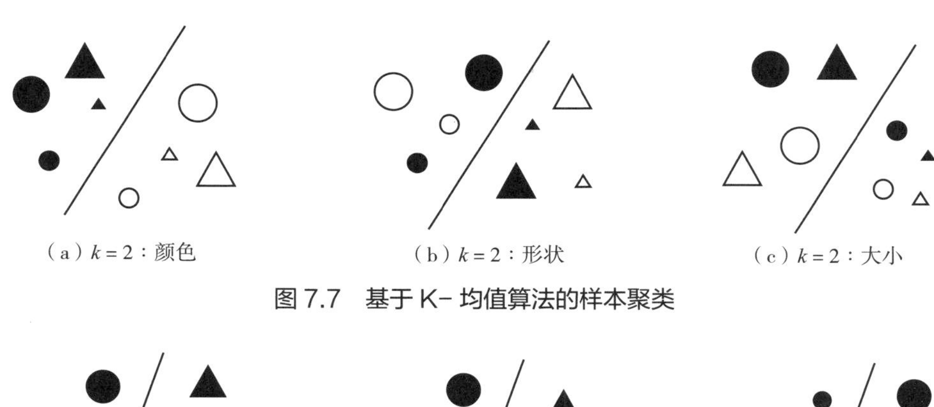

（a）$k=2$：颜色　（b）$k=2$：形状　（c）$k=2$：大小

图 7.7　基于 K– 均值算法的样本聚类

（a）$k=4$：颜色、形状　（b）$k=4$：形状、尺寸　（c）$k=4$：尺寸、颜色

图 7.8　基于 K– 均值算法的样本聚类

会得到不同的结果。而很多情况下，我们无法事先预知样本的分布，最优参数的选择通常也非常困难，这就意味着算法得到的结果可能和我们的预期会有很大不同，这时候往往需要通过设置不同的模型参数和初始位置来实现，从而给模型学习带来很大的不确定性。

7.3.2 自编码器

自编码器是利用神经网络实现无监督学习的一种典型方式，包括编码器和解码器两个典型部分。输入数据经过隐层的编码和解码到达输出层时，使输出的结果尽量与输入数据保持一致。经过训练后，自编码器能尝试将输入复制到输出。如图 7.9 所示，我们通过编码器将输入的样本映射到一个特征空间上得到样本的隐藏特征表达，进而通过解码器将该特征向量进行解码。这样做的好处是隐层能够抓住输入数据的特点，使其特征保持不变。但是，如果只是简单的复制，这个过程实际上没有任何的应用价值。在实际过程中，我们需要设计相应的约束和损失函数来决定数据的哪些部分需要被优先复制，从而学习到数据当中的有用特征。

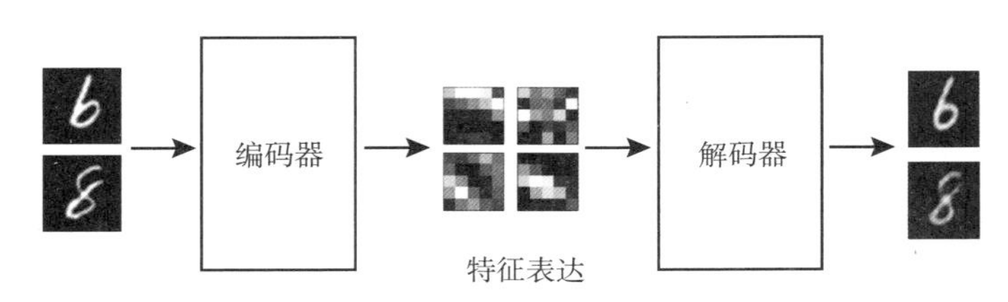

图 7.9 基于自编码器的样本聚类

目前，自编码器的应用主要有两个方面。一是数据去噪，即通过自编码器将原图像当中的噪声去除。该方法通过引入合适的损失函数，使得模型可以学习到在受损的输入情况下依然可以获得良好特征表达的能力，进而恢复对应的无噪声输入。二是数据降维，即通过对隐特征加上适当的维度和稀疏性约束，使得自编码器可以学习到低维的数据投影。例如，假设输入层有 100 个神经元、隐层只有 50 个神经元、输出层有 100 个神经元，通过自编码器算法，我们只用隐含层的 50 个神经元就找到了 100 个输入层数据的特点，能够保证输出数据和输入数据大体一致，从而实现降维目标。目前，自编码器已被成功应用于降维和信息检索等任务当中。

7.4 弱监督学习

监督学习技术通过学习大量标记的训练样本来构建预测模型，在很多领域获得了巨大成功。但由于数据标注的本身往往需要很高成本，在很多任务上都很难获得全部真值标签这样比较强的监督信息。而无监督学习由于缺乏制定的标签，在实际应用中的性能往往存在很大局限。针对这一问题，相关研究者提出了弱监督学习的概念，弱监督学习不仅可以降低人工标记的工作量，同时也可以引入人类的监督信息，在很大程度上提高无监督学习的性能。

弱监督学习是相对于监督学习而言的。同监督学习不同，弱监督学习中的数据标签允许是不完全的，即训练集中只有一部分数据是有标签的，其余甚至绝大部分数据是没有标签的；或者说数据的监督学习是间接的，也就是机器学习的信号并不是直接指定给模型，而是通过一些引导信息间接传递给机器学习模型。总之，弱监督学习涵盖的范围很广泛，可以说只要标注信息是不完全、不确切或者不精确的标记学习都可以看作是弱监督学习。本节仅选取半监督学习、迁移学习和强化学习三个典型的机器学习算法来介绍弱监督学习的概念。

7.4.1　半监督学习

半监督学习是一种典型的弱监督学习方法。在半监督学习当中，我们通常只拥有少量有标注数据的情况，这些有标注数据并不足以训练出好的模型，但同时我们拥有大量未标注数据可供使用，我们可以通过充分地利用少量的有监督数据和大量的无监督数据来改善算法性能。因此，半监督学习可以最大限度地发挥数据的价值，使机器学习模型从体量巨大、结构繁多的数据中挖掘出隐藏在背后的规律，也因此成为近年来机器学习领域比较活跃的研究方向，被广泛应用于社交网络分析、文本分类、计算机视觉和生物医学信息处理等诸多领域。

在半监督学习中，基于图的半监督学习方法被广泛采用，近年来有大量的工作专注在此领域，也产生了诸多卓有成效的进展。该方法将数据样本间的关系映射为一个相似度图，如图 7.10 所示。其中，图的节点表示数据点（包括标记数据和无标记数据）；图的边被赋予相应权重，代表数据点之间的相似度，通常来说相似度越大，权重越大。对无标记样本的识别，可以通过图上标记信息传播的方法实现，节点之间的相似度越大，标签越容易传播；反之，传播概率越低。在标签传播过程中，保持已标注数据的标签不变，使其像一个源头把标签传向未标注节点。每个节点根据相邻节点的标签来更新自己的标签，与该节点相似度越大，其标签就越容易传播到相邻节点、相似节点的标签越趋于一致。当迭代过程结束时，相似节点的概率分布也趋于相似，可以划分到同一个类别中，从而完成标签传播过程。

基于图的半监督学习算法简单有效，符合人类对于数据样本相似度的直观认知，同时还可以针对实际问题灵活定义数据之间的相似性，具有很强的灵活性。尤其需要指出的是，基于图的半监督学习具有坚实的数学基础作保障，通常可以

（a）相似度图　　（b）邻接矩阵　　（c）标签矩阵

图 7.10　基于图的半监督学习

得到闭式最优解，因此具有广泛的适用范围。该方法的代表性论文也因此获得了 2013 年国际机器学习大会“十年最佳论文奖”，由此也可以看出该范式的影响力和重要性。

近年来，随着大数据相关技术的飞速发展，收集大量的未标记样本已经相当容易，而获取大量有标记的样本则较为困难，而且获得这些标注数据往往需要大量的人力、物力和财力。例如，在医学图像处理当中，随着医学影像技术的发展，获取成像数据变得相对容易，但是对病灶等数据的标识往往需要专业的医疗知识，而要求医生进行大量的标注往往非常困难。由于时间和精力的限制，在多数情况下，医学专家能标注相当少的一部分图像，如何发挥半监督学习在医学影像分析中的优势就尤为重要。另外，在大量互联网应用当中，无标记的数据量是极为庞大甚至是无限的，但是要求用户对数据进行标注则相对困难，如何利用半监督学习技术在少量的用户标注情况下实现高效推荐、搜索、识别等复杂任务，具有重要的应用价值。

7.4.2　迁移学习

迁移学习是另一类比较重要的弱监督学习方法，侧重于将已经学习过的知识迁移应用到新的问题中。对于人类来说，迁移学习其实就是一种与生俱来的能够举一反三的能力。比如我们学会打羽毛球后，再学打网球就会变得相对容易；而学会了中国象棋后，学习国际象棋也会变得相对容易。对于计算机来说，我们同样希望机器学习模型在学习到一种能力之后，稍加调整即可以用于一个新的领域。

随着大数据时代的到来，迁移学习变得愈发重要。现阶段，我们可以很容易地获取大量的城市交通、视频监控、行业物流等不同类型的数据，互联网也在不断产生大量的图像、文本、语音等数据。但遗憾的是，这些数据往往都是没有标注的，而现在很多机器学习方法都需要以大量的标注数据作为前提。如果我们能够将在标注数据上训练得到的模型有效地迁移到这些无标注数据上，将会产生重要的应用价值，这就催生了迁移学习的发展。

在迁移学习当中，通常称有知识和量数据标注的领域为源域，是我们要迁移的对象；而把最终要赋予知识、赋予标注的对象称作目标域。迁移学习的核心目标就是将知识从源域迁移到目标域。目前，迁移学习主要通过三种方式来实现：①样本迁移，即在源域中找到与目标域相似的数据并赋予其更高的权重，从而完成从源域到目标域的迁移。这种方法的好处是简单且容易实现，但是权重和相似度的选择往往高度依赖经验，使算法的可靠性降低。②特征迁移，其核心思想是通过特征变换，将源域和目标域的特征映射到同一个特征空间中，然后再用经典的机器学习方法来求解。这种方法的好处是对大多数方法适用且效果较好，但是在实际问题当中的求解难度通常比较大。③模型迁移，这也是目前最主流的方法。这种方法假设源域和目标域共享模型参数，将之前在源域中通过大量数据训练好的模型应用到目标域上。比如，我们在一个千万量级的标注样本集上训练得到了一个图像分类系统，在一个新领域的图像分类任务中，我们可以直接利用之前训练好的模型，再加上目标域的几万张标注样本进行微调，就可以得到很高的精度。这种方法可以很好地利用模型之间的相似度，具有广阔的应用前景。

迁移学习可以充分利用既有模型的知识，使机器学习模型在面临新的任务时只需要进行少量的微调即可完成相应的任务，具有重要的应用价值。目前，迁移学习已经在机器人控制、机器翻译、图像识别、人机交互等诸多领域获得了广泛应用。

7.4.3　强化学习

除此之外，强化学习也可以看作是弱监督学习的一类典型算法，其算法理论的形成可以追溯到二十世纪七八十年代，但却是在最近才引起学界和工业界的广泛关注。具有里程碑意义的事件是 2016 年 3 月 DeepMind 开发的 AlphaGo 程序利用强化学习算法以 4 : 1 的结果击败世界围棋冠军李世石。如今，强化学习算法已经在游戏、机器人等领域开花结果，谷歌、facebook、百度、微软等各大科技公司更是将强化学习技术作为其重点发展的技术之一。著名学者 David Silver（AlphaGo 的发明者之一）认为，强化学习是解决通用人工智能的关键路径。

与监督学习不同，强化学习需要通过尝试来发现各个动作产生的结果，而没有训练数据告诉机器应当做哪个动作，但是我们可以通过设置合适的奖励函数，使机器学习模型在奖励函数的引导下自主学习出相应策略。强化学习的目标就是研究在与环境的交互过程中，如何学习到一种行为策略以最大化得到的累积奖赏。简单来说，强化学习就是在训练的过程中不断地尝试，错了就扣分，对了就奖励，由此训练得到在各个状态环境当中最好的决策。就好比我们有一只还没有训练好的小狗，人类实际上并没有途径与狗直接进行沟通，告诉它应该做什么、不应该做什么，但是我们可以用食物（奖励）来诱导训练它。每当它把屋子弄乱后，就减少美味食物的数量（惩罚）；表现好时，就加倍美味食物的数量（奖励），那么小狗最终会学到“把客厅弄乱是不好的行为”这一经验。从狗的视角来看，它并不了解所处的环境，但能够通过大量尝试学会如何适应这个环境。

需要指出的是，强化学习通常有两种不同的策略：一是探索，也就是尝试不同的事情，看它们是否会获得比之前更好的回报；二是利用，也就是尝试过去经验当中最有效的行为。举一个例子，假设有 10 家餐馆，你在其中 6 家餐馆吃过饭，知道这些餐馆中最好吃的可以打 8 分；而其余的餐馆也许可以打 10 分，也可能只有 2 分。那么你应该如何选择？如果你以每次的期望得分最高为目标，那就有可能一直吃打 8 分的那家餐厅；但是你永远突破不了 8 分，不知道会不会吃到更好吃的口味。所以，只有去探索未知的餐厅，才有可能吃到更好吃的，即使伴随着不可避免的风险。这就是探索和利用的矛盾，也是强化学习要解决的一个难点问题。

强化学习给我们提供了一种新的学习范式，它和我们之前讨论的监督学习有明显区别。强化学习处在一个对行为进行评判的环境中，使得在没有任何标签的情况下，通过尝试一些行为并根据这个行为结果的反馈不断调整之前的行为，最后学习到在什么样的情况下选择什么样的行为可以得到最好的结果。在强化学习中，我们允许结果奖励信号的反馈有延时，即可能需要经过很多步骤才能得到最后的反馈。而监督学习则不同，监督学习没有奖励函数，其本质是建立从输入到输出的映射函数。就好比在学习的过程中，有一个导师在旁边，他知道什么是对的、什么是错的，并且当算法做了错误的选择时会立刻纠正，不存在延时问题。

总之，由于弱监督学习涵盖范围比较广泛，其学习框架也具有广泛的适用性，包括半监督学习、迁移学习和强化学习等方法已经被广泛应用在自动控制、调度、金融、网络通信等领域。在认知、神经科学领域，强化学习也有重要研究价值，已经成为机器学习领域的新热点。

7.5 讨论

作为一门交叉学科，机器学习涵盖的范围非常广泛，涉及计算机科学、概率论、统计学、逼近论、凸分析、算法复杂度理论等多门学科。随着机器学习技术的普及和需求的增加，相关从业人员开放了大量的课程和学习平台，例如著名学者吴恩达和 Ruslan Salakhutdinov 在 coursera 平台上都开设有与机器学习相关的课程。许多世界著名大学也设有开放的机器学习相关课程，比较经典的有机器学习奠基人、卡内基梅隆大学 Tom Mitchell 教授的“机器学习”，深度学习之父、多伦多大学 Geoffrey Hinton 教授的“机器学习中的神经网络”，深度学习的重要奠基人、纽约大学 Yann LeCun 教授的“机器学习和模式识别”。麻省理工学院、加州大学伯克利分校、斯坦福大学等也都开设有大量和机器学习相关的课程，这些经典课程经过多年的授课实践，在不断迭代优化的过程中基本上涵盖了目前主流的机器学习理论、技术和实践经验。

由于机器学习领域发展非常迅速，每年都不断涌现出大量的新算法。机器学习最新的研究进展可以通过阅读机器学习领域国际会议和期刊上最新的论文获取。机器学习领域最重要的国际学术会议是国际机器学习会议（ICML）、国际神经信息处理系统会议（NIPS）和国际学习理论会议（COLT）；重要的国际学术期刊有 *Journal of Machine Learning Research* 和 *Machine Learning*。另外，人工智能领域的重要会议如 IJCAI、AAAI，数据挖掘领域的重要会议如 KDD 、ICDM，计算机视觉与模式识别领域的重要会议如 CVPR、ICCV 等也经常发表机器学习方面的论文；除此之外，在论文分享网站 arxiv.org 和代码分享网站 github.com 上，每天都会有新的论文和代码发布，很多从业人员会将自己最新的方法和工程实现与他人在网上分享，这些都极大地推动了机器学习的技术发展和方法应用。

7.6 本章小结

机器学习是目前人工智能领域研究的核心热点之一。经过多年的发展，尤其是最近二十年与统计学及神经科学的交叉，机器学习为我们带来了高效的网络搜索、实用的机器翻译、高精度的图像理解和识别，极大地改变了我们的生产生活方式。机器学习技术在我们日常生活中的应用已经非常普遍，从搜索引擎到指纹识别，从用户推荐到辅助驾驶，我们可能在毫无察觉的情况下每天使用不同的机器学习技术几十次之多。相关的研究者越来越认为，机器学习是人工智能取得进展的最有效途径。本章围绕机器学习的基础理论和基本概念，从监督学习、无监督学习和弱监督学习三个角度介绍当前机器学习的主流方法，并简要介绍了不同方法的典型应用场景以及各种不同方法在解决问题时的优势和缺点。由于篇幅所限，本章内容只能介绍机器学习领域的一些最基本的概念和方法，难免挂一漏万。

作为目前人工智能中最活跃的研究领域之一，机器学习领域的学习资料相对丰富，可以根据自身需要利用公开课程掌握机器学习的基本概念，可以通过阅读最新科研论文掌握机器学习的最新进展，也可以在开发者平台上和相关的研究者进行交流和实践。相信在不远的将来，机器学习必将更深刻地改变我们的生产生活。

习题：

1. 假设我们有1000张5种不同动物的照片，需要利用机器学习方法将这些不同的动物区分开，请分别简述在监督学习和无监督学习的条件下如何完成此项任务。
2. 已知数据集中的样本为＝{猫，狗，虎，鲤鱼，鲨，麻雀，鹰，青蛙}，请仿照图7.4中的决策树，从生活环境、呼吸器官、生殖方式等角度将样本分为哺乳类、鸟类、两栖类和鱼类等不同类型。
3. 举例说明监督学习和强化学习的区别与联系。

第八章　人工神经网络与深度学习

人工神经网络（artificial neural network，ANN）是一个用大量简单处理单元经广泛连接而组成的人工网络。人工神经网络为许多问题的研究提供了新的思路，特别是迅速发展的深度学习，能够发现高维数据中的复杂结构，取得比传统机器学习方法更好的结果，在图像识别、语音识别、机器视觉、自然语言理解等领域获得成功应用，解决了人工智能界很多年没有进展的问题。

本章首先介绍神经元与神经网络的基本概念，然后介绍 BP 神经网络和卷积神经网络，最后介绍深度学习及其应用。

8.1　神经网络的发展历史

20 世纪 80 年代末期提出的 BP 算法可以让一个人工神经网络模型从大量训练样本中学习统计规律，从而对未知事件做预测。这种基于统计的机器学习方法相比过去基于人工规则的系统，在很多方面显示出优越性。

继 BP 算法提出之后，20 世纪 90 年代，支持向量机等各种各样的机器学习方法被相继提出。这些模型的结构可以看作带有一层隐层节点或没有隐层节点，所以又称为浅层学习（shallow learning，SL）方法。由于神经网络理论分析的难度大，训练方法需要很多经验和技巧，在有限样本和有限计算单元情况下对复杂函数的表示能力有限，所以针对复杂分类问题其泛化能力受到一定制约。

2006 年，加拿大多伦多大学教授 Geoffrey Hinton 和他的学生 Ruslan Salakhutdinov 提出深度学习（deep learning，DL），掀起了深度学习的浪潮。深度学习通过无监督学习实现“逐层初始化”，有效克服了深度神经网络在训练上的难度。特别是传统的机器学习技术在处理未加工过的数据时，需要设计一个特征提取器，把原始数据（如图像的像素值）转换成一个适当的内部特征表示或特征向量。深度学习是一种特征学习方法，能够把原始数据转变成更高层次的、更加抽象的表达。深度学习的实质是通过构建具有很多隐层的机器学习模型和海量的训练数据来学习更有用的特征，从而提升分类或预测的准确性。

深度学习具有较多层的隐层节点，通过逐层特征变换将样本在原空间的特征表示变换到一个新特征空间，从而使分类或预测更加容易。与人工规则构造特征的方法相比，深度学习利用大数据来学习特征，能够发现大数据中的复杂结构。

通过深度学习得到的深度网络结构符合神经网络特征，是深层次的神经网络，称为深度神经网络（deep neural networks, DNN）。深度神经网络由多个单层非线性网络叠加而成。

8.2 神经元与神经网络

8.2.1 生物神经元结构

现代人的大脑内约有 10^{11} 个神经元，每个神经元与其他神经元之间约有 1000 个连接，所以大脑内约有 10^{14} 个连接。人的智能行为就是由如此高度复杂的组织产生的。浩瀚的宇宙中，也许只有包含数千亿颗星球的银河系的复杂性能够与大脑相比。从生物控制与信息处理的角度看，生物神经元结构如图 8.1 所示。

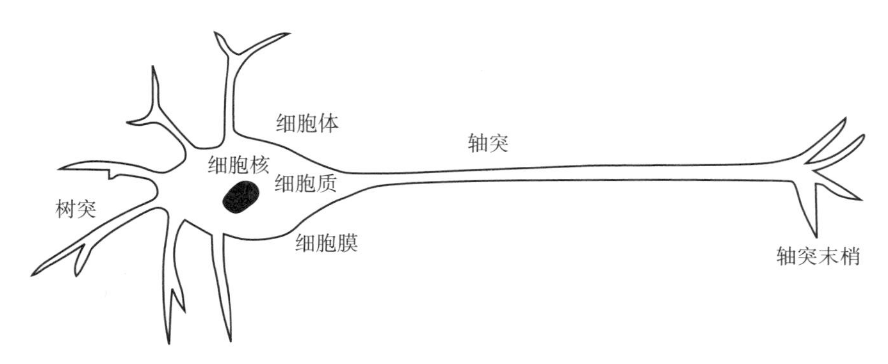

图 8.1　生物神经元结构

神经元的主体部分为细胞体（soma）。细胞体由细胞核、细胞质、细胞膜等组成。每个细胞体都有一个细胞核（cell nuclear），进行呼吸和新陈代谢等生化过程。神经元还包括树突和一条长的轴突（由细胞体向外伸出的最长的一条分支，即神经纤维）。轴突末端部分有许多分枝，叫轴突末梢。典型的轴突长 1 厘米，是细胞体直径的 100 倍。一个神经元通过轴突末梢与 10 ~ 100000 个其他神经元相连接。轴突用来传递和输出信息，其端部的许多轴突末梢为信号输出端子，将神经冲动传给其他神经元。由细胞体向外伸出的其他许多较短的分支称为树突。树突相当于细胞的输入端，树突的全长各点都能接收其他神经元的冲动。神经冲动只能由前一级神经元的轴突末梢传向下一级神经元的树突或细胞体，不能做反方向传递。

神经元具有两种常规工作状态——兴奋与抑制，即满足“0–1”律。当传入的神经冲动使细胞膜电位升高超过阈值时，细胞进入兴奋状态，产生神经冲动并由轴突输出；当传入的冲动使膜电位下降低于阈值时，细胞进入抑制状态，没有神经冲动输出。

8.2.2 神经元数学模型

早在 1943 年，美国神经心理学家麦克洛奇（W. S. McCulloch）和数学家皮兹（W. Pitts）就提出了神经元的数学模型（M–P 模型），开创了神经科学理论研究时代。此后，根据神经元的结构和功能不同，先后提出的神经元模型有几百种之多。下面介绍神经元的一种所谓标准、统一的数学模型，它由三部分组成，即加权求和、线性动态系统和非线性函数映射，如图 8.2 所示。

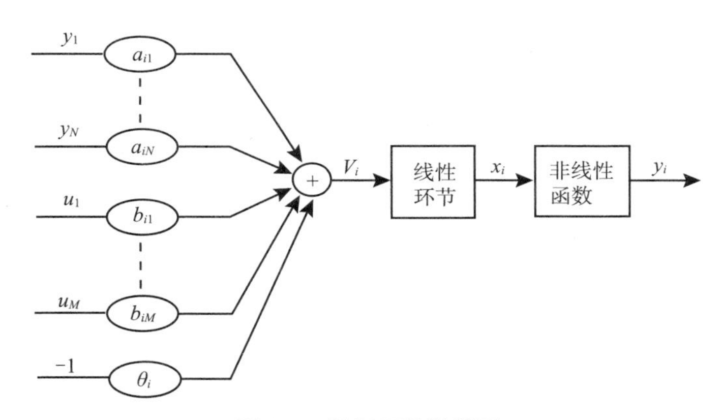

图 8.2 神经元数学模型

在图 8.2 中，$y_i(t)$ 为第 i 个神经元的输出；θ_i 为第 i 个神经元的阈值（$i=1$，2，…，N）；$u_k(t)$（$k=1$，2，…，M）为外部输入；a_{ij}，b_{ik} 为权值。

加权求和是把其他神经元的输出对第 i 个神经元的作用以及外部输入 $u_k(t)$（$k=1$，2，…，M）的作用求和，再减去其阈值 θ_i，即

$$V_i(t)=\sum_{j=1}^{N}a_{ij}y_j(t)+\sum_{k=1}^{M}b_k u_k(t)-\theta_i \tag{8.1}$$

线性环节最常见的是比例系数，而最常用的非线性激励函数有以下两种：

（1）阶跃函数

$$f(x_i)=\begin{cases}1 & x_i>0\\0 & x_i\leqslant 0\end{cases} \tag{8.2}$$

对于需要神经元输出在［-1，1］区间时，阶跃函数可取为：

$$f(x_i)=\begin{cases}1 & x_i>0\\-1 & x_i\leqslant 0\end{cases} \tag{8.3}$$

（2）S 型函数

它具有平滑和渐近性并保持单调性，是最常用的非线性函数。最常用的 S 型函数为 Sigmoid 函数：

$$f(x_i)=\frac{1}{1+e^{-\alpha x_i}} \tag{8.4a}$$

式中，α 可以控制其斜率。

对于需要神经元输出在［-1，1］区间时，S 型函数可以选为双曲线正切函数：

$$f(x_i)=\frac{1-e^{-\alpha x_i}}{1+e^{-\alpha x_i}} \tag{8.4b}$$

Sigmoid 函数的缺点是在输入的绝对值大于某个阈值后，过快进入饱和状态（即函数值趋于 1 或者 -1，而不再有显著的变化），出现梯度消失情况，即梯度会趋于 0，在实际模型训练中会导致模型收敛缓慢，性能不够理想。因此，在一些现代网络结构中逐渐为 ReLU 等类模型的激活函数所取代。

（3）ReLU 函数

ReLU（rectified linear units）是近年来深度学习研究中广泛使用的一个激活函数。ReLU 不是一个光滑曲线，而是一个很简单的分段线性函数，即

$$f(x_i)=\begin{cases}0 & x_i<0\\x_i & x_i\geqslant 0\end{cases} \tag{8.5}$$

ReLU 函数尽管形式简单，但在实际应用中没有饱和问题，运算速度快，收敛效果好，在卷积神经网络等深度神经网络中效果很好。

8.2.3　神经网络的结构

神经网络是由众多简单的神经元的轴突和其他神经元或者自身的树突相连接而成的一个网络。尽管每个神经元的结构、功能都不复杂，但神经网络的行为并不是各单元行为的简单相加。网络的整体动态行为是极为复杂的，可以组成高度非线性动力学系统，从而可以表达很多复杂的物理系统，表现出一般复杂非线性系统的特性，如不可预测性、不可逆性、多吸引子、可能出现混沌现象等。

根据神经网络中神经元的连接方式，可划分为不同类型的结构。目前，人工神经网络主要有前馈型和反馈型两大类神经网络。

前馈型：前馈型神经网络中，各神经元接受前一层的输入并输出给下一层，没有反馈。前馈网络可分为不同的层，第 i 层只与第 $i-1$ 层输出相连，输入与输出的神经元与外界相连。后面着重介绍的 BP 神经网络、卷积神经网络都是前馈型神经网络。

反馈型：在反馈型神经网络中，存在一些神经元的输出经过若干个神经元后，再反馈到这些神经元的输入端。最典型的反馈型神经网络是 Hopfield 神经网络。它是全互联神经网络，即每个神经元和其他神经元都相连。

8.2.4　神经网络的学习

神经网络方法是一种知识表示方法和推理方法。产生式、框架等方法是知识的显式表示，例如，在产生式系统中，知识独立地表示为一条规则；而神经网络知识表示是一种隐式的表示方法，它将某一问题的若干知识通过学习表示在同一网络中。

神经网络的学习是指调整神经网络的连接权值或者结构，使输入和输出具有需要的特性。

1944 年，赫布（Hebb）提出了改变神经元连接强度的 Hebb 学习规则。虽然 Hebb 学习规则的基本思想很容易被接受，但近年来神经科学的许多发现都表明，Hebb 学习规则并没有准确反映神经元在学习过程中突触变化的基本规律。

1957 年，康纳尔大学罗森布拉特（F. Rosenblatt）提出了描述信息在人脑中存储和记忆的数学模型——感知器模型（perceptron），第一次把神经网络研究从纯理论探讨推向工程实现，掀起了机器学习的第一次高潮。但由于感知器仅仅是线性分类，特别是著名人工智能学者明斯基（Minsky）等人在 1969 年编写的《感知器》一书中举了一个反例：感知器学习不了数学上很简单的异或问题，批评了神经网络自身的局限性，直接导致神经网络研究陷入了低潮。

20 世纪 80 年代，鲁梅尔哈特（Rumelhart）等人提出多层前向神经网络的 BP 学习算法，神经网络研究取得突破性进展，掀起了机器学习的新高潮。但由于 BP

学习算法存在一些问题，只适合训练浅层神经网络，其应用虽然广泛，但也受到很多限制。

2006 年，加拿大多伦多大学 Geoffrey Hinton 教授及其学生提出了深度学习，特别是在计算机视觉、自然语言处理等多个领域取得了突破性进展，再次掀起了神经网络研究的浪潮。

下面首先介绍著名的 BP 学习算法，然后在此基础上介绍卷积神经网络和深度学习。

8.3 BP 神经网络及其学习算法

8.3.1 BP 神经网络的结构

BP 神经网络（back-propagation neural network）是多层前向网络，其结构如图 8.3 所示。

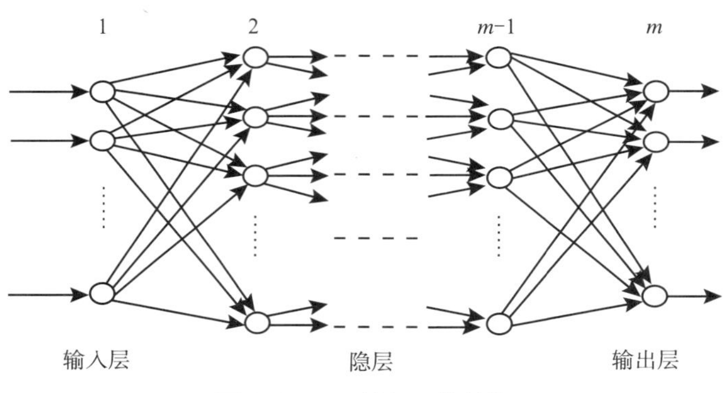

图 8.3 BP 神经网络结构

设 BP 神经网络具有 m 层。第一层称为输入层，最后一层称为输出层，中间各层称为隐层。标上“+1”的圆圈称为偏置节点。没有其他单元连向偏置单元（bias unites）。偏置单元没有输入，它的输出总是 +1。输入层起缓冲存储器的作用，把数据源加到网络上，因此输入层的神经元的输入输出关系一般是线性函数。隐层中各个神经元的输入输出关系一般为非线性函数。隐层 k 与输出层中各个神经元的非线性输入输出关系记为 $f_k(k=2, \cdots, m)$，由第 $k-1$ 层的第 j 个神经元到第 k 层的第 i 个神经元的连接权值为 W_{ij}^k，并设第 k 层第 i 个神经元输入的总和为 u_i^k、输出为 y_i^k，则各变量之间的关系为：

$$y_i^k = f_k(u_i^k)$$
$$u_i^k = \sum_j w_{ij}^{k-1} y_j^{k-1} \tag{8.6}$$
$$K = 2, \cdots, m$$

当 BP 神经网络输入数据$X=[x_1 \ x_2 \ \cdots \ x_{p_1}]^T$（设输入层有 p_1 个神经元），则从输入层依次经过各隐层节点可得到输出数据$Y=[y_1^m \ y_2^m \ \cdots \ y_{p_m}^m]^T$（设输出层有 p_m 个神经元）。因此，可以把 BP 神经网络看成是一个从输入到输出的非线性映射。

BP 神经网络具有很强的学习能力，根据 Kolmogorov 定理，一个三层的 BP 神经网络就可以任意精度逼近一个任意给定的连续函数 f。但对多层 BP 神经网络，如何合理地选取 BP 网络的隐层数及隐层的节点数，目前尚无有效的理论和方法。现在的问题是如何调整 BP 神经网络的权值，使 BP 神经网络输入与输出之间的关系与给定的样本相同？BP 学习算法给出了答案。

8.3.2 BP 学习算法

给定 N 组输入输出样本为 $\{X_{si}, Y_{si}\}$，$i=1, 2, \cdots, N$。如何调整 BP 神经网络的权值，使 BP 神经网络输入为样本 X_{si} 时，神经网络的输出为样本 Y_{si}，这就是 BP 神经网络的学习问题。可见，BP 学习算法是一种有监督学习。

BP 学习算法通过反向学习过程使误差最小，即选择神经网络权值使期望输出 Y_{si} 与神经网络实际输出 Y_j^m之差的平方和最小。这种学习算法实际上是求目标函数的极小值，可以利用非线性规划中的“最快下降法”使权值沿目标函数的负梯度方向改变。

神经元的非线性函数一般取为 S 型函数，可以推导出下列 BP 学习算法：

$$\Delta w_{ij}^{k-1} = -\varepsilon d_i^k y_j^{k-1} \tag{8.7a}$$
$$d_i^m = y_i^m (1-y_i^m)(y_i^m - y_{si}) \tag{8.7b}$$
$$d_i^k = y_i^k (1-y_i^k) \sum_l d_l^{k+1} w_{li}^k \quad (k=m-1, \cdots, 2) \tag{8.7c}$$

式中 ε 为学习步长，一般小于 0.5。

从公式（8.7）可以看出，求第 k 层的误差信号 d_i^k需要上一层的d_l^{k+1}。因此，误差函数的求取是一个始于输出层的反向传播的递归过程，所以又称为反向传播（back propagation, BP）学习算法。

8.3.3 BP 学习算法的实现

BP 学习算法的程序框图如图 8.4 所示。

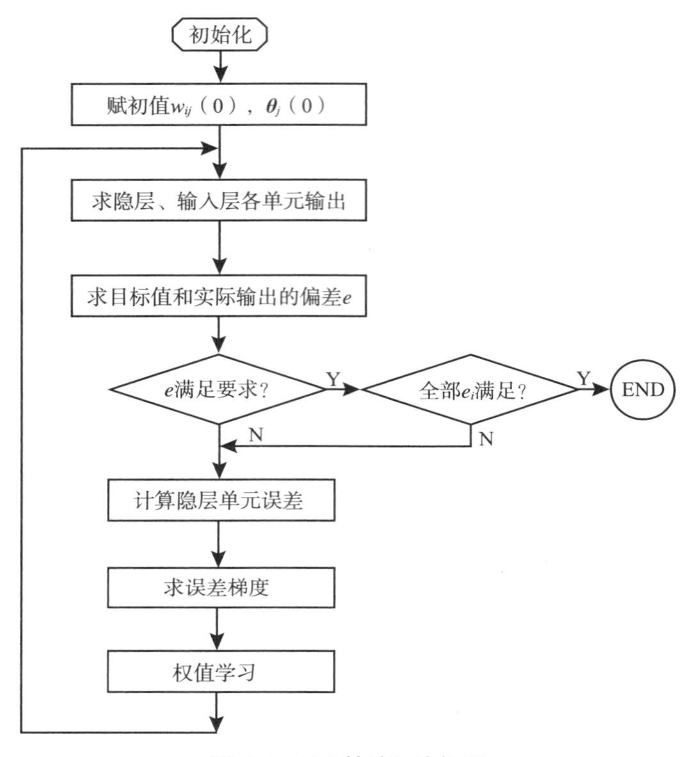

图 8.4 BP 算法程序框图

在 BP 算法实现时，还要注意下列问题：

（1）训练数据预处理。预处理过程包含将所有的特征变换到［0，1］或者［–1，1］区间内，使在每个训练集上每个特征的均值为 0 且具有相同的方差。

（2）后处理。当应用神经网络进行分类操作时，通常将输出值编码成所谓的名义变量，具体的值对应类别标号。在一个两类分类问题中，可以仅使用一个输出，将它编码成一个二值变量（如［+1，–1］)。当具有更多类别时，应当为每个类别分配一个代表类别决策的名义输出值。例如，对于一个三类分类问题，可以设置三个名义输出，每个名义输出取值为｛+1，–1｝，对应的各个类别决策为｛+1，–1，–1｝、｛–1，+1，–1｝、｛–1，–1，+1｝。利用阈值可以将神经网络的输出值变换成为合适的名义输出值。

（3）初始权值的设置。和所有梯度下降算法一样，初始权值对 BP 神经网络的最终解有很大影响。虽然全部设置为 0 显得比较自然，但从式（8.7）可以看出这将导致很不理想的结果。如果输出层的权值全部为 0，则反向传播误差也将为 0，输出层前面的权值将不会改变。因此，一般以一个均值为 0 的随机分布设置 BP 神经网络的初始权值。

8.3.4　BP 神经网络在模式识别中的应用

模式识别主要研究用计算机模拟生物的感知，对模式信息（如图像、文字、语音等）进行识别和分类。传统人工智能研究部分地显示了人脑的归纳、推理等智能。但是，对于人类底层的智能，如视觉、听觉、触觉等方面，现代计算机系统的信息处理能力还不如一个幼儿园的孩子。

神经网络模型模拟了人脑神经系统的特点——处理单元的广泛连接；并行分布式信息储存、处理；自适应学习能力等。神经元网络研究为模式识别开辟了新的研究途径。与模式识别的传统方法相比，神经网络方法具有较强的容错能力、自适应学习能力、并行信息处理能力。

例 8.1　设计一个三层 BP 网络对数字 0 ～ 9 进行分类。训练数据如图 8.5 所示，测试数据如图 8.6 所示。

图 8.5　数字分类训练数据

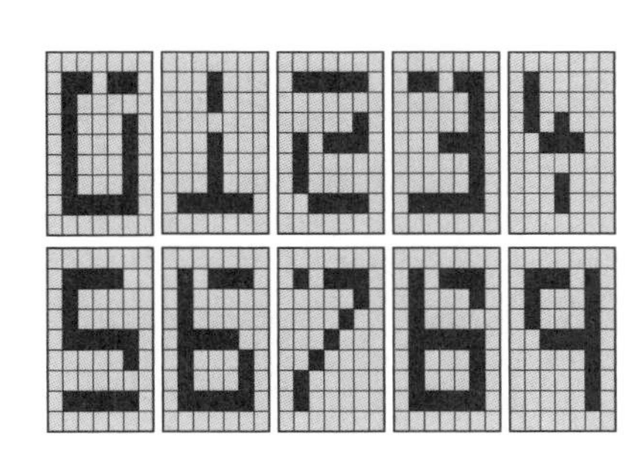

图 8.6　数字分类测试数据

解：该分类问题有 10 类，且每个目标向量应该是这 10 个向量中的一个。目标值由数字 1 ～ 9 的 9 个向量中的一个表示，0 是由所有结点的输出全为 0 来表示。每个数字用 9×7 的网格表示，灰色像素代表 0，黑色像素代表 1。将网格表示为 0 或者 1 的长位串。位映射由左上角开始向下直到网格的整个一列，然后重复其他列。

例如，数字“1”的网格数字串为｛0，0，0，0，0，0，0，0，0；0，0，0，0，0，0，0，1，0；0，0，1，0，0，0，0，1，0；0，1，1；1，1，1，1，1，0；0，0，0，0，0，0，0，1，0；0，0，0，0，0，0，0，1，0；0，0，0，0，0，0，0，0，0｝。

选择网络结构为 63 – 6 – 9，9×7 个输入结点对应上述网格的映射，9 个输出结点对应 10 种分类。使用的学习步长为 0.3，训练 1000 个周期。在训练过程中，如果输出结点的值大于 0.9，则取为 1；如果输出结点的值小于 0.1，则取为 0。

当训练成功后，对图 8.6 所示的测试数据进行测试。图 8.6 所示测试数据都有一个或者多个位丢失。测试结果表明：除了 8 以外，所有被测数字都能够被正确地识别。对于数字 8，第 8 个结点的输出值为 0.49，而第 6 个结点的输出值为 1，表明第 8 个样本网络是模糊的，可能是数字 6，也可能是数字 8，但也不完全确信是两者之一。实际上，人识别这个数字时也会发生这种错误。

8.4 卷积神经网络

由于 BP 学习算法具有收敛速度慢、需要大量带标签的训练数据、容易陷入局部最优等缺点，因此 BP 神经网络只能包含少许隐层，从而限制了 BP 学习算法的性能，影响了该算法在诸多工程领域中的应用。许多研究通过数学和工程技巧来增加神经网络隐层的层数也就是深度，这样的神经网络称为深度神经网络。

8.4.1 人脑视觉机理

机器学习是研究计算机模拟人类学习行为的学科。因此，我们先要了解人的视觉系统是怎么工作的，怎么知道哪些特征好、哪些特征不好。

1958 年，David Hubel 和 Wiesel 研究瞳孔区域与大脑皮层神经元的对应关系。他们在猫的后脑头骨上开了一个 3 毫米的小洞，并向洞里插入电极测量神经元的活跃程度。经历了很多天的反复试验，David Hubel 发现了一种被称为“方向选择性细胞”的神经元。当瞳孔发现物体的边缘，而且这个边缘指向某个方向时，这种神经元细胞就会兴奋。因此，神经 – 中枢 – 大脑的工作过程或许是一个不断迭代、不断抽象的过程，即从原始信号做低级抽象，逐渐向高级抽象迭代。

人类的逻辑思维经常使用高度抽象的概念。例如，从原始信号摄入开始（瞳孔摄入像素），接着做初步处理（大脑皮层某些细胞发现边缘和方向），然后抽象（大脑判定眼前物体的形状是圆形的）、进一步抽象（大脑进一步判定该物体是只气球）。这个生理学的发现促成了人工智能在四十年后的突破性发展。

1981 年诺贝尔医学奖获得者、美国神经生物学家 David Hubel 和 TorstenWiesel 的主要贡献是发现了视觉系统的信息处理是分级的——从低级的 V1 区提取边缘特征，再到 V2 区的形状或者目标的部分等，再到更高层整个目标、目标的行为等。也就是说，高层特征是低层特征的组合，从低层到高层的特征表示越来越抽象、越来越能表现语义或者意图。而抽象层面越高，存在的可能猜测就越少，越利于分类。

1989 年，Yann LeCun 受生物学发现的启发，提出了卷积神经网络的雏形，1989 年正式提出卷积神经网络（convolutional neural networks，CNN）。CNN 更像生物神经网络，是深度学习的基础，已经成为当前众多科学领域的研究热点之一，特别是在模式分类领域，由于该网络避免了对图像的复杂前期预处理，可以直接输入原始图像，避免了传统识别算法中复杂的特征提取和数据重建过程，因而得到了更为广泛的应用，成为当前语音分析和图像识别领域的研究热点。

8.4.2　卷积神经网络的结构

卷积神经网络是一种多层神经网络，每层由多个二维平面组成，而每个平面由多个独立神经元组成，如图 8.7 所示。

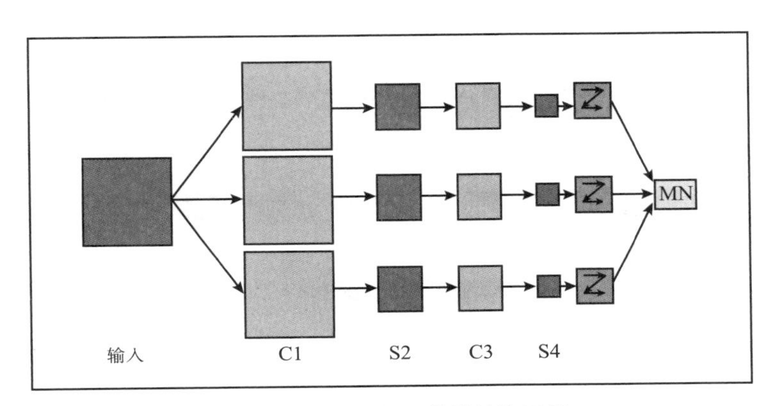

图 8.7　卷积神经网络的结构示例

输入层通常是一个矩阵，例如一幅图像的像素组成的矩阵。

C 层为特征提取层，称为卷积层，对输入图像进行卷积，提取该局部的特征。

S 层是特征映射层，称为池化层（pooling）或者下采样层（subsampling），对提取的局部特征进行综合。网络的每个计算层由多个特征映射组成，每个特征映射为一个平面，平面上所有神经元的权值相等。特征映射结构采用 sigmoid 函数作为激活函数，使特征映射具有位移不变性。

CNN 中的每一个卷积层 C 都紧跟着一个求局部平均用于二次提取特征的池化层 S。C、S 层中的每一层都由多个二维平面组成，每一个二维平面是一个特征图（feature map）。这种特有的两次特征提取结构能够容许识别过程中输入样本有较严重的畸变。

在图 8.7 中，输入图像通过与三个卷积核（convolution kernel）[也称滤波器（filter）] 和可加偏置进行卷积，卷积后在 C1 层产生三个特征图。C1 层的三个特征图分别通过池化，对特征图中每组的像素再进行求和、加权、加偏置，得到 S2 层的三个特征图。这三个特征图通过一个卷积核卷积得到 C3 层的三个特征图。与前面类似，池化得到 S4 层的三个特征图。最后，S4 层的特征图光栅化后，变成向量。

这个向量输入到传统的全连接神经网络（fully connected networks）NN 中进行进一步分类，得到输出。

图 8.7 中，C1、S2 、C3、S4 层中的所有特征图都可以用“像素 × 像素”定义图像大小。由于这些特征图组成了神经网络的卷积层和下采样层，这些特征图中的每一个像素恰恰就代表了一个神经元，每一层所有特征图的像素个数就是这层网络的神经元个数。

一个典型的卷积神经网络结构由一系列的过程组成，如图 8.8 所示。

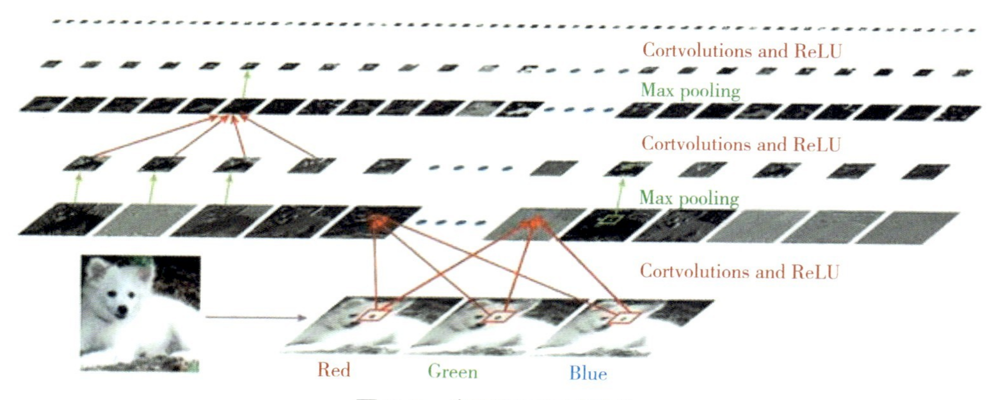

图 8.8　卷积神经网络结构

最初的几个阶段是由卷积层和池化层组成，卷积层的单元被组织在特征图中。在特征图中，每一个单元通过一组称为滤波器的权值被连接到上一层特征图的一个局部块，然后这个局部加权和被传给一个非线性函数，比如非线性激活函数映射 ReLU。一个特征图中的全部单元享用相同的滤波器，不同层的特征图使用不同的滤波器，使用这种结构出于两方面原因：一是在数组数据中（如图像数据），附近的值经常是高度相关的，具有明显的局部特征；二是在一个地方出现的某个特征也可能出现在其他地方，所以不同位置的单元可以共享权值。在数学上，这种由一个特征图执行的滤波操作是一个离线卷积，这也是卷积神经网络名称的由来。

下面首先介绍卷积神经网络中的卷积运算，然后分别介绍卷积神经网络使用的 4 个关键技术：局部连接、权值共享、多卷积核以及池化。

8.4.3　卷积神经网络的卷积运算

卷积（Convolutional）源自拉丁文“convolvere”，其含义是“卷在一起（roll together)”，是数学上的一个重要运算。由于其具有丰富的物理、生物、生态等意义，所以具有非常广泛的应用。

下面介绍卷积神经网络中用到的卷积运算方法。

在图像处理中，采用卷积运算对输入图像或 CNN 上一层的特征图进行变换，也就是特征抽取，以得到新的特征。这就是为什么卷积之后的结果被称为“特征图”的原因。

一幅灰度图片可以用一个像素矩阵表示。矩阵中的每个数字的取值范围为［0，255］。0 表示黑色，255 表示白色，其他灰度为介于 0 ~ 255 的整数。如果是彩色图片，则用 RGB 三个像素矩阵共同表示，如（255，0，0）表示红色、（218，112，214）表示淡紫色。每个像素矩阵称为通道，因此，灰度图像为单通道，彩色图像为 3 通道。在数学上，把这样的 3 通道数据矩阵称为三阶张量（tensor）。张量的长度和宽度即像素矩阵的行数和列数分别为图像的分辨率，通道数称为高度。

人类通过长期进化，当眼睛看到图像时，大脑就会自动提取出很多用以识别类别的特征。但对计算机而言，从一系列的数字矩阵提取特征不是一件简单的事情。在计算机的“眼睛”里，图像是数字矩阵，那么提取图像的特征实际上就是对数字矩阵进行运算，其中非常重要的运算就是卷积。

为计算简单起见，考虑一个给定 5×5 的像素值的矩阵，它的像素值仅为或 0 或 1（实际灰度图像的像素值范围是 0 ~ 255）。卷积核是一个 3×3 的矩阵，其中的值也是或 0 或 1（实际上可以是其他值），如图 8.9 所示。

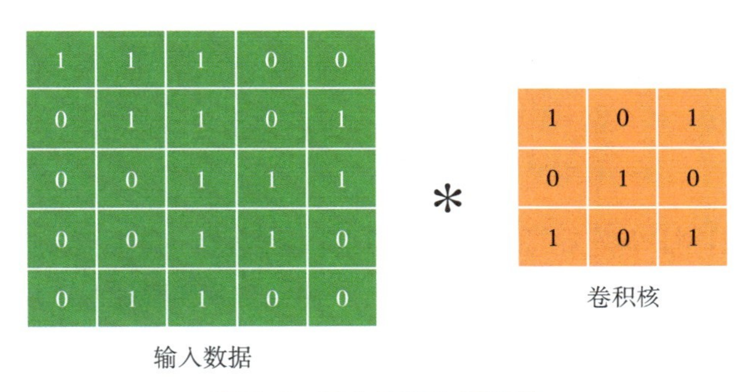

图 8.9 输入矩阵和卷积核

用卷积核矩阵在输入矩阵上从左到右、从上到下滑动，每次滑动 s 个像素，滑动的距离 s 称为步幅（stride）。卷积特征矩阵是输入矩阵和卷积核矩阵重合部分的内积，即卷积特征矩阵每个位置上的值是重合部分两个矩阵间的相应元素乘积之和。因此，卷积特征矩阵称为特征图。

例如，卷积特征矩阵中第一行的第一个元素为：$(1\times1+1\times0+1\times1)+(0\times0+1\times1+1\times0)+(0\times1+0\times0+1\times1)=2+1+1=4$，如图 8.10（a）所示。然后向右移动一格（设步幅 s=1），可以得到卷积特征矩阵中第一行的第二个元素为：$(1\times1+1\times0+0\times1)+(1\times0+1\times1+0\times0)+(0\times1+1\times0+1\times1)=1+1+1=3$，如图 8.10（b）

所示。再向右移动一格，可以得到卷积特征矩阵第一行的第三个元素为 4，如图 8.10（c）所示。

卷积核矩阵移至最左边并往下移一格，如图 8.10（d）所示，同样计算可以得到 2。以此类推。

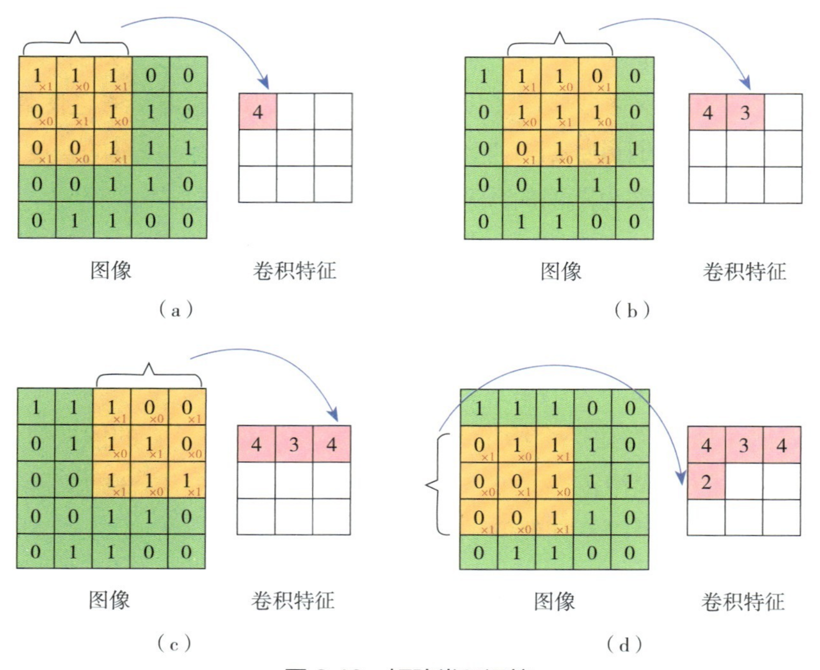

图 8.10　矩阵卷积运算

很显然，卷积特征矩阵比原来的输入矩阵维数低。如果希望得到的卷积特征矩阵维数和原来的输入矩阵维数一样，可以在原输入矩阵四周进行 0 填充，扩大输入矩阵的维数，这种操作称为补零（zero padding）。例如，在上面这个例子中，可以在原输入矩阵四周进行 0 填充，扩大输入矩阵的维数为 7×7，这样经过 3×3 的卷积核卷积后，可以得到维数为 5×5 的卷积特征矩阵。

在卷积核和输入图像矩阵进行卷积过程中，图像中的所有像素点会被线性变换组合，得到图像的一些特征。例如，基于图 8.11（a）、（b）两个卷积核可以分别得到输入图像的竖向边缘和横向边缘。

$$\begin{bmatrix} 1 & 0 & -1 \\ 1 & 0 & -1 \\ 1 & 0 & -1 \end{bmatrix} \qquad \begin{bmatrix} 1 & 1 & 1 \\ 0 & 0 & 0 \\ -1 & -1 & -1 \end{bmatrix}$$

（a）　　　　（b）

图 8.11　卷积核

在没有边缘的比较平坦的区域，像素值的变化比较小，而横向边缘上下两侧的像素差异明显，竖向边缘左右两侧的像素差异比较大。在（a）中，用三行 1，0，–1 组成的卷积核和输入图像卷积，实际是计算了输入图像中每个 3×3 区域内的左右像素的差值，所以得到了输入图像的竖向边缘；在（b）中，用三列 1，0，–1 组成的卷积核和输入图像卷积，实际是计算了输入图像中每个 3×3 区域内的上下像素的差值，所以得到了输入图像的横向边缘。

8.4.4　卷积神经网络的局部连接

在图像处理中，往往把图像表示为像素的向量。如图 8.12（a）所示，1000×1000 的图像可以表示为一个 1000000 的向量。在 BP 神经网络中，如果隐含层数目与输入层一样，即也是 1000000 时，那么输入层到隐含层的参数数据为 $1000000\times1000000=10^{12}$，这么多的权值参数很难训练。

CNN 受生物学视觉系统结构启发，由每个映射面上的神经元共享权值，因而减少了网络自由参数的个数。

一般认为，人对外界的认知是从局部到全局的，而图像的空间联系也是局部的像素联系较为紧密，距离较远的像素相关性较弱。视觉皮层的神经元就是局部接收信息的，这些神经元只接受某些特定区域刺激的响应。因而，每个神经元不是对全局图像进行感知而只对局部进行感知，然后在更高层将局部的信息综合起来得到全局信息。这样，就可以减少神经元之间的连接数，从而减少神经网络需要训练的权值参数的个数。

如图 8.12（b）所示，假如局部感受域是 10×10，隐层每个感受域只需要和这 10×10 的局部图像相连接，所以 100 万个隐层神经元就只有 1 亿个连接，即 10^8 个参数，比原来减少了 4 个数量级。但需要训练的参数仍然很多，可以进一步简化。

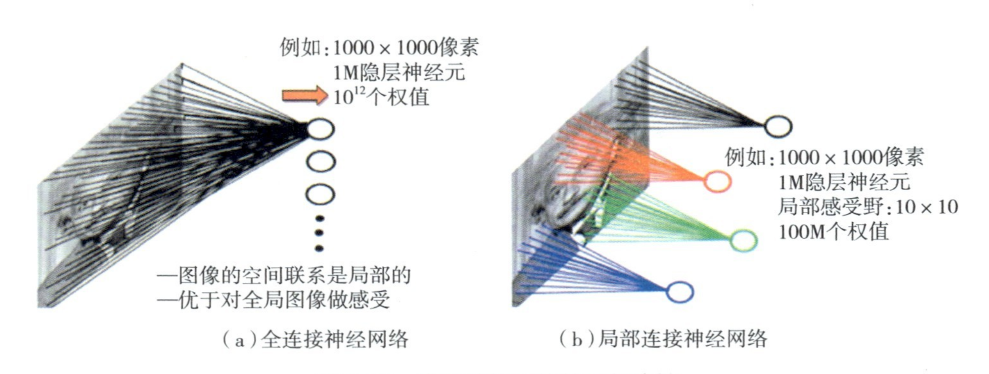

（a）全连接神经网络　　（b）局部连接神经网络

图 8.12　卷积神经网络的局部连接

8.4.5 卷积神经网络的权值共享

隐含层的每一个神经元如果只和 10×10 个像素连接，也就是说每一个神经元存在 10×10=100 个连接权值参数，若将每个神经元的 100 个参数设置成相同，那就只有 100 个参数。不管隐层的神经元个数有多少，两层间的连接都只有 100 个参数，这就是卷积神经网络的权值共享。上述讨论未考虑每个神经元的偏置部分，所以共享权值个数需要加 1，这也是同一种滤波器所共享的。

权值共享隐含的原理是：图像的一部分统计特性与其他部分是一样的。这也意味着在这一部分学习的特征也能用在另一部分上，所以对于这个图像上的所有位置都能使用同样的学习特征。

更直观一些，当从一个大尺寸图像中随机选取一小块，比如说 8×8 作为样本，并且从这个小块样本中学习到了一些特征，这时可以把从这个 8×8 样本中学习到的特征作为探测器，应用到这个图像的任意地方中去。特别是可以用从 8×8 样本中所学习到的特征跟原本的大尺寸图像做卷积，从而对这个大尺寸图像上的任一位置获得一个不同特征的激活值。

8.4.6 卷积神经网络的多卷积核

如上所述，只有 100 个参数时表明只有 1 个 100×100 的卷积核，显然，特征提取是不充分的。卷积神经网络的多卷积核就是添加多个不同卷积核，分别提取不同的特征。我们可以添加多个卷积核提取不同的特征。每个卷积核都会将原图像生成为另一幅图像，如图 8.13 所示 2 个卷积核生成了两幅图像，这两幅图像可以看作是一张图像的不同通道。

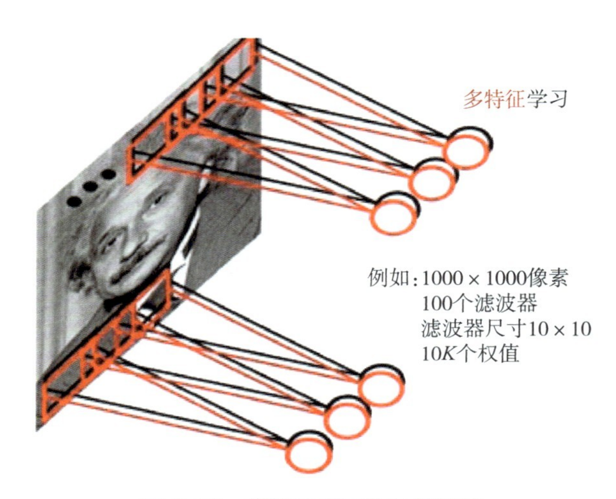

图 8.13 卷积神经网络的滤波器

8.4.7 卷积神经网络的池化

通过卷积获得特征之后，如果直接利用这些特征训练分类器，计算量是非常大的。例如，对于一个 96×96 像素的图像，假设已经学习得到了 400 个定义在 8×8 输入上的特征，每一个特征和图像卷积都会得到一个（96 − 8 + 1）×（96 − 8 + 1）= 7921 维的卷积特征。由于有 400 个特征，所以每个样本都会得到一个 7921 × 400 = 3168400 维的卷积特征向量。学习一个超过 300 万特征输入的分类器是非常困难的，并且容易出现过拟合。

为了解决这个问题，需要对不同位置的特征进行聚合统计。例如，可以计算图像一个区域上的某个特定特征的平均值（或最大值），这些聚合的统计特征不仅具有低得多的维度（相比使用所有提取得到的特征），同时还会改善结果（不容易过拟合）。这种聚合操作就叫作池化（pooling），有时采用平均池化或者最大池化方法。

卷积神经网络中的卷积和池化层灵感来源于视觉神经科学中的简单细胞和复杂细胞。这种细胞以 LNG–V1–V2–V4–IT 层级结构形成视觉回路。当给一个卷积神经网络和猴子一幅相同的图片时，卷积神经网络展示了猴子下颞叶皮质中随机 160 个神经元的变化。

卷积神经网络在池化层丢失大量信息，从而降低了空间分辨率，导致了对于输入微小的变化，其输出几乎是不变的。

8.4.8 卷积神经网络的实例

自 21 世纪以来，卷积神经网络开始被成功地大量用于检测、分割、物体识别以及图像的各个领域，这些应用都是使用了大量的有标签数据，比如交通信号识别、生物信息分割、面部探测、文本和行人以及自然图形中的人的身体部分的探测。近年来，卷积神经网络的一个重大成功应用是人脸识别，已经被用于几乎全部的识别和探测任务中。

Yann LeCun 在贝尔实验室设计了一种基于卷积神经网络的手写数字识别系统 LeNet–5。该算法具有很高的准确性，美国大多数银行当年用它识别支票上面的手写数字，达到了商用地步。

LeNet–5 共有 7 层，有两个卷积层和两个全连接层。每个卷积层包括卷积、非线性激活函数映射和下采样三个步骤。除了输入层，每层都包含可训练参数（连接权重），如图 8.14 所示。LeNet–5 在两个卷积层上使用了不同数量的卷积核，第一层是 6 个，第二层是 16 个。

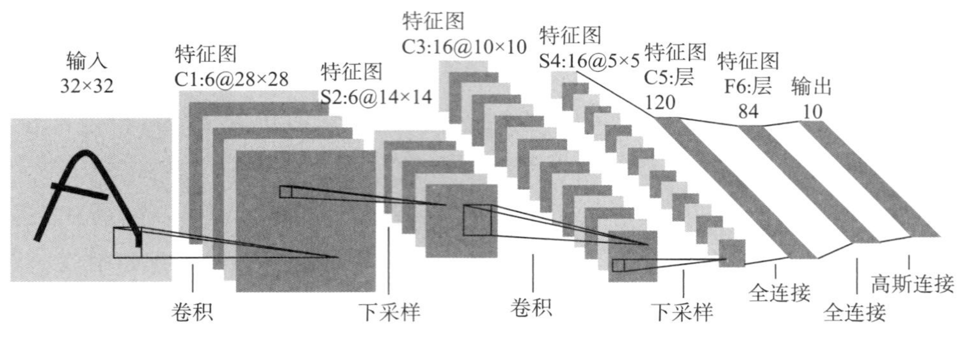

图 8.14 卷积神经网络

输入图像为 32 × 32 大小。这样能够使一些重要特征如笔画、断点或角点能够出现在最高层特征监测子感受域的中心。

C1 层是一个卷积层，由 6 个特征图构成。这之间有个单通道滤波器 5 × 5 × 1 → 6，stride = 5。滤波器大小为 5 × 5 × 1 = 25，有一个可加偏置，6 种滤波器得到 C1 的 6 个特征图。通过卷积运算，可以使原信号特征增强并且降低噪声。特征图中每个神经元与输入中 5 × 5 的邻域相连。特征图的大小为 28 × 28，这样能防止输入的连接掉到边界之外。C1 有（5 × 5 × 1+1）× 6=156 个可训练参数，156 ×（28 × 28）= 122304 个连接。

S2 层是一个下采样层，有 6 个 14 × 14 的特征图。特征图中的每个单元与 C1 中相对应特征图的 2 × 2 邻域相连接。C1 层每个单元的 4 个输入相加，乘以一个可训练参数，再加上一个可训练偏置可得到 S2 层。每个单元的 2 × 2 感受野并不重叠，因此 S2 中每个特征图的大小是 C1 中特征图大小的 1/4（行和列各 1/2）。S2 层有 6 ×（1+1）=12 个可训练参数和 14 × 14 × 6 ×（2 × 2+1）=5880 个连接。

C3 层也是一个卷积层，同样通过 5 × 5 的卷积核去卷积层 S2，然后得到特征图 map 有 10 × 10 个神经元，但是它有 16 种不同的卷积核，所以就存在 16 个特征映射。

这里需要注意的是，C3 中的每个特征映射并不都连接到 S2 中的所有特征映射，将连接的数量保持在合理范围内而且使不同的特征图有不同的输入，迫使它们抽取不同的特征。这里用组合模拟人的视觉系统，底层的结构构成上层更抽象的结构，如边缘构成形状或者目标的部分。

例如，C3 的前 6 个特征图以 S2 中 3 个相邻的特征图子集为输入，接下来 6 个特征图以 S2 中 4 个相邻特征图子集为输入。后续 3 个特征图以不相邻的 4 个特征图子图为输入，最后 1 个特征图以 S2 中所有特征图为输入。这样 C3 层有 1516 个可训练参数和 151600 个连接。

S4 层是一个下采样层，由 16 个 5×5 大小的特征图构成。特征图中的每个单元与 C3 中相应特征图的 2×2 邻域相连接，同 C1 和 S2 之间的连接一样。S4 层有 16×（1+1）=32 个可训练参数（每个特征图 1 个因子和一个偏置）和 2000 个连接。

C5 层是一个卷积层，有 120 个特征图。每个单元与 S4 层的全部 16 个单元的 5×5 邻域相连。由于 S4 层特征图的大小为 5×5，同滤波器一样，故 C5 特征图的大小为 1×1：这构成了 S4 和 C5 之间的全连接。C5 层有 120×（16×5×5+1）= 48120 个可训练连接。

根据输出层的设计，F6 层有 84 个单元，与 C5 层全相连，有 10164［84×121（120+1）］个可训练参数。如同经典神经网络，F6 层计算输入向量和权重向量之间的点积，再加上一个偏置，然后将其传递给 sigmoid 函数产生单元 i 的一个状态。

输出层由欧氏径向基函数（euclidean radial basis function）单元组成，每类一个单元，每个有 84 个输入。径向基函数是一个取值仅仅依赖于离原点距离的实值函数，欧氏距离是其中一个实例，即每个输出 RBF 单元计算输入向量和参数向量之间的欧式距离。输入离参数向量越远，RBF 输出的越大。假设 x，$x_0 \in R^N$，以 x_0 为中心，x 到 x_0 的径向距离为半径所形成的 $\| x - x_0 \|$ 构成的函数系满足 $K(x) = 0$，$\| x - x_0 \|$ 称为径向基函数。常用的径向基函数有高斯分布函数等。

8.5　生成对抗网络

深度学习的模型可大致分为判别模型和生成模型。目前，深度学习取得的成果主要集中在判别模型。判别模型是将一个高维的感官输入映射为一个类别标签。研究生成模型不多的主要原因在于对深度神经网络使用最大似然估计时遇到了麻烦的概率计算问题，而 GAN 的提出则巧妙地绕过了这个问题。

生成对抗网络中有两个角色：生成器和判别器。金庸的武侠小说《射雕英雄传》里描写的“老顽童”周伯通，在被困桃花岛期间创造了“左右互搏”之术，即用自己的左手跟自己的右手打架，在左右手互搏过程中提高自己的功力。生成对抗网络基本原理类似于“左右互搏”之术。生成对抗网络中也有两个角色——生成器和判别器，生成器类似于左手扮演攻方，判别器类似于右手扮演守方。造假币技术和验钞技术也一样，生成器扮演造假币的机器造出以假乱真的假钞，判别器扮演验钞机判别是不是假钞。造假币技术和验钞技术在对抗中提高各自的生成和判别能力。

8.5.1 生成对抗网络的基本原理

著名物理学家 Richard 指出，要想真正理解一样东西，必须能够把它创造出来。因此，要想令机器理解现实世界并基于此进行推理与创造，从而实现真正的人工智能，必须使机器能够通过观测现实世界的样本学习其内在统计规律，并基于此生成类似样本。这种能够反映数据内在概率分布规律并生成全新数据的模型，称为生成式模型。

生成式模型是一个极具挑战的机器学习问题。首先，对真实世界进行建模需要大量的先验知识，建模的好坏直接影响生成式模型的性能；其次，真实世界的数据往往非常复杂，拟合模型所需计算量往往非常庞大甚至难以承受。针对上述两大困难，Goodfellow 等于 2014 年提出了一种新型生成式模型——生成对抗网络（generative adversarial network，GAN），通过使用对抗训练机制对两个神经网络进行训练，经随机梯度下降实现优化，既避免了反复应用马尔可夫链学习机制所带来的配分函数计算，也无须变分下限或近似推断，从而大大提高了应用效率。

生成方法是机器学习方法中的一个重要分支，涉及对数据显式或隐式变量的分布假设和对分布参数的学习，基于学习得到的模型采样出新样本。生成式模型是通过上述生成方法学习得到的模型，其概念图如图 8.15 所示，每个黑点分别表示采样于真实数据分布 $pdata^{(x)}$ 的一张图像，蓝色区域表示以高概率包含真实图像的图像空间。参数化生成模型将一个高斯噪声矢量 z 映射为一个生成概率分布 $pg^{(x)}$，并通过优化目标函数调整参数 θ，使生成概率分布 $pg^{(x)}$ 尽可能逼近真实数据分布 $pdata^{(x)}$，从而准确解释真实数据。对于目标函数的定义，传统生成模型往往采用最大似然函数作为目标函数，而 GAN 则在生成模型之外引入一个判别模型，通过两者之间的对抗训练达到优化目的。

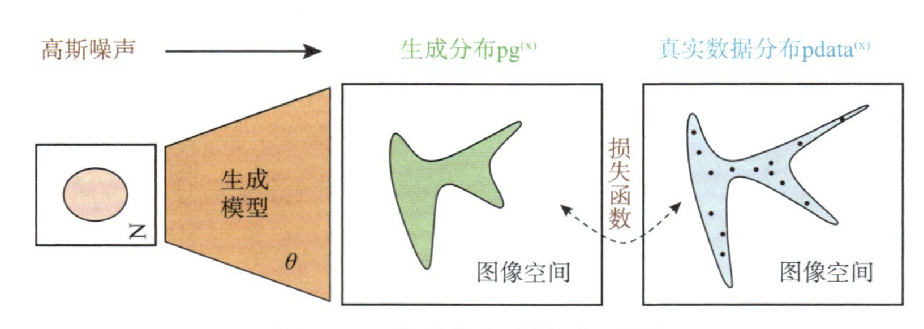

图 8.15　参数化生成模型概念图

在二元零和博弈中，博弈双方的利益之和为零或一个常数，即一方有所得，另一方必有所失。基于这个思想，GAN 的框架中包含一对相互对抗的模型——判别器和生成器，判别器的目的是正确区分真实数据和生成数据，从而最大化判别准确率；

生成器则是尽可能逼近真实数据的潜在分布。为了在博弈中胜出，二者需不断提高各自的判别能力和生成能力，优化的目标就是寻找二者间的纳什均衡。这类似于造假钞和验假钞的博弈，生成器类似于造假钞的人，希望制造出尽可能以假乱真的假钞；而判别器类似于警察，希望尽可能地鉴别出假钞。造假钞的人和警察双方在博弈中不断提升各自的能力。

8.5.2 生成对抗网络的结构

GAN 结构如图 8.16 所示，生成器（点划线内的多层感知机）的输入是一个来自常见概率分布的随机噪声矢量 z，输出是计算机生成的伪数据。判别器（虚线框内的多层感知机）的输入是图片 x，x 可能采样于真实数据，也可能采样于生成数据；判别器的输出是一个标量，用来代表 x 是真实图片的概率，即当判别器认为 x 是真实图片时输出 1，反之输出 0。判别器和生成器不断优化，当判别器无法正确区分数据来源时，可以认为生成器捕捉到了真实数据样本的分布。

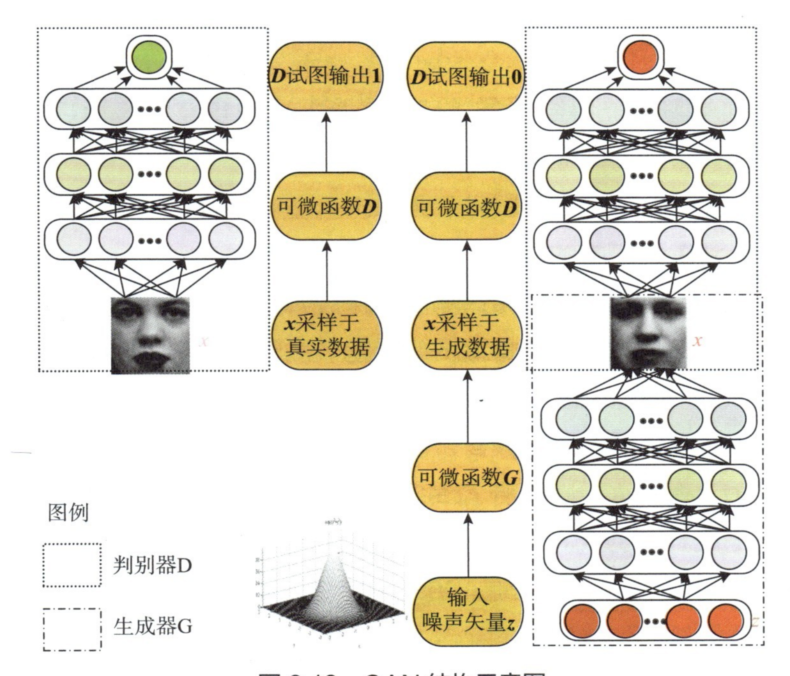

图 8.16 GAN 结构示意图

8.5.3 生成对抗网络的训练

GAN 的训练过程包括两个相互交替的阶段：一个是固定生成网络，用来训练判别网络；另一个是固定判别网络，用来训练生成网络。两个网络相互对抗的过程就是各自网络参数不断调整的过程，而参数的调整过程就是学习过程。

固定生成网络训练判别网络。在训练判别网络时，通过不断给它输入两种类别的图片并标注不同的分值。一类图片是生成网络生成的图片，另一类是真实图片。将生成图片和真实图片组成一个二分类的数据集，训练判别网络。将生成图片和实际图片分别输入到判别网络，如果输入图片来自真实数据集，则输出为1；如果输入图片来自生成网络，则输出为0。通过这样的训练来提高判别网络的甄别能力，同时为生成网络进一步训练提供信息。

固定判别网络训练生成网络。持续地在潜空间中生成一些随机数据，用生成网络将这些数据变换为生成图片，分值越高说明图片越逼真。将这些图片输入到判别器中，得到“这个图片为真实图片”的概率，概率越大说明图片越逼真。例如0.5，它表示这个图片有50%的概率来自真实数据集，也有50%的概率来自生成网络。生成网络利用这些信息调整生成网络参数，使得后面生成出来的图片更接近实际图片。

8.6 深度学习的应用

目前，深度学习已经得到广泛应用，而且新的应用正在像雨后春笋般不断出现。下面仅列举几个方面的应用。

8.6.1 深度学习在博弈中的应用

人工智能在博弈中的成功应用举世瞩目。1997年IBM公司的深蓝计算机系统击败国际象棋棋王卡斯帕罗夫，此后的十年里，人类与机器在国际象棋比赛上互有胜负，直到2006年棋王姆尼克被国际象棋软件深弗里茨（Deep Fritz）击败后，人类再也没有击败过电脑。

2016年3月，AlphaGo以4∶1战胜韩国棋手李世石，成为第一个击败人类职业围棋选手的电脑程序。2016年12月，AlphaGo身披“Master”马甲，5天内横扫中日韩棋坛，以60场连胜纪录告退。2017年5月，AlphaGo在乌镇以3∶0完胜柯洁。

8.6.2 深度学习在医学影像识别中的应用

基于深度学习等人工智能技术的X光、核磁、CT、超声等医疗影像多模态大数据的分析技术，可提取二维或三维医疗影像隐含的疾病特征。例如，黑色素瘤识别——将1万张有标记的影像交给机器学习，然后让3名医生和计算机一起看另外的3000张。人的精度为84%，计算机的精度可达97%。

Schlegl等将GAN用于医学图像的异常检测，通过学习健康数据集的特征抽象出病变特征。例如，能够检测到测试样本中的视网膜积液，而这在训练样本集中并没有出现过。

8.6.3　生成对抗网络在图像处理中的应用

目前，GAN 应用最成功的领域是计算机视觉，包括图像和视频生成。如生成各种图像、数字、人脸，图像风格迁移、图像翻译、图像修复、图像上色、人脸图像编辑以及视频生成，构成各种逼真的室内外场景，从物体轮廓恢复物体图像等。

图 8.17 所示为将 GAN 应用于图像风格迁移。

（a）莫奈风格画→照片

（b）斑马→马

（c）照片→莫奈风格画

（d）马→斑马

图 8.17　图像风格迁移

图 8.18 所示为将 GAN 应用于根据地图生成航拍图像、根据轮廓图像生成照片、根据白天图像生成对应夜景等，大大增加了生成图像的多样性。

（a）根据地图生成航拍图像

（b）根据轮廓图像生成照片

（c）根据白天图像生成对应夜景

图 8.18　图像翻译

GAN 能够以一种完全无监督的训练方式，将给定的一系列甚至是一张 2D 图像翻译为该物体的 3D 形状和深度信息，如图 8.19 所示。

（a）输入　　（b）多模态输出

图 8.19　多模态图像翻译

8.6.4　生成对抗网络在语言处理中的应用

相对于在计算机视觉领域的应用，GAN 在语言处理领域的报道较少。这是由于图像和视频数据的取值是连续的，可直接应用梯度下降对可微的生成器和判别器进行训练；而语言生成模型中的音节、字母和单词等都是离散值，这类离散输出的模型难以直接应用基于梯度的生成对抗网络。

（1）文本生成。人工智能不仅广泛用于撰写新闻报道，而且能够进行诗歌写作等文学创作。例如，微软小冰："幸福的人生的逼迫，这就是人类生活的意义。" FAIR："The crow crooked on more beautiful and free，he journeyed off into the quarter sea." 清华大学研究团队将机器人创作的诗歌与文艺青年创作的诗歌集中在一起由专家们辨别，结果机器人获得胜利。

（2）从文本生成图像，即给计算机输入一段文字描述，计算机自动生成与文字描述相近的图片。相比前述的从图像到图像的转换，从文本到图像的转换困难得多，一方面，因为以文本描述为条件的图像分布往往是高度多模态的，即符合同样文本描述的生成图像之间差别可能很大；另一方面，虽然从图像生成文字也面临着同样问题，但由于文本能按照一定语法规则分解，因此从图像生成文本是一个比从文本生成图像更容易定义的预测问题。通过 GAN 的生成器和判别器分别进行文本到图像、图像到文本的转换，二者经过对抗训练后能够生成以假乱真的图像。例如，根据文字"这只小鸟有着小小的鸟喙、胫骨和双足，蓝色的冠部和覆羽以及黑色的脸颊"生成图 8.20（a）所示的图片，输入"这朵花有着长长的粉色花瓣和朝上的橘黄色雄蕊"，则输出图 8.20（b）。此外，通过对输入变量进行可解释的拆分，能改变图像的风格、角度和背景。当然，目前所合成的图像尺寸依然较小，需要进一步尝试合成像素更高的图像和增加文字所描述的特征数量。

（a）

（b）

图 8.20　根据文本描述生成图像

8.7　本章小结

1. 神经网络的概念

神经元的数学模型由加权求和、线性动态系统和非线性函数映射三部分组成。

前馈型神经网络中，各神经元接受前一层的输入并输出给下一层，没有反馈。

反馈型神经网络中，一些神经元的输出经过若干个神经元后，再反馈到这些神经元的输入端。最典型的反馈型神经网络是 Hopfield 神经网络，它是全互联神经网络。

2. BP 神经网络的学习

神经网络的学习是指调整神经网络的连接权值或者结构，使输入输出具有需要的特性。

一个三层 BP 神经网络可以逼近任意的连续函数。

BP 学习算法可以归纳为式（8.7）。

3. 卷积神经网络

卷积神经网络是一个多层的神经网络，每层由多个二维平面组成，每个平面由多个独立神经元组成。特征提取层 C 代表对输入图像进行滤波后得到的所有组成的层，特征映射层 S 代表对输入图像进行下采样得到的层。

卷积神经网络使用局部连接、权值共享、多卷积核以及池化 4 个关键技术来利用自然信号的属性。

4. 深度学习

深度学习采用多层前向神经网络，包括由输入层、隐层（多层）、输出层组成的多层网络，只有相邻层节点之间有连接，同一层以及跨层节点之间相互无连接。

GAN 应用最成功的领域是计算机视觉，包括图像和视频生成，如图像翻译、图像超分辨率、图像修复、图像上色、人脸图像编辑以及视频生成等。

习题：

1. 为什么说人工神经网络是一个非线性系统？如果 BP 神经网络中所有节点都为线性函数，那么，BP 神经网络还是一个非线性系统吗？
2. 简述人工神经网络的知识表示形式和推理机制，试举例说明。
3. BP 学习算法是什么类型的学习算法？它主要有哪些不足？
4. 简述卷积神经网络的结构。
5. 简述卷积神经网络的 4 个关键技术及其作用。

第九章　专家系统

经历了人工智能初期阶段的研究失败，研究者们逐渐认识到知识的重要性。一个专家之所以能够很好地解决本领域的问题，就是因为他具有本领域的专门知识。如果能将专家的知识总结出来，以计算机可以使用的形式加以表达，那么计算机系统是否就可以利用这些知识，像专家一样解决特定领域的问题呢？这就是专家系统研究的初衷。

1965 年，斯坦福大学的费根鲍姆教授和化学家勒德贝格合作研发了世界上第一个专家系统 DENDRAL，用于帮助化学家判断某待定物质的分子结构。之后，费根鲍姆领导的小组又研发了著名的专家系统 MYCIN，该系统可以帮助医生对住院的血液感染患者进行诊断和选用抗生素 HYPERLINK 类药物进行治疗。可以说 MYCIN 确定了专家系统的基本结构，为后来的专家系统研究奠定了基础。

9.1　专家系统概述

费根鲍姆将专家系统定义为：一种智能的计算机程序，它运用知识和推理来解决只有专家才能解决的复杂问题。这里的知识和问题均属于同一个特定领域。

不同于一般的计算机程序系统，专家系统以知识库和推理机为核心，可以处理非确定性的问题，不追求问题的最佳解，利用知识得到一个满意解是系统的求解目标。专家系统强调知识库与包括推理机在内的其他子系统的分离，一般来说知识库是与领域强相关的，而推理机等子系统具有一定的通用性。

一个专家系统的基本结构如图 9.1 所示。

知识库用于存储求解问题所需要的领域知识和事实等，知识一般以如下形式的规则表示：

IF　　< 前提 >　　THEN　　< 结论 >

表示：当 < 前提 > 被满足时，可以得到 < 结论 >。

例如：IF　　阴天 and 湿度大　　THEN　　下雨

表示：如果阴天且湿度大，则会下雨。

当然这是一条确定性的规则，实际问题中规则往往不是确定性的，而是具有一定的非确定性。关于非确定性的规则表示问题，我们将在后面叙述。

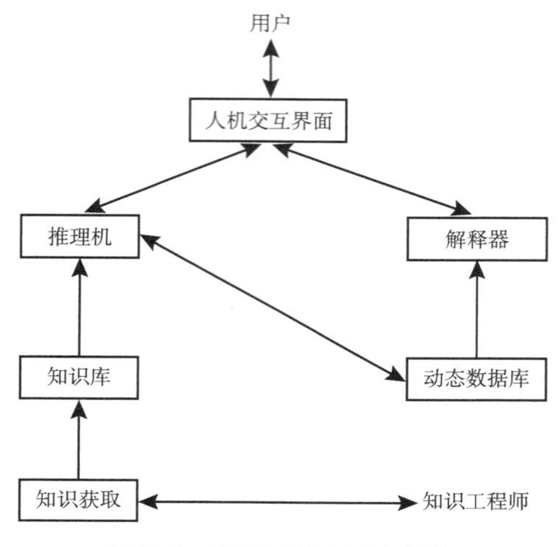

图 9.1　专家系统的基本结构

规则的 < 结论 > 可以是类似上例中的“下雨”这样的结果，也可能是一个“动作”，例如：

IF　　天黑　　THEN　　打开灯

也可能是其他类型，比如删除某个数据等。

推理机是一个执行结构，它负责对知识库中的知识进行解释，利用知识进行推理。假设知识以规则的形式表示，推理机会根据某种策略对知识库中的规则进行检测，选择一个 < 前提 > 可以满足的规则，得到该规则的 < 结论 >，并根据 < 结论 > 的不同类型执行不同操作。

动态数据库是一个工作存储区，用于存放初始已知条件、已知事实、推理过程中得到的中间结果以及最终结果等。知识库中的知识、在推理过程中所用到的数据以及得到的结果均存放在动态数据库中。

人机交互界面是系统与用户的交互接口，系统在运行过程中需要用户通过该交互接口输入数据到系统中，系统则将需要显示给用户的信息通过该交互接口显示给用户。

解释器是专家系统特有的模块，也是与一般计算机软件系统的区别之一。在专家系统与用户的交互过程中，如果用户有希望系统解释的内容，专家系统通过解释器对用户进行解释。解释一般分为“Why 解释”和“How 解释”两种，Why 解释回答“为什么”，How 解释回答“如何得到”。例如，在一个医疗专家系统中，系统给出患者验血的建议，如果患者想知道为什么让自己去验血，用户只要通过交互接口输入 Why，系统就会根据推理结果给出让患者验血的原因，让用户明白验血的意义。假设专家系统最终诊断患者患有肺炎疾病，如果患者想了解专家系统是如何得出这个结果的，只要通过交互接口输入 How，专家系统就会根据推理结果给用户解释根据什么症状判断其患有肺炎。这样可以让用户对专家系统的推理结果有所了解，而不是盲目信任。

知识获取模块是专家系统与知识工程师的交互接口，知识工程师通过知识获取模块将整理的领域知识加入知识库中。

9.2 推理方法

专家系统中的推理机是如何利用知识库进行推理的？这个答案会根据知识表示方法的不同而有所不同。在专家系统中，规则是最常用的知识表示方法，下面以规则为例进行说明。

按照推理的方向，推理方法可以分为正向推理和逆向推理。正向推理就是正向地使用规则，从已知条件出发向目标进行推理。其基本思想是：检验是否有规则的前提被动态数据库中的已知事实满足，如果被满足，则将该规则的结论放入动态数据库中，再检查其他的规则是否有前提被满足；反复该过程，直到目标被某个规则推出结束，或者再也没有新结论被推出为止。由于这种推理方法是从规则的前提向结论进行推理，所以称为正向推理。由于正向推理是通过动态数据库中的数据来“触发”规则进行推理的，所以又称数据驱动的推理。

例 9.1 设有规则：

r_1: IF A and B THEN C

r_2: IF C and D THEN E

r_3: IF E THEN F

并且已知 A、B、D 成立，求证 F 成立。

初始时 A、B、D 在动态数据库中，根据规则 r_1，推出 C 成立，所以将 C 加入动态数据库中；根据规则 r_2，推出 E 成立，将 E 加入动态数据库中；根据 r_3，推出 F 成立，将 F 加入动态数据库中。由于 F 是求证的目标，结果成立，推理结束。

如果在推理过程中，有多个规则的前提同时成立，如何选择一条规则呢？这就是冲突消解问题。最简单的办法是按照规则的自然顺序，选择第一个前提被满足的规则执行。也可以对多个规则进行评估，哪条规则前提被满足的条件多，哪条规则优先执行；或者从规则的结论距离要推导的结论的远近来考虑。

逆向推理又称反向推理，是逆向地使用规则，先将目标作为假设，查看是否有某条规则支持该假设，即规则的结论与假设是否一致，然后看结论与假设一致的规则其前提是否成立。如果前提成立（在动态数据库中进行匹配），则假设被验证，结论放入动态数据库中；否则将该规则的前提加入假设集中，一个一个地验证这些假设，直到目标假设被验证为止。由于逆向推理是从假设求解目标成立、逆向使用规则进行推理的，所以又称目标驱动的推理。

例 9.2 在例 9.1 中，如何使用逆向推理推导出 F 成立？

首先将 F 作为假设，发现规则 r_3 的结论可以推导出 F，然后检验 r_3 的前提 E 是否成立。目前动态数据库中还没有记录 E 是否成立，由于规则 r_2 的结论可以推出 E，依次检验 r_2 的前提 C 和 D 是否成立。首先检验 C，由于 C 也没有在动态数据库中，再次找结论含有 C 的规则，找到规则 r_1，发现其前提 A、B 均成立（在动态数据库中），从而推出 C 成立，将 C 放入动态数据库中。再检验规则 r_2 的另一个前提条件 D，由于 D 在动态数据库中，所以 D 成立，从而 r_2 的前提全部被满足，推出 E 成立，并将 E 放入动态数据库中。由于 E 已经被推出成立，所以规则 r_3 的前提也成立了，从而最终推出目标 F 成立。

在逆向推理中也存在冲突消解问题，可采用与正向推理一样的方法解决。

一般的逻辑推理都是确定性的，也就是说前提成立，结论一定成立。比如在几何定理证明中，如果两个同位角相等，则两条直线一定是平行的。但是在很多实际问题中，推理往往具有模糊性、不确定性。比如“如果阴天则可能下雨”，但我们都知道阴天了不一定就会下雨，这就属于非确定性推理问题。关于非确定性推理问题，我们将在 9.4 详细介绍。

9.3 一个简单的专家系统

这里我们给出一个简单的专家系统。

假设你是一位动物专家，可以识别各种动物。你的朋友 FD 周末带小孩去动物园游玩并见到了一个动物，FD 不知道该动物是什么，于是给你打电话咨询，你们之间有了以下的对话：

你：你看到的动物有羽毛吗?

FD：有羽毛。

你：会飞吗?

FD:（经观察后）不会飞。

你：有长腿吗?

FD：没有。

你：会游泳吗?

FD:（看到该动物在水中）会。

你：颜色是黑白吗?

FD：是。

你：这个动物是企鹅。

在以上对话中，当得知动物有羽毛后，你就知道了该动物属于鸟类，于是你提问是否会飞；当得知不会飞后，你开始假定这可能是鸵鸟，于是提问是否有长腿；在得到否定回答后，你马上想到了可能是企鹅，于是询问是否会游泳；然后为了进一步确认是否为企鹅，又问颜色是否为黑白的；得知是黑白颜色后，马上就确认该动物是企鹅。

我们也希望一个动物识别专家系统能像你一样完成以上过程，通过与用户的交互回答用户有关动物的问题。

为了实现这样的专家系统，首先要把你有关识别动物的知识总结出来，并以计算机可以使用的方式存放在计算机中。可以用规则表示这些知识，为此，我们设计一些谓词以便方便地表达知识。

首先是 same，表示动物具有某种属性，如可以用（same 有羽毛 yes）表示是否具有羽毛，当动物有羽毛时为真，否则为假。而 notsame 与 same 相反，当动物不具有某种属性时为真，如（notsame 会飞 yes），当动物不会飞时为真。

一个规则，具有如下的格式：

（rule < 规则名 >

（if < 前提 >）

（then < 结论 >））

如“如果有羽毛则是鸟类”可以表示为：

（rule r_3

（if（same 有羽毛 yes））

(then(类 鸟类)))

其中，r_3 是规则名,(same 有羽毛 yes)是规则的前提,(类 鸟类)是规则的结论。

如果前提有多个条件，则将多个谓词并列即可。如“如果是鸟类且不会飞且会游泳且是黑白色则是企鹅”可以表示为：

(rule r_{12}
(if(same 类 鸟类)
  (notsame 会飞 yes)
  (same 会游泳 yes)
  (same 黑白色 yes))
(then(动物 企鹅)))

也可以用(or <谓词><谓词>)表示“或”的关系,“如果是哺乳类且(有蹄或者反刍)则属于偶蹄子类”可以表示为：

(rule r_6
(if(same 类 哺乳类)
  (or(same 有蹄 yes)(same 反刍 yes)))
(then(子类 偶蹄类)))

这样，我们可以总结出如下规则组成知识库：

(rule r_1
(if(same 有毛发 yes))
(then(类 哺乳类)))

(rule r_2
(if(same 有奶 yes))
(then(类 哺乳类)))

(rule r_3
(if(same 有羽毛 yes))
(then(类 鸟类)))

```
(rule r4
(if(same 会飞 yes)
   (same 下蛋 yes))
(then(类 鸟类)))

(rule r5
(if(same 类 哺乳类)
   (or(same 吃肉 yes)(same 有犬齿 yes))
   (same 眼睛前视 yes)
   (same 有爪 yes))
(then(子类 食肉类)))

(rule r6
(if(same 类 哺乳类)
   (or(same 有蹄 yes)(same 反刍 yes)))
(then(子类 偶蹄类)))

(rule r7
(if(same 子类 食肉类)
   (same 黄褐色 yes)
   (same 有暗斑点 yes))
(then(动物 豹)))

(rule r8
(if(same 子类 食肉类)
   (same 黄褐色 yes)
   (same 有黑条纹 yes))
(then(动物 虎)))

(rule r9
(if(same 子类 偶蹄类)
   (same 有长腿 yes)
   (same 有长颈 yes)
```

    (same 黄褐色 yes)
    (same 有暗斑点 yes))
  (then(动物 长颈鹿)))

(rule r_{10}
  (if(same 子类 偶蹄类)
    (same 有白色 yes)
    (same 有黑条纹 yes))
  (then(动物 斑马)))

(rule r_{11}
  (if(same 类 鸟类)
    (notsame 会飞 yes)
    (same 有长腿 yes)
    (same 有长颈 yes)
    (same 黑白色 yes))
  (then(动物 鸵鸟)))

(rule r_{12}
  (if(same 类 鸟类)
    (notsame 会飞 yes)
    (same 会游泳 yes)
    (same 黑白色 yes))
  (then(动物 企鹅)))

(rule r_{13}
  (if(same 类 鸟类)
    (same 善飞 yes))
(then(动物 信天翁)))

推理机是如何利用这些知识进行推理的呢？我们假设采用逆向推理进行求解。

首先，系统提出一个假设。由于一开始没有任何信息，系统只能把规则的结论部分含有（动物 x）的全部内容作为假设，并按照一定顺序进行验证。在验证的过程中，如果一个事实是已知的，比如已经在动态数据库中有记录，则直接使用该事实。动态数据库中的事实是在推理过程中由用户输入的或者是某个规则得到的结论。如果动态数据库中对该事实没有记录，则查看是否是某个规则的结论，如果是某个规则的结论，则检验该规则的前提是否成立，实际上就是用该规则的前提当作子假设进行验证，是一个递归调用的过程；如果不是某个规则的结论，则向用户询问，由用户通过人机交互接口获得。在以上过程中，一旦某个结论得到了验证——由用户输入的或者是规则的前提成立推出的——就将该结果加入动态数据库中，直至在动态数据库中得到最终的结果（动物是什么）结束，或者推导不出任何结果结束。

假定系统首先提出的假设是鸵鸟，则推理过程如图 9.2 所示。根据规则 r_{11}，需要验证其前提条件“是鸟类 且 不会飞 且 有长腿 且 有长颈 且 黑白色”。首先验证“是鸟类”，动态数据库中还没有相关信息，所以查找结论含有“（类 鸟类）”的规则 r_3，其前提是“有羽毛”。该结果在动态数据库中也没有相关信息，也没有哪个规则的结论含有该结果，所以向用户提出询问是否有羽毛，用户回答“Yes”，得到该动物有羽毛的结论。由于 r_3 的前提只有这一个条件，所以由规则 r_3 得出该动物属于鸟类，并将“是鸟类”这个结果加入动态数据库中。r_{11} 的第一个条件得到满足，接下来验证第二个条件“不会飞”。同样，动态数据库中没有记载，也没有哪个规则可以得到该结论，还是询问用户，得到回答“Yes”后，将“不会飞”加入动态数据库中。再验证“有长腿”，这时由于用户回答的是“No”，表示该动物没有长腿，“没有长腿”也被放入动态数据库中。由于“有长腿”得到了否定回答，所以规则 r_{11} 的前提不被满足，假设“鸵鸟”不能成立。系统再次提出新的假设动物是“企鹅”，得到如图 9.3 所示的推理过程。根据规则 r_{12}，要验证规则的前提条件“是鸟类 且 不会飞 且 会游泳 且 黑白色”，由于动态数据库中已经记录了当前动物“是鸟类”“不会飞”，所以规则 r_{12} 的前两个条件均被满足。直接验证第三个条件“会游泳”和第四个条件“黑白色”，这两个条件都需要用户回答，在得到肯定的答案后，系统得出结论——这个动物是企鹅。

如果把推理过程记录下来，则专家系统的解释器就可以根据推理过程对结果进行解释。比如用户可能会问为什么不是“鸵鸟”？解释器可以回答：根据规则 r_{11}，鸵鸟具有长腿，而你回答该动物没有长腿，所以不是鸵鸟。如果问为什么是“企鹅”？解释器可以回答：根据你的回答，该动物有羽毛，根据规则 r_3 可以得出该动物属于鸟类；根据你的回答该动物不会飞、会游泳、黑白色，则根据规则 r_{12} 可以得出该动物是企鹅。

以上我们给出了一个简单的专家系统示例以及它是如何工作的。实际的系统中，为了提高效率，可能要比这复杂得多，如何提高匹配速度以提高系统的工作效

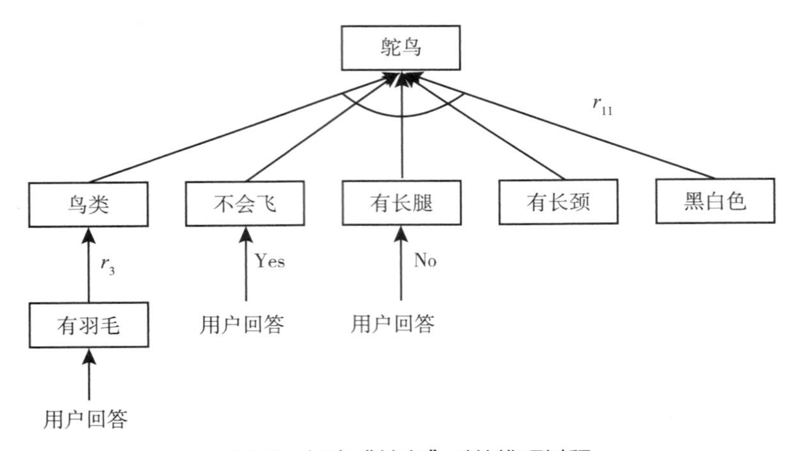

图 9.2　假定“鸵鸟”时的推理过程

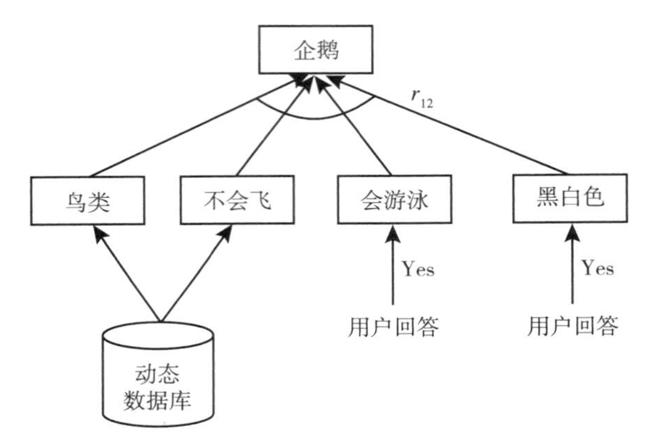

图 9.3　假定“企鹅”时的推理过程

率？如何提出假设以便系统尽快地得出答案？这都是需要解决的问题。更重要的一点是，现实的问题和知识往往是不确定的，如何解决不确定推理问题将在 9.4 介绍。

9.4　非确定性推理

在前面给出的一个专家系统的简单例子中，每个规则都是确定性的，也就是说满足了什么条件，结果就一定是什么。用户给出的事实也是确定性的，有羽毛就是有羽毛，会游泳就是会游泳。但现实生活中的很多实际问题是非确定性问题。比如：如果阴天则下雨。阴天就是一个非确定性的东西，是有些云彩就算阴天呢？还是乌云滚滚算阴天？即便是乌云滚滚也不确定就一定下雨，只是天阴得越厉害，下雨的可能性就越大，但不能说阴天就一定下雨。这就是非确定性的问题，需要非确定性推理方法。

随机性、模糊性和不完全性均可导致非确定性。解决非确定性推理问题至少要解决以下几个问题：

- 事实的表示
- 规则的表示
- 逻辑运算
- 规则运算
- 规则的合成

目前有不少非确定性推理方法，各有优缺点，下面我们以著名的专家系统 MYCIN 中使用的可信度方法（certainty factor，CF 方法）为例进行说明。

9.4.1　事实的表示

事实 A 为真的可信度用 CF（A）表示，取值范围为［-1, 1］，当 CF（A）=1 时，表示 A 肯定为真；当 CF（A）=-1 时，表示 A 为真的可信度为 -1，也就是 A 肯定为假。CF（A）>0 表示 A 以一定的可信度为真；CF（A）<0 表示 A 以一定的可信度（-CF（A））为假，或者说 A 为真的可信度为 CF（A），由于此时 CF（A）为负，实际上 A 为假；CF（A）=0 表示对 A 一无所知。在实际使用时，一般会给出一个绝对值比较小的区间，只要在这个区间就表示对 A 一无所知，这个区间一般取［-0.2, 0.2］，只要 CF 值在这个区间，就等同于 0。

例如：

CF（阴天）=0.7，表示阴天的可信度为 0.7。

CF（阴天）=-0.7，表示阴天的可信度为 -0.7，也就是晴天的可信度为 0.7。

9.4.2　规则的表示

具有可信度的规则表示为如下形式：

IF　A　THEN　B　CF（B, A）

其中，A 是规则的前提；B 是规则的结论；CF（B, A）是规则的可信度，又称规则的强度，表示当前提 A 为真时，结论 B 为真的可信度。同样，规则的可信度 CF（B, A）取值范围也是［-1, 1］，取值大于 0 表示规则的前提和结论是正相关的，取值小于 0 表示规则的前提和结论是负相关的，即前提越是成立则结论越不成立。

一条规则的可信度可以理解为当前提肯定为真时，结论为真的可信度。

例如：IF　阴天　THEN　下雨　0.7

表示：如果阴天，则下雨的可信度为 0.7。

IF　晴天　THEN　下雨　-0.7

表示：如果晴天，则下雨的可信度为 –0.7，即如果晴天，则不下雨的可信度为0.7。

若规则的可信度 CF(B, A) = 0，则表示规则的前提和结论之间没有任何相关性。

例如：IF　上班　THEN　下雨　0

表示：上班和下雨之间没有任何联系。

同事实的表示一样，当规则强度落入区间［–0.2，0.2］时，等同于 0 一样处理。

规则的前提也可以是复合条件。

例如：IF　阴天 and 湿度大　THEN　下雨　0.6

表示：如果阴天且湿度大，则下雨的可信度为 0.6。

9.4.3 逻辑运算

规则前提可以是复合条件，复合条件可以通过逻辑运算表示。常用的逻辑运算有“与”“或”“非”，在规则中可以分别用“and”“or”“not”表示。在可信度方法中，具有可信度的逻辑运算规则如下：

① CF（A and B）= min｛CF（A），CF（B）｝

② CF（A or B）= max｛CF（A），CF（B）｝

③ CF（not A）= –CF（A）

①表示“A and B”的可信度，等于 CF(A) 和 CF(B) 中小的一个；②表示“A or B”的可信度，等于 CF（A）和 CF（B）中大的一个；③表示“not A”的可信度等于 A 的可信度的负值。

例如，已知：

CF（阴天）= 0.7

CF（湿度大）= 0.5

则：

CF（阴天 and 湿度大）= 0.5

CF（阴天 or 湿度大）= 0.7

CF（not 阴天）= –0.7

9.4.4 规则运算

前面提到过，规则的可信度可以理解为当规则的前提肯定为真时，结论的可信度。如果已知的事实不是肯定为真，也就是事实的可信度不是 1 时，如何从规则得到结论的可信度呢？在可信度方法中，规则运算的规则按照如下方式计算：

已知：

IF A THEN B CF（B, A）

CF（A）

则：CF（B）= max｛0, CF（A）｝×CF（B, A）

由于只有当规则的前提为真时，才有可能推出规则的结论，而前提为真意味着CF（A）必须大于0；CF（A）< 0的规则，意味着规则的前提不成立，不能从该规则推导出任何与结论B有关的信息。所以在可信度的规则运算中，通过max｛0, CF（A）｝筛选出前提为真的规则，并通过规则前提的可信度CF（A）与规则的可信度CF（B, A）相乘的方式得到规则的结论B的可信度CF（B）。如果一条规则的前提不是真，即CF（A）< 0，则通过该规则得到CF（B）= 0，表示该规则得不出任何与结论B有关的信息。注意，这里CF（B）= 0，只是表示通过该规则得不到任何与B有关的信息，并不表示对B就一定是一无所知，因为还有可能通过其他的规则推导出与B有关的信息。

例如，已知：

IF　阴天　THEN　下雨　0.7

CF（阴天）= 0.5

则：CF（下雨）= 0.5 × 0.7 = 0.35，即从该规则得到下雨的可信度为0.35。

已知：

IF　湿度大　THEN　下雨　0.7

CF（湿度大）= –0.5

则：CF（下雨）= 0，即通过该规则得不到下雨的信息。

9.4.5　规则合成

通常情况下，得到同一个结论的规则不止一条，也就是说可能会有多个规则得出同一个结论，但是从不同规则得到同一个结论的可信度可能并不相同。

例如，有以下两条规则：

IF　阴天　THEN　下雨　0.8

IF　湿度大　THEN　下雨　0.5

且已知：

CF（阴天）= 0.5

CF（湿度大）= 0.4

从第一条规则，可以得到：CF（下雨）= 0.5 × 0.8 = 0.4

从第二条规则，可以得到：CF（下雨）= 0.4 × 0.5 = 0.2

那么究竟 CF（下雨）应该是多少呢？这就是规则合成问题。

在可信度方法中，规则的合成计算如下：

设：从规则 1 得到 CF1（B），从规则 2 得到 CF2（B），则合成后有：

$$CF(B)=\begin{cases} CF1(B)+CF2(B)-CF1(B)\times CF2(B), & \text{当 } CF1(B)\text{、}CF2(B)\text{ 均大于 0 时} \\ CF1(B)+CF2(B)+CF1(B)\times CF2(B), & \text{当 } CF1(B)\text{、}CF2(B)\text{ 均小于 0 时} \\ CF1(B)+CF2(B), & \text{其他} \end{cases}$$

这样，上面的例子合成后的结果为：

CF（下雨）$= 0.4+0.2-0.4\times 0.2 = 0.52$

如果是三个及三个以上的规则合成，则采用两个规则先合成一个，再与第三个合成的办法，以此类推，实现多个规则的合成。

下面给出一个用可信度方法实现非确定性推理的例子。

已知：

r_1:　IF　A1　THEN　B1 CF（B1,A1）= 0.8

r_2:　IF　A2　THEN　B1 CF（B1,A2）= 0.5

r_3:　IF　B1 and A3　THEN　B2 CF（B2, B1 and A3）= 0.8

CF（A1）= CF（A2）= CF（A3）=1

计算：CF（B1），CF（B2）

由 r_1：CF1（B1）= CF（A1）× CF（B1, A1）= 1 × 0.8 = 0.8

由 r_2：CF2（B1）= CF（A2）× CF（B1, A2）= 1 × 0.5 = 0.5

合成得到：CF（B1）= CF1（B1）+ CF2（B1）– CF1（B1）× CF2（B1）

$= 0.8+0.5 - 0.8 \times 0.5 = 0.9$

CF（B1 and A3）= min｛CF（B1），CF（A3）｝= min｛0.9, 1｝= 0.9

由 r_3：CF（B2）= CF（B1 and A3）× CF（B2,B1 and A3）= 0.9 × 0.8 = 0.72

答：CF（B1）= 0.9, CF（B2）= 0.72

9.5　专家系统工具

专家系统的一个特点是知识库与系统其他部分的分离，知识库与求解的问题领域密切相关，而推理机等则与具体领域独立，具有通用性。为此，人们开发了一些专家系统工具用于快速建造专家系统。

借助之前开发好的专家系统，将描述领域知识的规则等从原系统中"挖掉"，只保留其知识表示方法和与领域无关的推理机等部分，就得到了一个专家系统工具，这样的工具称为骨架型工具，因为它保留了原有系统的主要框架。最早的专家系统工具EMYCIN（Empty MYCIN）就是一个典型的骨架型专家系统工具，从名称就可以看出它来自著名的专家系统MYCIN。

骨架型专家系统工具具有使用简单方便的特点，只需将具体的领域知识按照工具规定的格式表达出来就可以了，可以有效提高专家系统的构建效率。但是灵活性不够，除了知识库，使用者不能改变其他任何东西。

另一种专家系统工具是语言性工具，提供给用户的是构建专家系统需要的基本机制。除了知识库，使用者还可以使用系统提供的基本机制，根据需要构建具体的推理机等，使用起来更加灵活方便，使用范围也更广泛。著名的OPS5就是这样的工具系统，它以产生式系统为基础，综合了通用的控制和表示机制，为用户提供建立专家系统所需要的基本功能。在OPS5中，预先没有设定任何符号的含义以及符号之间的关系，所有符号的含义以及它们的关系均可由用户定义。其推理机制、控制策略也作为一种知识对待，用户可以通过规则的形式影响推理过程。这样做的好处是构建系统更加灵活方便，虽增加了构建专家系统的难度，但比起直接用计算机语言从头构建专家系统要方便得多。

9.6 专家系统的应用

专家系统是最早走向实用的人工智能技术。世界上第一个实现商用并带来经济效益的专家系统是DEC公司的XCON系统，该系统拥有1000多条人工整理的规则，帮助为新计算机系统配置订单，1982年开始正式在DEC公司使用，据估计它为公司每年节省了4000万美元。在1991年的海湾危机中，美国军队使用专家系统用于自动的后勤规划和运输日程安排，这项工作同时涉及5万个车辆、货物和人，而且必须考虑起点、目的地、路径以及解决所有参数之间的冲突。AI规划技术使得一个计划可以在几小时内产生，而用旧的方法则需要花费几个星期。

清华大学于1996年开发的一个市场调查报告自动生成专家系统也在某企业得到应用，该系统可以根据市场数据自动生成一份市场调查报告。该专家系统知识库由两部分组成，一部分知识是有关市场数据分析的，来自企业的专业人员，根据这些知识对市场上相关产品的市场形势进行分析，包括市场行情、竞争态势、动态、预测发展趋势等；另一部分知识是有关报告自动生成的，根据分析出的不同市场形势撰写出不同内容的图、文、表并茂的市场报告，并通过多种不同的语言表达生成丰富多彩的市场报告。

著名的国际象棋电脑深蓝也可以归入专家系统行列，因为它使用了专家知识和搜索技术，通过搜索达到推理的目的。为了使深蓝具有更高水平，系统开发者聘请了多位国际象棋大师帮助整理知识。

相比于专家系统在其他领域的应用，医学领域是较早应用专家系统的领域，像著名的 MYCIN 就是一个帮助医生对血液感染患者进行诊断和治疗的专家系统。我国也开发过一些中医诊断专家系统，如在总结著名中医专家关幼波先生的学术思想和临床经验基础上研制的“关幼波胃脘病专家系统”等。在农业方面，专家系统也有很好的应用，在国家“863”计划的支持下，我国有针对性地开发出一系列适合我国不同地区生产条件的实用经济型农业专家系统，为农技工作者和农民提供方便、全面、实用的农业生产技术咨询和决策服务，包括蔬菜生产、果树管理、作物栽培、花卉栽培、畜禽饲养、水产养殖、牧草种植等多种不同类型的专家系统。

9.7 专家系统的局限性

专家系统虽然得到了很多不同程度的应用，但是仍然存在一些局限性，影响了专家系统的研制和使用。

首先，知识获取的瓶颈问题一直没有得到很好的解决，基本都是依靠人工总结专家经验、获得知识。一方面在于专家是非常稀有的，专家知识很难获取；另一方面即便专家愿意帮助获取知识，但由于实际情况的多种多样，专家也很难总结出有效的知识，虽然专家自己可以很好地开展工作和解决问题。举一个简单的例子，很多人都会骑自行车，但不会骑自行车的人一上去就倒，看到你骑得很好，就好奇地向你询问：你为什么就可以灵活、自由地骑自行车而不倒呢？估计你也总结不出什么知识供他使用，虽然你可以很好地骑自行车。这就是专家系统构建中遇到的知识获取的瓶颈问题，也是困扰专家系统使用的主要障碍之一。

其次，知识库总是有限的，它不能包含所有的信息。人类的智能体现在可以从有限的知识中学习到模式和特征，规则是死的但人是活的。而知识驱动的专家系统模型只能运用已有知识库进行推理，无法学习到新的知识。在知识库涵盖的范围内，专家系统可能会很好地求解问题，但哪怕只是偏离一点点，性能就可能急剧下降甚至不能求解，暴露出系统的脆弱性。

另外，知识驱动的专家系统只能描述特定的领域，不具有通用性，难于处理常识问题。知识是动态变化的，特别是在如今的大数据时代，面对多源异构的海量数据，人工或者半自动化设立规则系统的效率太低了，难以适应知识的变化和更新。

9.8 本章小结

专家系统在人工智能历史上曾具有很高的地位，是符号主义的典型代表，也是最早可以实用的人工智能系统。专家系统强调知识的作用，通过整理人类专家的知识，让计算机像专家一样求解专业领域的问题。不同于一般的计算机软件系统，专家系统强调知识库与推理机等系统其他部分的分离，在系统建造完成后，只需通过强化知识库就可以提升系统的性能。推理机一般具有非确定性推理能力，这为求解现实问题打下了基础，因为现实中的问题绝大多数具有非确定性的特性。对结果的可解释性也是专家系统的一大特色，可以为用户详细解释得出结果的根据。但如何方便地获取知识成为专家系统使用的瓶颈问题。

习题：

1. 专家系统由哪几个部分组成？各自的功能是什么？
2. 在不确定推理中，应该解决哪几个问题？
3. 专家系统中“解释”功能的作用是什么？

第十章　计算机视觉

计算机视觉是一门研究如何对数字图像或视频进行高层理解的交叉学科。从人工智能的视角来看，计算机视觉要赋予机器“看”的智能，与语音识别赋予机器“听”的智能类似，都属于感知智能范畴。从工程视角来看，所谓理解图像或视频，就是用机器自动实现人类视觉系统的功能，包括图像或视频的获取、处理、分析和理解等诸多任务。类比人的视觉系统，摄像机等成像设备是机器的眼睛，而计算机视觉就是要实现人的大脑（主要是视觉皮层区）的视觉能力。

10.1　计算机视觉概述

计算机视觉的内涵非常丰富，需要完成的任务众多。想象一下，如果我们为盲人设计一套导盲系统，盲人过马路时系统摄像机拍摄了图 10.1 的图像，导盲系统需

图 10.1　导盲系统摄像图

要完成哪些视觉任务？不难想象，可能至少要包括以下任务：

• 距离估计：距离估计是指计算输入图像中的每个点距离摄像机的物理距离，该功能对于导盲系统显然是至关重要的。

• 目标检测、跟踪和定位：在图像视频中发现感兴趣的目标并给出其位置和区域。对导盲系统来说，各类车辆、行人、红绿灯、交通标示等都是需要关注的目标。

• 前背景分割和物体分割：将图像视频中前景物体所占据的区域或轮廓勾勒出来。为了导盲，将视野中的车辆和斑马线区域勾勒出来显然是必要的，当然，盲道的分割以及可行走区域的分割更加重要。

• 目标分类和识别：为图像视频中出现的目标分配其所属类别的标签。这里类别的概念是非常丰富的，如画面中人的男女、老少、种族等，视野内车辆的款式乃至型号，甚至是对面走来的人是谁（认识与否）等。

• 场景分类与识别：根据图像视频内容对拍摄环境进行分类，如室内、室外、山景、海景、街景等。

• 场景文字检测与识别：特别是在城市环境中，场景中的各种文字对导盲显然是非常重要的，例如道路名、绿灯倒计时秒数、商店名称等。

• 事件检测与识别：对视频中的人、物和场景等进行分析，识别人的行为或正在发生的事件（特别是异常事件）。对导盲系统来说，可能需要判断是否有车辆正在经过；而对监控系统来说，闯红灯、逆行等都是值得关注的事件。

当然，更多内容可能是导盲系统未必需要的，但对其他应用可能很重要，比如：

• 3D 重建：对画面中的场景和物体进行自动 3D 建模。这对于增强现实等应用中添加虚拟物体而言是必需的先导任务。

• 图像编辑：对图像的内容或风格进行修改，产生具有真实感的其他图像。如把图像变成油画效果甚至是变成某个艺术家的绘画风格图。图像编辑也可以修改图像中的部分内容，如去掉照片中大煞风景的某个垃圾桶，或者去掉照片中某人的眼镜等。

• 自动图题：分析输入图像或视频的内容并用自然语言进行描述，可以类比小学生眼中的“看图说话”。

• 视觉问答：给定图像或视频，回答特定的问题，这有点像语文考试中的“阅读理解”题目。

计算机视觉在众多领域有极为广泛的应用价值。据说人一生中 70% 的信息是通过“看”来获得的，显然，看的能力对 AI 是至关重要的。不难想象，任何 AI 系统，只要它需要和人交互或者需要根据周边环境情况做决策，“看”的能力就非常重要。所以，越来越多的计算机视觉系统开始走入人们的日常生活，如指纹识别、车牌识别、人脸识别、视频监控、自动驾驶、增强现实等。

计算机视觉与很多学科都有密切关系，如数字图像处理、模式识别、机器学习、计算机图形学等。其中，数字图像处理可以看作偏低级的计算机视觉，多数情况下其输入和输出都是图像，而计算机视觉系统的输出一般是模型、结构或符号信息。在模式识别中，以图像为输入的任务多数也可以看作计算机视觉的研究范畴。机器学习则为计算机视觉提供了分析、识别和理解的方法和工具，特别是近年来统计机器学习和深度学习都成了计算机视觉领域占主导地位的研究方法。计算机图形学与计算机视觉的关系最为特殊，从某种意义上讲，计算机图形学研究的是如何从模型生成图像或视频的“正”问题；而计算机视觉则正好相反，研究的是如何从输入图像中解析出模型的“反”问题。近年来，计算摄影学也逐渐得到重视，其关注的焦点是采用数字信号处理而非光学过程实现新的成像可能，典型的如光场相机、高动态成像、全景成像等经常用到计算机视觉算法。

与计算机视觉关系密切的另外一类学科来自脑科学领域，如认知科学、神经科学、心理学等。这些学科一方面极大受益于数字图像处理、计算摄影学、计算机视觉等学科带来的图像处理和分析工具，另一方面它们所揭示的视觉认知规律、视皮层神经机制等对于计算机视觉领域的发展也起到了积极的推动作用。例如，多层神经网络即深度学习就是受到认知神经科学的启发而发展起来的，自 2012 年以来为计算机视觉中的众多任务带来了跨越式的发展。与脑科学进行交叉学科研究，是非常有前途的研究方向。

10.2 数字图像的类型及机内表示

上述视觉处理任务似乎对人简单至极，但对机器却极富挑战。为什么呢？让我们先看看数字图像是什么。数字图像由一个个点组成，这些点称为像素（pixel）。每个像素的亮度、颜色或距离等属性在计算机内表示为一个或多个数字。如果是黑白图像（又称灰度图像），每个像素由一个亮度值表示，通常用 1 个字节表示，最小值为 0（最低亮度，黑色），最大值为 255（最高亮度，白色），0 ~ 255 的数值则表示那些中间的亮度。如果是彩色图像，每个像素的颜色通常用分别代表红绿蓝的三个字节表示，蓝色分量如果是 0，则表示该像素点吸收了全部蓝色光；如果是 255，则该像素点反射了全部蓝色光。类似地，红绿分量亦如此。基于上述解释，如图 10.2 所示，假设这是一幅灰度图像，请问你能看出其中有什么物体吗？恐怕几乎没人有这个能力，这说明计算机视觉远没有我们想象的那么简单。

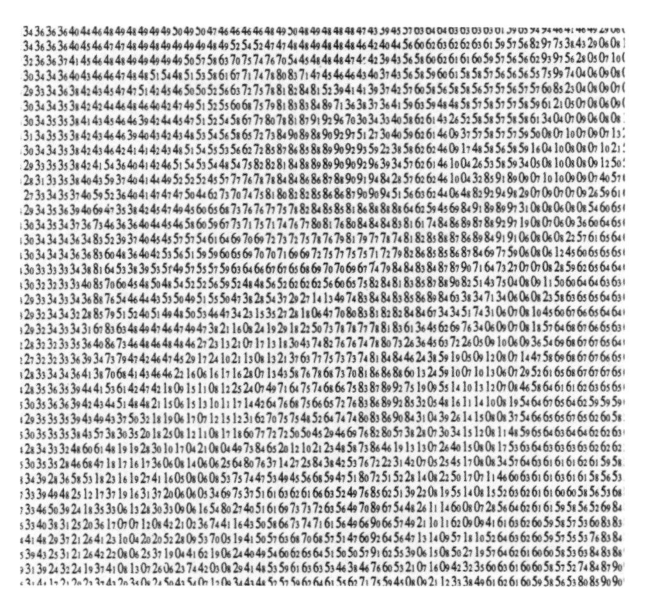

图 10.2 数字图像在计算机内部的表示

除了黑白或彩色图像，还有一类特殊的相机可以采集深度信息，即 RGBD 图像。RGBD 图像对每个像素，除了赋予红绿蓝彩色信息，还会有一个值表达深度，即该像素距离摄像机的距离（depth）。其单位取决于相机的测量精度，一般为毫米，至少用 2 个字节表示。深度信息本质上反映了物体的 3D 形状信息。这类相机在体感游戏、自动驾驶、机器人导航等领域有潜在的广泛的应用价值。

此外，计算机视觉处理的图像或视频还可能来自超越人眼的成像设备，它们所采集的电磁波段信号超出了人眼所能够感知的可见光电磁波段范围，如红外、紫外、X 光成像等。这些成像设备及其后续的视觉处理算法在医疗、军事、工业等领域有非常广泛的应用，可用于缺陷检测、目标检测、机器人导航等。例如在医疗领域，通过计算机断层 X 光扫描（CT），可以获得人体器官内部组织的结构，3D CT 图中每个灰度值反映的是人体内某个位置（即所谓体素，voxel）对 X 射线的吸收情况，体现的是内部组织的致密程度。通过 CT 图像处理和分析，可实现对病灶的自动检测和识别。

10.3 常用计算机视觉模型和关键技术

计算机视觉的早期研究始于 20 世纪 60 年代，但对于其何时成为一门独立的学科，众说纷纭。一种被广为接受的观点认为：1982 年，戴维·马尔《视觉》的出版真正创立了计算机视觉这一学科。为此，两年一度的国际计算机视觉大会（ICCV）

的最佳论文被冠以“马尔奖”之名，以纪念马尔的不朽贡献。在该书中，马尔提出了层次化的计算视觉理论，即将计算视觉划分为计算理论、表示和算法、算法实现三个层次。书中重点对“表示和算法”进行了深入讨论，认为视觉的核心目标之一是建立物体在自身坐标系下的3D形状表示。马尔认为，从输入图像到物体的3D表示要经过三个计算层次，即首先从图像提取边缘等得到几何基元，然后通过立体视觉和运动视觉等方法获得2.5维表示（即观察者坐标系下的深度等信息），最后得到物体坐标系下的3D表示。尽管马尔在这本名作中开创了计算视觉理论，但某种意义上他留下的问题远比答案多，更因马尔在1980年年底早逝而中断。此后数十年，计算视觉理论层面的进步可谓不尽如人意。不难看出，马尔计算视觉理论的核心是从图像或视频中重建物体的“几何”形状模型。围绕此目标，研究人员在此后数十年开展了大量工作。到2000年后，多视几何（Multiple View Geometry）、摄像机内外参数标定、分层三维重建等方法和技术得到长足发展，形成了计算机视觉的“几何”分支并延续至今，近年来尤其在虚拟现实、增强现实领域得到了广泛应用。

除了“几何”分支这一传统计算视觉领域，自2000年以来，计算机视觉的另一分支——“机器学习”分支开始异军突起。这一分支的核心思路是采用模式识别和机器学习方法，解决计算机视觉中的物体检测、跟踪、识别、分类、分割、预测甚至3D重建等任务。其核心技术路线是将这些问题定义为从输入图像/视频直接求解标签的函数拟合问题，采用数据驱动的机器学习方法来求解待拟合的函数（大多数时候是求解函数的参数）。从图像内容理解的目标来看，“机器学习”分支直接输出图像/视频中的内容，因而很接近大众期望，受到了极大的关注。特别是2012年以来，深度卷积神经网络以其强大的非线性函数拟合能力在众多具备强监督、大规模数据条件的视觉任务上取得了突破性进展。

考虑到“几何”分支发展相对成熟，且“学习”分支在很多任务上进展迅速，本章重点介绍“学习”分支的基本情况。如前所述，尽管计算机视觉任务繁多，但大多数任务本质上可以建模为广义的函数拟合问题，如图10.3所示。即对任意输入图像x，需要学习一个以θ为参数的函数F，使得$y=F_\theta(x)$，其中y可能有两大类：

（1）y为类别标签，对应模式识别或机器学习中的“分类”问题，如场景分类、图像分类、物体识别、精细物体类识别、人脸识别等视觉任务。这类任务的特点是输出y为有限种类的离散型变量。

（2）y为连续变量或向量或矩阵，对应模式识别或机器学习中的“回归”问题，如距离估计、目标检测、语义分割等视觉任务。在这些任务中，y或者是连续的变量（如距离、年龄、角度等），或者是一个向量（如物体的横纵坐标位置和长宽），或者是每个像素有一个所属物体类别的编号（如分割结果）。

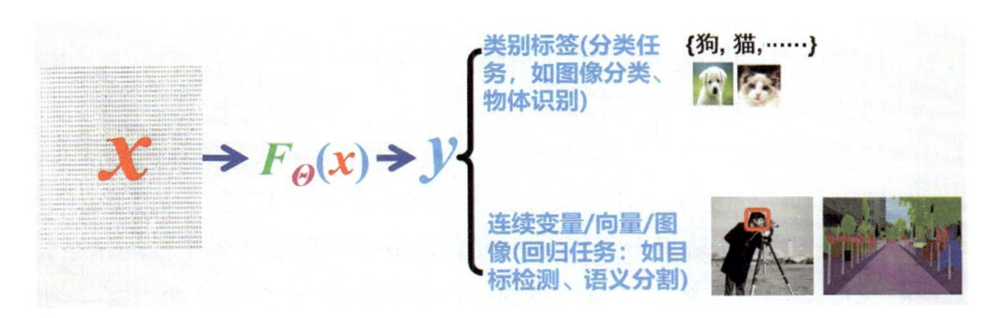

图 10.3 常见视觉任务的实现方法

实现上述函数的具体方法很多，但过去几十年，多数视觉模型和方法可以被分成两大类，一类是2012年以来应用最广泛的深度模型和学习方法，另一类是与“深度”对应的一大类传统方法，即所谓浅层模型和学习方法。

10.3.1 基于浅层模型的方法

实现上述视觉任务的函数 F_θ 通常都是非常复杂的。为此，一种可能的解法是遵循“分而治之”的思想，对其进行分步、分阶段求解，如图 10.4 所示，一个典型的视觉任务实现流程包括以下四个步骤。

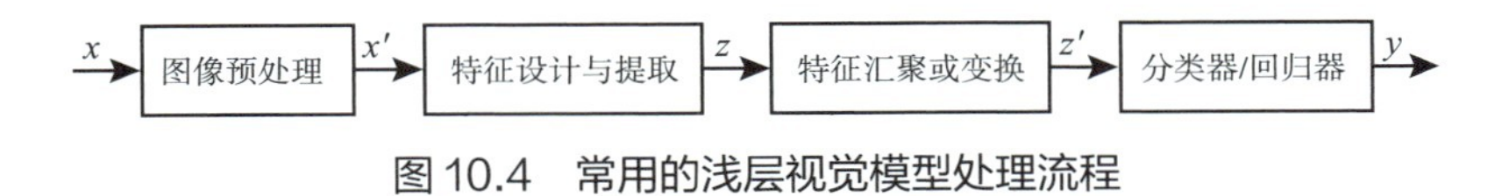

图 10.4 常用的浅层视觉模型处理流程

步骤 1：图像预处理过程 p。用于实现目标对齐、几何归一化、亮度或颜色矫正等处理，从而提高数据的一致性，该过程一般由人为设定。

步骤 2：特征设计与提取过程 q。其功能是从预处理后的图像 x' 中提取描述图像内容的特征，这些特征可能反映图像的低层（如边缘）、中层（如部件）或高层（如场景）特性，一般依据专家知识进行人工设计。

步骤 3：特征汇聚或特征变换 h。其功能是对前步提取的局部特征 z（一般是向量）进行统计汇聚或降维处理，从而得到维度更低、更利于后续分类或回归过程的特征 z'。该过程一般通过专家设计的统计建模方法实现。例如，一种常用的模型是线性模型，即 $z'=Wz$，其中 W 为矩阵形式表达的线性变换，一般需要在训练集合进行学习得到。

步骤 4：分类器或回归器函数 g 的设计与训练。其功能是采用机器学习或模式

识别的方法，基于一个有导师的训练集 $\{(x_i, y_i): i = 1, \cdots, N\}$（其中 x_i 是训练图像，y_i 是其类别标签）学习得到，通过有监督的机器学习方法来实现。例如，假设我们采用线性模型，即 $y = Wz'$，则可以通过优化 $W^* = \underset{W}{argmin}\sum_{i=1}^{N} \| y_i - Wz'_i \|_2$ 得到，其中 z'_i 为通过步骤 3 得到的 x_i 的特征。

上述流程可以理解为通过序贯执行 p，q，h，g 四个函数实现需要的 $y = F_\theta(x)$，即 $y = g(h(q(p(x))))$。不难发现，上述流程带有强烈的“人工设计”色彩，不仅依赖专家知识进行步骤划分，更依赖专家知识选择和设计各步骤的函数，这与后来出现的深度学习方法依赖大量数据进行端到端的自动学习（即直接学习 F_θ 函数）形成了鲜明对比。为了深度学习在概念上进行区分，通常称这些模型为浅层视觉模型。考虑到步骤 1 的图像预处理往往依赖于图像类型和任务，接下来仅对后面三个步骤进行概要阐述。

1. 特征设计与提取方法

人工设计特征本质是一种专家知识驱动的方法，即研究者自己或通过咨询特定领域专家，根据对所研究问题或目标的理解，设计某种流程来提取专家觉得“好”的特征。例如，在人脸识别研究早期，研究人员普遍认为应用面部关键特征点的相对距离、角度或器官面积等就可以区分不同的人脸，但后来的实践很快证明了这些特征并不好。目前，多数人工设计的特征有两大类，即全局特征和局部特征。前者通常建模的是图像中全部像素或多个不同区域像素中蕴涵的信息，后者则通常只从一个局部区域内的少量像素中提取信息。

典型的全局特征对颜色、全图结构或形状等进行建模，例如在全图上计算颜色直方图，傅里叶频谱也可以看作全局特征。另一种典型的全局场景特征是 2001 年 Aude Oliva 和 Antonio Torralba 提出的 GIST 特征，它主要对图像场景的空间形状属性进行建模，如自然度、开放度、粗糙度、扩张度和崎岖度等。与局部特征相比，全局特征往往粒度比较粗，适合于需要高效而无须精细分类的任务，比如场景分类或大规模图像检索等。

相对而言，局部特征可以提取更为精细的特征，应用更为广泛，也因此在 2000 年之后的十年得到了充分发展，研究人员设计出了数以百计的局部特征。这些局部特征大多数以建模边缘、梯度、纹理等为目标，采用的手段包括滤波器设计、局部统计量计算、直方图等。最典型的局部特征有 SIFT、SURF、HOG、LBP、Gabor 滤波器、DAISY、BRIEF、ORB、BRISK 等数十种，下面以 LBP 为例详细介绍其提取方法。

局部二值模式（local binary patterns, LBP）是一种简单有效地编码图像局部区域内变化模式（即微纹理）的局部描述子。与其他对图像梯度强度和方向进行精细统计的特征不同，LBP 只关注梯度的符号，换句话说，它只关注中心像素与其邻域像素的明暗关系。如图 10.5 所示，以 3×3 邻域组成的 9 个像素关系为例，LBP 比较中心像素与其 8 邻域像素的亮度值大小：某邻域像素值大于等于中心像素值则赋 1，否则赋 0，从而得到 8 个 0/1 位，串接成 1 个字节即得到一个［0, 255］区间内的十进制数。不难理解，这相当于把 3×3 共 9 个像素组成的局部邻域编码成了 256 种不同的模式类型。

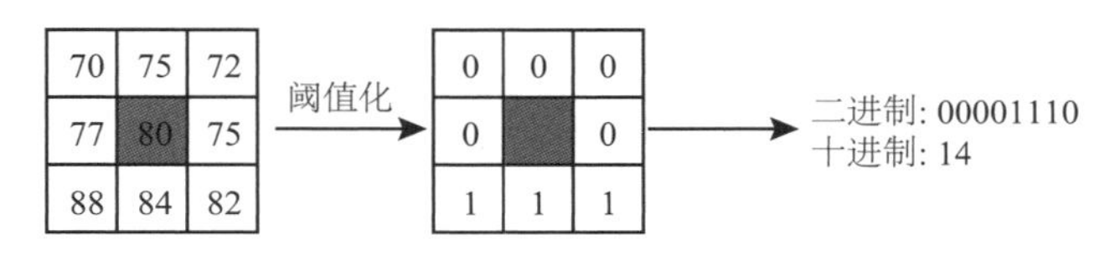

图 10.5　LBP 算子

上述 256 种二值模式出现的概率是有差异的，为了获得鲁棒性并减少模式类别数，LBP 的设计者们定义了均衡模式（uniform patterns）和非等价模式的概念。所谓等价模式，是指 0/1 串中最多包含 2 次 1–0 或 0–1 跳变的模式，例如 00000000、00001111、01111000 都是均衡模式，分别包含了 0 次、1 次、2 次跳变，这样可以得到 58 种不同的均衡模式。而 01010000、00110011、01001101 分别包含了 4 次、3 次、5 次跳变，不是均衡模式。鉴于非均衡模式在自然图像中出现的非常少，它们被强制归为一类模式，从而共得到 59 种不同的二值模式。如图 10.6 所示，二值模式实际上建模了一些局部微纹理基元。值得说明的是，前述 LBP 定义在 3×3 邻域上，但可以很方便地扩展到更大邻域上去，比如 5×5 或 7×7 甚至更大，只是可能出现的模式会增加很多。

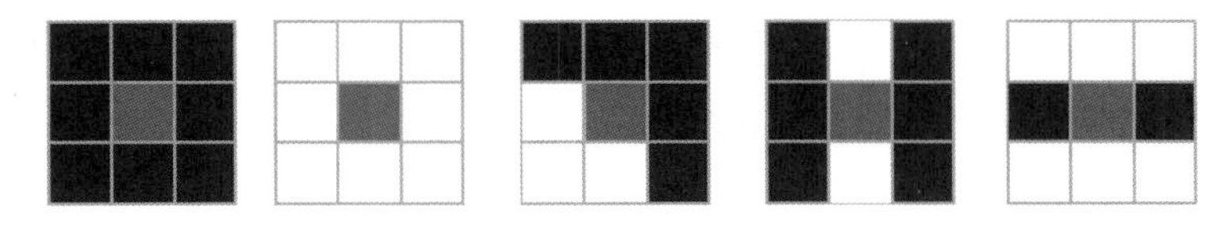

图 10.6　LBP 算子可检测的纹理基元示例

上述 59 种二值模式定义在每个像素及邻域上，但还不能直接作为图像描述子，需要对其进行直方图统计才能形成图像描述特征。直方图统计可以在全图上进行，但通常在局部子图像上进行。例如，用于人脸识别时，通常可以进行如下操作：如图 10.7 所示，给定一幅人脸图像（假设其为 128×160 像素大小），首先将其划分为 m 个子图像（图 10.7 中 m = 4×5 = 20 个），则每个子图像大小为 32×32。对每个子图像 B_i（$i = 1, \cdots, m$），则各有 900 个像素可以作为 3×3 邻域的中心像素计算

LBP 模式值（上下左右各有一行或一列像素无法计算 LBP），从而可以得到 900 个模式值。统计它们中出现 59 种模式的各自频数，即得到一个 59 维的直方图 $H_i=(h_{i,1}, h_{i,2}, \cdots, h_{i,59})$，其中 $h_{i,j}$ 表示第 j 种二值模式在子图像 B_i 中出现的次数。最后，将 m 个直方图串接即可得到整个人脸图像的描述特征，即：

$$H=[H_1H_2\cdots H_{20}]=(h_{1,1}, h_{1,2}, \cdots, h_{1,P}; h_{2,1}, h_{2,2}, \cdots, h_{2,p}, \cdots; h_{m,1}, h_{m,2}, \cdots, h_{m,p})$$

其中上述例子中 $m=20$，$p=59$，因此这里 LBP 直方图描述子的特征维数是 1180（$m*p$）。需要注意的是，这里给出的仅是一个例子，实际应用时输入的图像大小不同，m 的取值可以根据经验设定，而且不同的子图像 B_i 可以有一定程度的重叠。

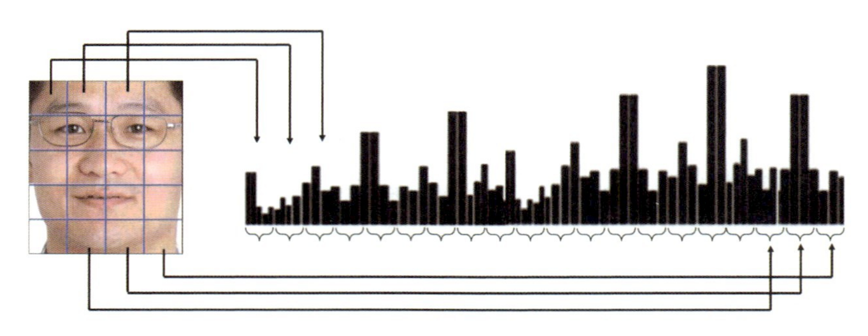

图 10.7　用 LBP 直方图表示人脸图像的示例

LBP 是 1994 年由 T. Ojala、M.Pietikäinen 和 D. Harwood 提出的，最初主要用于纹理图像的分类。2004 年被用于人脸识别和人脸检测，之后若干年得到了非常广泛的关注，出现了几十种变种。例如，考虑了旋转不变性的 LBP 用大于、近似相等、小于表示中心像素和邻域像素大小关系的局部三值模式，扩展至视频表示的 V-LBP 等。这些变种在人脸检测与识别、行人和车辆检测、目标跟踪等领域得到了广泛应用。特别是在人脸识别问题上，在深度学习超越浅层模型之前，在 LFW 人脸测试集上取得最高精度的就是高维 LBP 特征。

2. 特征汇聚与特征变换方法

步骤 2 提取的人工设计特征往往非常多，给后续计算带来困难。更重要的是，这些特征在设计之初并未充分考虑随后的任务或目标，例如，用于分类时未必具有非常好的判别能力，即区分不同目标的能力。因此，在进行图像分类、检索或识别等任务时，在将它们输入给分类器或回归器之前，一般还需要对这些特征进行进一步处理——步骤 3 特征汇聚与特征变换，以便把高维特征进一步编码到某个维度更低或者具有更好判别能力的新空间。实现上述目的的方法有两大类。

一类是特征汇聚方法，典型的方法包括视觉词袋模型、Fisher 向量和局部聚合向量（VLAD）方法。其中，词袋模型（bag-of-words, BOW）最早出现在自然语言处理（NLP）和信息检索（IR）领域。该模型忽略掉文本的语法和语序，用一组无序的单词（words）来表达一段文字或一个文档。受此启发，研究人员将词袋模型扩展到计算机视觉中，并称之为视觉词袋模型（bag-of-visual-words，BOVW）。简而言之，图像可以被看作文档，而图像中的局部视觉特征（visual feature）可以看作单词（word）的实例，从而可以直接应用BOW方法实现大规模图像检索等任务。

另一类是特征变换方法，又称子空间分析法。这类方法特别多，典型的方法包括主成分分析（PCA）、线性判别分析、核方法、流形学习等。感兴趣的读者可以扩展阅读这部分内容。其中，主成分分析是一种在最小均方误差意义下最优的线性变换降维方法，在计算机视觉中应用极为广泛。例如1990年发表的人脸识别领域最具里程碑式的工作Eigenface本质上就是PCA，其后二十余年，PCA都是人脸识别系统中几乎不可或缺的模块。PCA在寻求降维变换时的目标函数是重构误差最小化，与样本所属类别无关，因而是一种无监督的降维方法。但在众多计算机视觉应用中，分类才是最重要的目标，因此以最大化类别可分性为优化目标寻求特征变换成为一种最自然的选择，这其中最著名的就是费舍尔线性判别分析方法FLDA。FLDA也是一种非常简单而优美的线性变换方法，其基本思想是寻求一个线性变换，使得变换后的空间中同一类别的样本散度尽可能小，而不同类别样本的散度尽可能大，即所谓“类内散度小，类间散度大”。

核方法曾经是实现非线性变换的重要手段之一。核方法并不试图直接构造或学习非线性映射函数本身，而是在原始特征空间内通过核函数（kernel function）来定义目标“高维隐特征空间”中的内积。换句话说，核函数实现了一种隐式的非线性映射，将原始特征映射到新的高维空间，从而可以在无须显式得到映射函数和目标空间的情况下，计算该空间内模式向量的距离或相似度，完成模式分类或回归任务。前述的PCA和FLDA均可以Kernel化，以实现“非线性”的特征提取。

实现非线性映射的另外一类方法是流形学习（manifold learning）。所谓流形，可以简单理解为高维空间中低维嵌入，其维度通常称为本征维度（intrinsic dimension）。流形学习的主要思想是寻求将高维的数据映射到低维本征空间的低维嵌入，要求该低维空间中的数据能够保持原高维数据的某些本质结构特征。根据要保持的结构特征的不同，2000年之后出现了很多流形学习方法，其中最著名的是2000年发表在同一期*Science*杂志上的等距映射ISOMAP和局部线性嵌入（locally linear embedding, LLE）。其中，ISOMAP保持的是测地距离，其基本策略是首先通过最短路径方法计算数据点之间的测地距离，然后通过Multidimensional Scaling（MDS）得到满足数据点之间测地距离的低维空间。而LLE方法则假设每个数据点可以由其近邻点重构，通过优化方法寻求一个低维嵌入，使所有数据仍能保持原空间邻域关系和重构系数。略显不足的是，多数流形学习方法都不易得到一个显式的非线性映射，因而往往难以将没有出现在训练集合中的样本变换到低维空间，只能采取一些近似策略，但效果并不理想。

3. 分类器或回归器设计

前面介绍了面向浅层模型的人工设计特征及其对它们进一步汇聚或变换的方法。一旦得到这些特征，剩下的步骤就是分类器或回归函数的设计和学习了。事实上，计算机视觉中的分类器基本都借鉴模式识别或机器学习领域，如最近邻分类器、线性感知机、决策树、随机森林、支持向量机、AdaBoost、神经网络等都是适用的。感兴趣的读者可以参考本书有关章节或教材。

需要特别注意的是，根据前述特征的属性不同，分类器或回归器中涉及的距离度量方法也有所差异。例如，对于直方图类特征，一些面向分布的距离如直方图交、KLD、卡方距离等可能更实用；对 PCA、FLDA 变换后的特征，欧氏距离或 Cosine 相似度可能更佳；对一些二值化的特征，海明距离可能带来更优的性能。

10.3.2　基于深度模型的视觉方法

点燃深度学习在计算机视觉领域应用热潮的爆点发生在 2012 年。这一年，Hinton 教授研究组设计了深度卷积神经网络（DCNN）模型 AlexNet，利用 ImageNet 提供的大规模训练数据并采用两块 GPU 卡进行训练，将 ImageNet 大规模视觉识别竞赛（ILSVRC）之“图像分类”任务的 Top5 错误率降低到了 15.3%，而传统方法的错误率高达 26.2%（且仅比 2011 年降低了 2 个百分点）。这一结果让研究者看到了深度学习的巨大威力，以至于 2013 年当这个竞赛再次举行时，成绩靠前的队伍几乎全部采用了深度学习方法，其中图像分类任务的冠军来自纽约大学 Fergus 研究组，他们将 Top5 错误率降到了 11.7%，所采用的模型亦是进一步优化的深度 CNN。2014 年，在同一竞赛中，Google 依靠一个加深为 22 层的深度卷积网络 GoogLeNet 将 Top5 错误率降低到了 6.6%。到 2015 年，微软亚洲研究院的何凯明等设计了一个深达 152 层的 ResNet 模型，并将这一错误率刷新到了 3.6%。四年内，ImageNet 图像分类任务的 Top5 错误率从 26.2% 降到 3.6%，几乎每年错误率都下降 50%，这显然是一次跨越式的进步。

实际上，深度学习是多层神经网络的复兴而非革命。20 世纪 90 年代之后，神经网络研究陷入低潮期，但实际上神经网络的研究并未完全中断。LeCun 等在 1989 年提出了卷积神经网络（CNN），并在此基础上于 1998 年设计了 LeNet-5 卷积神经网络，通过大量数据的训练，该模型成功应用于美国邮政手写数字识别系统中。引爆深度学习在计算机视觉领域应用热潮的 AlexNet 即 LeNet-5 网络的扩展和改进，而后来的 GoogLeNet、VGG、ResNet、DenseNet 等深度模型在基本结构上都是 CNN，只是在网络层数、卷积层结构、非线性激活函数、连接方式、Loss 函数、优化方法等方面有了新的发展。其中，ResNet 通过跨层跳连（shortcut 结构），使得优化非常深的网络成为可能。

需要说明的是，LeNet-5 等 CNN 结构设计在一定程度上受到了 Fukushima 于 1975 年提出的 Cognitron 模型和 1980 年提出的 Neocognitron 模型的启发。它们与 CNN 在网络学习方法上有较大差异：Neocognitron 模型采用的是无导师、自组织的学习，而 CNN 则依赖于有导师信号的大量数据进行参数学习。但二者都试图模拟诺贝尔奖获得者 Hubel 和 Wiesel 于 20 世纪 60 年代提出的视觉神经系统的层级感受野模型，即从提取简单特征的神经元（简单细胞）到提取渐进复杂特征的神经元（复杂细胞、超复杂细胞等）的层级连接结构。从这个意义上讲，深度学习的种子在 20 世纪 80 年代已经生根发芽，此次爆发可以认为是用于学习大规模神经网络参数的“汽油”（大规模强监督数据）和“东风”（高性能计算设备，如 GPU 服务器等）共同作用的结果。

事实上，深度卷积神经网络（DCNN）也是通过滤波器提取局部特征，然后通过逐层卷积和汇聚（池化），将“小局部”特征逐级合并为“越来越大的局部”特征，甚至最终通过全连接形成“全局特征”，实现从低层特征（如角点或边缘）到中层特征（如部件或属性）再到高层特征（如类别标签）的逐级抽象。但与浅层模型相比，深度模型的滤波器参数（权重）不是人为设定的，而是通过神经网络的 BP 算法等训练学习而来；而且 DCNN 模型以统一的卷积作为手段，实现了从小局部到大局部（即所谓层级感受野）特征的提取。

1. 基于深度卷积神经网络的图像分类与识别

与传统的图像分类或识别方法相比，基于深度学习的方法不再需要经过人工设计的方法来提取特征，而是直接将图像输入一个 CNN，该网络的输出即作为输入图像的特征。当然，这里的 CNN 不是任意的，需要经过两个步骤来获得：第一步要设计或选择好 CNN 网络结构，如 AlexNet、VGG16、GoogleNet、ResNet50，或者其他根据计算量等需求自行设计的网络；第二步则需要利用一个训练集对网络中的大量参数（主要是各神经节点的权重）进行优化，使之能够准确分类训练集中的不同类别的图像。

以人脸识别为例，假设训练集中有 N 个不同类别（即 ID）的人（N 通常越大越好，现在很多实用系统都是用数百万人的图像训练出来的），其中第 i 个人有 M_i 幅不同的人脸图像（通常 M_i 也是越大越好，一般大于 10 比较好）。给定训练集后，我们需要设计好某个网络结构，假设如图 10.8 所示。网络输入层为经过归一化处理后固定大小的人脸图像，图像中的每个像素对应网络输入层的一个结点。输入层的结点以卷积方式连接到网络的第一个隐含层，然后第一个隐含层再以卷积或池化方式连接到第二个隐含层，以此类推。对现代深度网络来说，动辄会包含数十甚至数百个隐含层，其中大多数为卷积层、池化层或各类归一化层，而最后一般会有少量全连接层。最后一个隐含层的结点通常全连接到输出层，而输出层的结点数为训练集中的人数 N，每个结点对应一个 ID。

上述网络中存在大量连接，每个连接都对应一个待设定的权重。这些权重通常在网络训练之初随机赋值，然后采用反向传播（BP）算法以随机梯度下降等方法进行优化。优化的目标通过一个 loss 函数来体现，一般设计为网络输出层的期望输出和网络实际输出之间的误差。如图 10.8 所示，对人脸识别来说，常用的一种输出层编码方式为 one-hot 模式，即当输入为第 i 个 ID 人的人脸图像时，输出层仅第 i 个结点输出 1，其他结点均输出 0。在网络开始训练之初，当前网络的连接权值难以保证这样的期望输出，从而产生误差。BP 算法的任务就是通过回传这个误差，以调整各层、各连接的权重，以不断降低该误差。当训练集中所有人脸图像的输出接近期望输出时，网络即完成了训练。

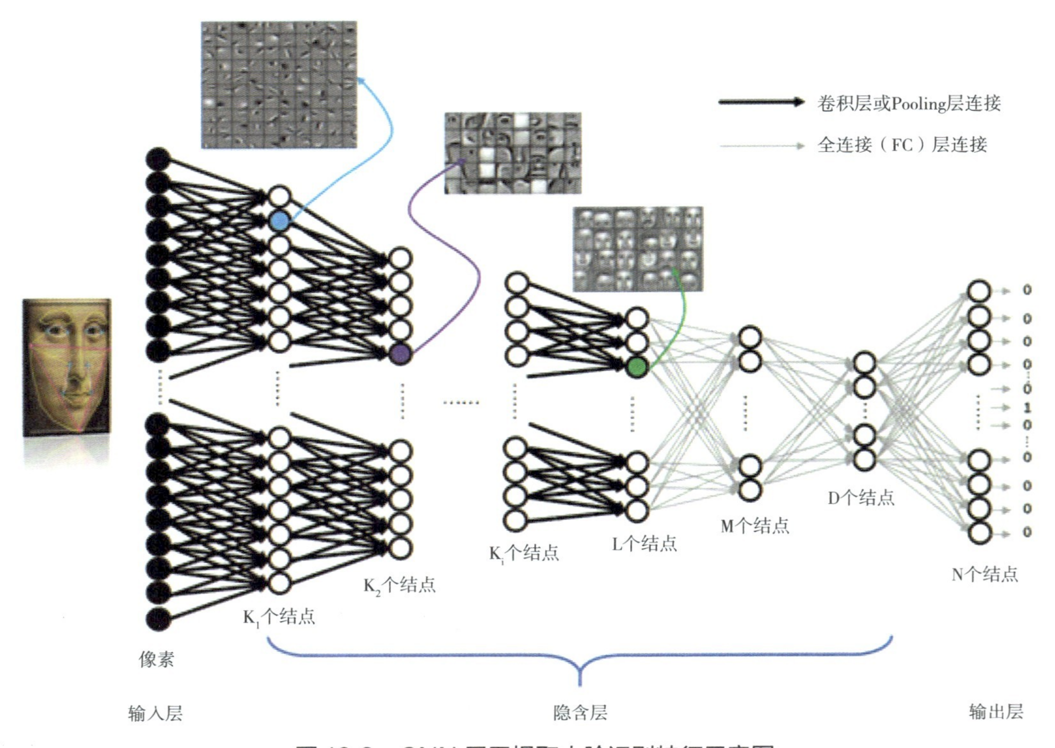

图 10.8　CNN 用于提取人脸识别特征示意图

如前所述，对计算机视觉任务而言，深度学习的最强大能力在于特征学习。经过上述过程训练好的 CNN 网络，既可以直接分类训练集合中的 N 个人，也可以用作特征提取器。用作特征提取器时，最常见的选择是采用最后一个隐含层的输出为输入人脸图像的特征。在图 10.8 中，最后一个隐含层的节点数为 D，所以该层输出的特征维数为 D。在用于人脸识别的 CNN 中，D 通常从数百到数千不等，典型取值是 1024 或 512。需要特别说明的是，如果训练集中人数 N 足够大且具备足够的多样性，则我们学到的 CNN 会具备很好的泛化能力：即使一个新的人脸图像并非来自训练集中的某个人，该网络提取的 D 维特征也可以非常好的表示该人脸特征，可以用来区分其他人。所以，给定任意两幅人脸图像，可以通过计算它们的 D 维 CNN 特征的相似度来实现人脸识别。

作为一种特征提取器，CNN 之所以优秀，在于其通过隐含层逐级抽象的方式在一定程度上完成了“语义鸿沟”的填充，即从最底层的低级语义（像素）到多个隐含层的中层语义（如边角、部件等）、再到后面的高层语义（如属性、类别等），参见图 10.8 针对人脸识别的语义提升示意图。最重要的是，这种语义提升不是人为设定的，而是自动学习而来。值得说明的是，尽管这里以人脸识别为例，但上述内容对 ImageNet 等图像分类任务也是适用的。

2. 基于深度模型的目标检测技术

目标检测是计算机视觉中的一个基础问题，其定义某些感兴趣的特定类别组成前景，其他类别为背景。我们需要设计一个目标检测器，它可以在输入图像中找到所有前景物体的位置以及它们所属的具体类别。物体的位置用长方形物体边框描述。实际上，目标检测问题可以简化为图像区域的分类问题，如果在一张图像中提取足够多可能的物体候选位置，那么只需要将所有候选位置进行分类，即可找到含有物体的位置。在实际操作中，常常再引入一个边框回归器用来修正候选框的位置，并在检测器后接入一个后处理操作去除属于同一物体的重复检测框。自深度学习引入目标检测问题后，目标检测正确率大大提升。

R-CNN 最早将深度学习应用在目标检测中。如图 10.9 所示，R-CNN 目标检测一般包括以下步骤：①输入一张图像，使用无监督算法提取约 2000 个物体的可能位置；②将所有候选区域取出并缩放为相同的大小，输入卷积神经网络中提取特征；③使用 SVM 对每个区域的特征进行分类。

不难看出，R-CNN 的最大缺点是尽管所有候选区域中存在大量的重叠和冗余，它们都要分别经过卷积神经网络进行计算，这使得计算代价非常大。为了提高计算效率，Fast R-CNN 对同一张图像只提取一次卷积特征，此后接入 ROI Pooling 层，将特征图上不同尺寸的感兴趣区域取出并池化为固定尺寸的特征，再将这些特征用

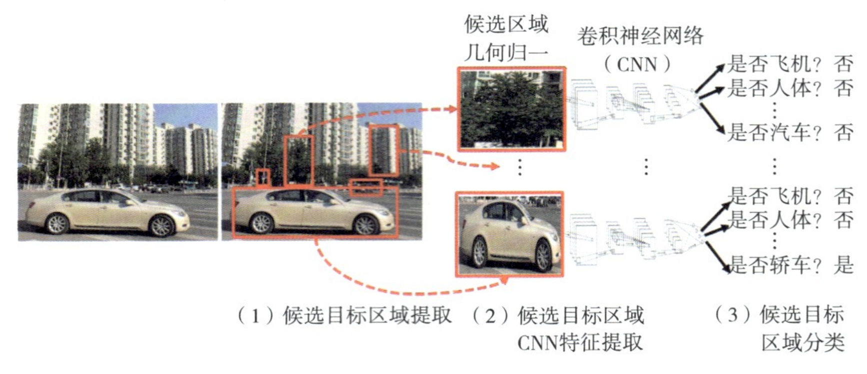

图 10.9　R-CNN 物体检测框架

Softmax 进行分类。此外，Fast RCNN 还利用多任务学习，将 ROI Pooling 层后的特征输入一个边界框的回归器来学习更准确的位置。后来，为了降低提取候选位置所消耗的运算时间，Faster R-CNN 进一步简化流程，在特征提取器后设计了 RPN 结构（region proposal network），用于修正和筛选预定义在固定位置的候选框，将上述所有步骤集成于一个整体框架中，从而进一步加快了目标检测速度。

3. 基于全卷积网络的图像分割

对于像素级的分类和回归任务（如图像分割或边缘检测），代表性的深度网络模型是全卷积网络（fully convolutional network，FCN）。经典的 DCNN 在卷积层之后使用了全连接层，而全连接层中单个神经元的感受野是整张输入图像，破坏了神经元之间的空间关系，因此不适用于像素级的视觉处理任务。为此，如图 10.10 所示，FCN 去掉了全连接层，代之以 1×1 的卷积核和反卷积层，从而能够在保持神经

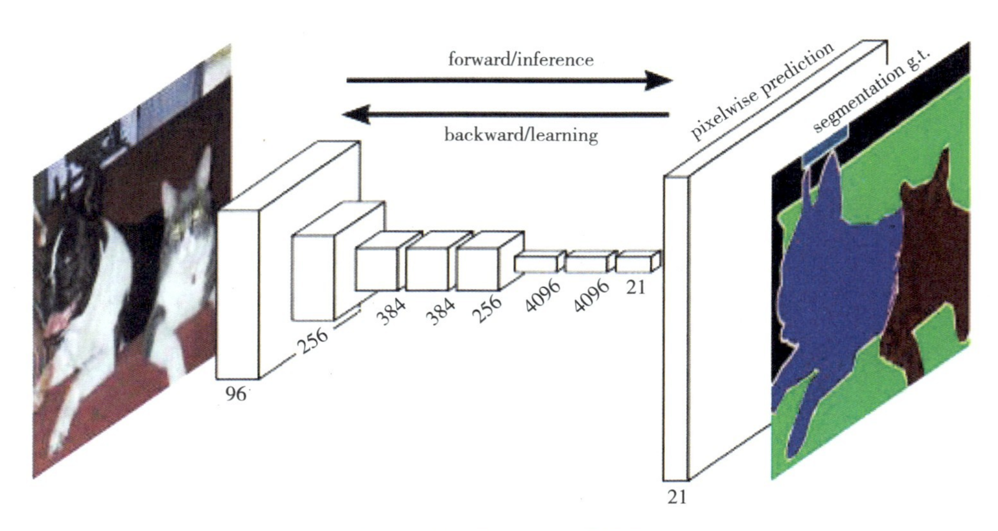

图 10.10　FCN 结构示意图

元空间关系的前提下，通过反卷积操作获得与输入图像大小相同的输出。进一步，FCN 通过不同层、多尺度卷积特征图的融合为像素级的分类和回归任务提供了一个高效的框架。

4. 融合图像和语言模型的自动图题生成

图像自动标题（image captioning）的目标是生成输入图像的文字描述，即我们常说的“看图说话”，也是一个因深度学习取得重要进展的研究方向。深度学习方法应用于该问题的代表性思路是使用 CNN 学习图像表示，然后采用循环神经网络 RNN 或长短期记忆模型 LSTM 学习语言模型，并以 CNN 特征输入初始化 RNN/LSRM 的隐层节点，组成混合网络进行端到端的训练。通过这种方法，有些系统在 MS COCO 数据集上的部分结果甚至优于人类给出的语言描述。

10.4　应用实例：人脸识别技术

人脸识别是计算机视觉领域的典型研究课题，不仅可以作为计算机视觉、模式识别、机器学习等学科领域理论和方法的验证案例，还在金融、交通、公共安全等行业有非常广泛的应用价值。特别是近年来，人脸识别技术逐渐成熟，基于人脸识别的身份认证、门禁、考勤等系统开始大量部署。本节将介绍人脸识别系统的基本组成，以期读者能对计算机视觉系统有更加清晰的认识。

如图 10.11 所示，人脸识别的本质是对两张照片中人脸相似度进行计算。为了计算该相似度，一套典型的人脸识别系统包括 6 个步骤——人脸检测、特征点定位、面部子图预处理、特征提取、特征比对和决策。

步骤 1：人脸检测，即从输入图像中判断是否有人脸，如果有的话，给出人脸的位置和大小（即图 10.11 中的矩形框）。作为一类特殊目标，人脸检测可以通用 10.3.2 中介绍的基于深度学习的通用目标检测技术实现。但在此之前，实现该功能

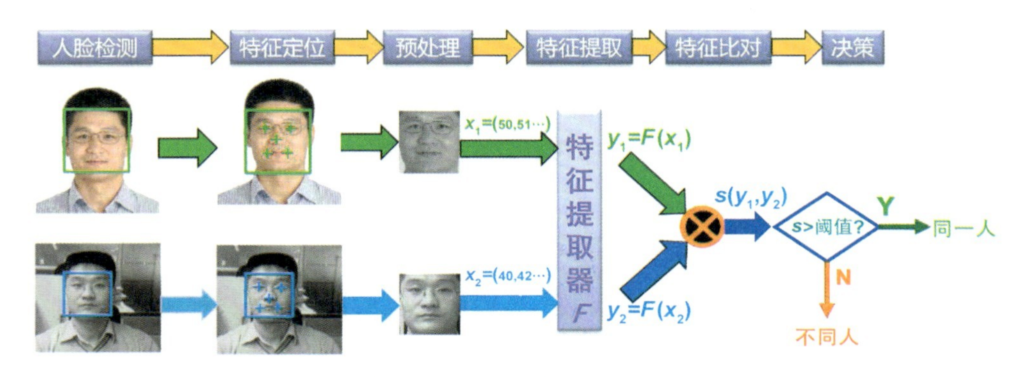

图 10.11　人脸识别的典型流程

的经典算法是 Viola 和 Jones 于 2000 年左右提出的基于 AdaBoost 的人脸检测方法。

步骤 2：特征点定位，即在人脸检测给出的矩形框内进一步找到眼睛中心、鼻尖和嘴角等关键特征点，以便进行后续的预处理操作。理论上，也可以采用通用的目标检测技术实现对眼睛、鼻子和嘴巴等目标的检测。此外，也可以采用回归方法，直接用深度学习方法实现从检测到的人脸子图到这些关键特征点坐标位置的回归。

步骤 3：面部子图预处理，即实现对人脸子图的归一化，主要包括两部分：一是把关键点进行对齐，即把所有人脸的关键点放到差不多接近的位置，以消除人脸大小、旋转等影响；二是对人脸核心区域子图进行光亮度方面的处理，以消除光强弱、偏光等影响。该步骤的处理结果是一个标准大小（比如 100×100 像素大小）的人脸核心区子图像。

步骤 4：特征提取，是人脸识别的核心，其功能是从步骤 3 输出的人脸子图中提取可以区分不同人的特征。在采用深度学习之前，典型方法是采用 10.3.1 节所述的“特征设计与提取”及“特征汇聚与特征变换”两个步骤来实现。例如，采用 LBP 特征，最终可以形成由若干区域局部二值模式直方图串接而成的特征。

步骤 5：特征比对，即对两幅图像所提取的特征进行距离或相似度的计算，如欧氏距离、cosine 相似度等。如果采用的是 LBP 直方图特征，则直方图交是常用的相似度度量。

例如，设人脸图像 A 得到的 LBP 直方图特征为：

$H^A=(h^A_{1,1},\ h^A_{1,2},\ \cdots,\ h^A_{1,p};\ h^A_{2,1},\ h^A_{2,2},\ \cdots,\ h^A_{2,p};\ \cdots;\ h^A_{m,1},\ h^A_{m,2},\ \cdots,\ h^A_{m,p})$

设人脸图像 B 得到的 LBP 直方图特征为：

$H^B=(h^B_{1,1},\ h^B_{1,2},\ \cdots,\ h^B_{1,p};\ h^B_{2,1},\ h^B_{2,2},\ \cdots,\ h^B_{2,p};\ \cdots;\ h^B_{m,1},\ h^B_{m,2},\ \cdots,\ h^B_{m,p})$

则它们之间的直方图交计算为：

$S(H^A,\ H^B)=\sum_{i=1}^{m}\sum_{j=1}^{p}\min(h^A_{i,j},\ h^B_{i,j})$

步骤 6：决策，即对前述相似度或距离进行阈值化。最简单的做法是采用阈值法，相似程度超过设定阈值则判断为相同人，否则为不同人。上述例子中给出的是 1∶1 的判断，实际应用中人脸识别还可能是一张照片和注册数据库中 N 个人的照片的比对，此时只需要对 N 个相似度进行排序，相似度最大且超过设定阈值者即为输出的识别结果。

对人脸识别感兴趣的读者可以参考 OpenCV 或 SeetaFace（https://github.com/seetaface/SeetaFaceEngine）开源软件中的代码实现。需要注意的是，SeetaFace 中的特征提取是基于深度卷积神经网络实现的。

扩展：虹膜识别等其他生物特征识别技术

人脸识别作为一种生物特征识别技术已经得到了广泛的应用，而基于计算机视觉的生物特征识别技术还有很多，如指纹识别、虹膜识别、掌纹识别、指静脉识别等。其中指纹识别是大家最熟悉、也是相对最成熟的。虹膜识别是利用眼睛虹膜区域的随机纹理特性来区分不同人的技术。虹膜是人眼瞳孔和巩膜之间的环状区域，如图 10.12 左图所示的蓝色纹理区，在较高分辨率、用户高度配合等良好采集条件下，可以采集到纹理丰富细腻的辐射状虹膜细节。虹膜采集设备往往采用主动近红外采集，实际采集效果如图 10.12 右图所示。虹膜识别的典型过程与人脸识别类似，也需要检测并分割出环状虹膜区域并进行必要的预处理（如去除睫毛影响），然后进行特征提取和比对等步骤。

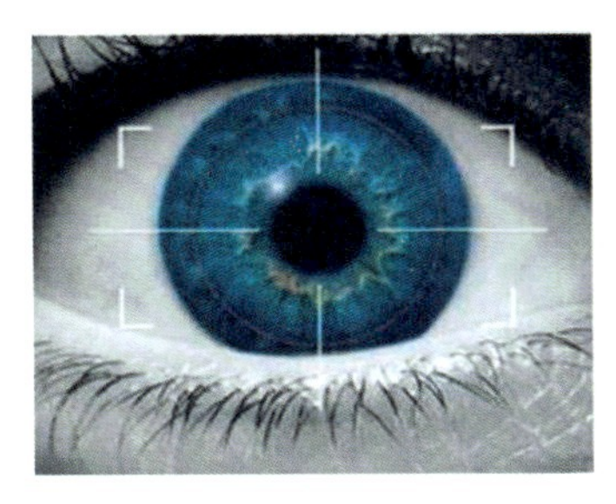
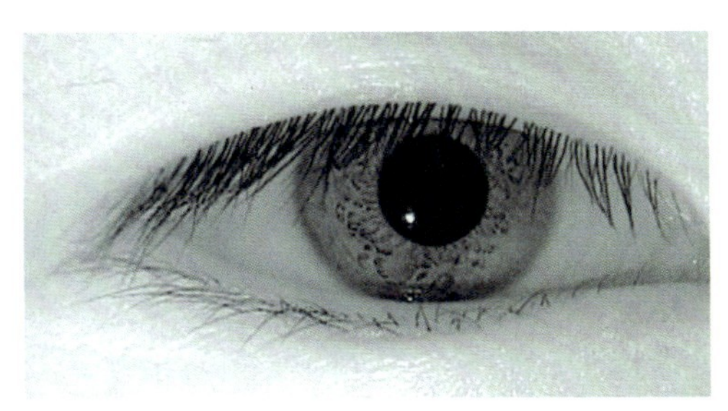

图 10.12 虹膜图像示例，其中右图为近红外采集实例

10.5 本章小结

最早的计算机视觉研究始于 20 世纪 60 年代，而 1982 年马尔的《视觉》一书的出版为计算机视觉奠定了学科基础。此后 30 年，以 3D 重建为主要目标的“几何”分支和以物体感知为主要目标的“学习”分支各自蓬勃发展，均取得了长足的进步。特别是自 2012 年以来，随着深度学习的复兴，配合强监督大数据和高性能计算装置，众多计算机视觉算法的性能出现了质的飞跃。特别是在图像分类、人脸识别、目标检测、医疗读图等任务上逼近甚至超越了普通人类的视觉能力。

计算机视觉的多数任务可以归结为作用于输入图像的映射函数拟合期望输出的分类或回归问题。浅层视觉模型遵循分而治之的策略，将该函数人为拆解为预处理、特征提取、特征变换、分类和回归等步骤，在每个步骤上进行人工设计或者用少量数据进行统计建模。但这些模型局限于人工经验设计或普遍采用简单的线性模型，难以适应实际应用中的高维、复杂、非线性问题。

以深度卷积神经网络为代表的深度学习视觉模型克服了上述困难，采用层级卷积、逐级抽象的多层神经网络，实现了从输入图像到期望输出的、高度复杂的非线性函数映射，不仅大大提高了处理视觉任务的精度，而且显著降低了人工经验在算法设计中的作用，更多依赖于大量数据，让数据自己决定最“好”的特征或映射函数是什么。可以说，实现了从“经验知识驱动的方法论”到“数据驱动的方法论”的变迁。值得反思的是，尽管深度学习为计算机视觉带来了革命性的变革，但它同时把计算机视觉引入了依赖于大规模、强监督数据的路线上。而对比人类视觉能力的发展，少量、弱监督数据配合大量经验和知识足以让我们具备很强的视觉能力，因此，如何设计算法类似的能力是非常值得研究的课题。

尽管断言深度学习是类脑模型并不合适，但卷积神经网络的提出确实受到了生物视觉神经系统层级感受野结构的启发。因此，关注脑科学特别是认知神经科学的进步，从中寻找新的灵感是非常值得关注的技术路线。

习题：

1. 试分析浅层视觉模型的主要缺陷。
2. 试设计 5×5 像素邻域上的 LBP 特征。
3. 试分析 DCNN 在提取特征上与传统局部特征提取方法的异同。

第十一章　自然语言处理

11.1　自然语言处理概述

人工智能使得电脑能听、会说、理解语言、会思考、解决问题、会创造。概括而言，人工智能包括运算智能、感知智能、认知智能和创造智能。其中，运算智能是记忆和计算的能力，这一点计算机已经远远超过人类。感知智能是电脑感知环境的能力，包括听觉、视觉和触觉等。近年来，随着深度学习的成功应用，语音识别和图像识别获得了很大的进步。有的测试集合下，甚至达到或者超过了人类水平，并且在很多场景下已经具备实用化能力。

认知智能包括语言理解、知识和推理，其中，语言理解包括词汇、句法、语义层面的理解，也包括篇章级别和上下文的理解；知识是人们对客观事物认识的体现以及运用知识解决问题的能力；推理则是根据语言理解和知识，在已知的条件下根据一定规则或者规律推演出某种可能结果的思维过程。创造智能体现了对未见过、未发生的事物，运用经验，通过想象力设计、实验、验证并予以实现的智力过程。

随着感知智能的大幅进步，人们的焦点逐渐转向了认知智能。比尔·盖茨曾说，“语言理解是人工智能皇冠上的明珠”。自然语言理解处在认知智能最核心的地位，它的进步会引导知识图谱和推理能力的进步，从而推动人工智能整体的进展。

自然语言处理（NLP）通过对词、句子、篇章进行分析，对内容里面的人物、时间、地点等进行理解，并在此基础上支持一系列技术，如翻译、问答、阅读理解、知识图谱等。这些技术支撑了搜索引擎、客服、金融、新闻等应用。自然语言技术得到了云计算、大数据、机器学习、知识图谱等各个方面的支撑（图11.1）。

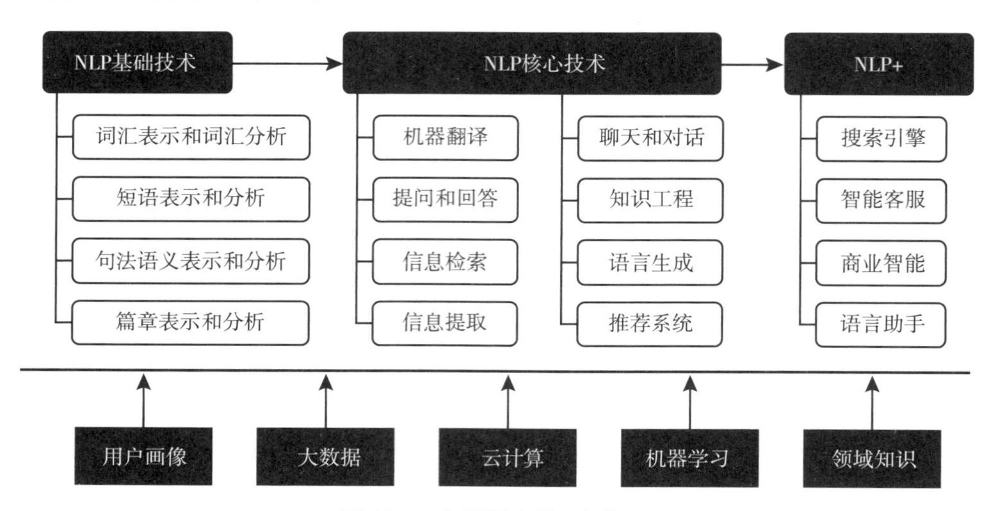

图 11.1　自然语言处理框架图

这里通过一个例子介绍自然语言处理中四个最基本的任务——分词、词性标注、依存句法分析和命名实体识别。在图 11.2 给定中文句子输入“我爱自然语言处理”：①分词模块负责将输入汉字序列切分成单词序列，在该例子中对应的输出是“我 / 爱 / 自然语言处理”。该模块是自然语言处理中最底层和最基础的任务，其输出直接影响后续的自然语言处理模块。②词性标注模块负责为分词结果中的每个单词标注一个词性，如名词、动词和形容词等。在该例子中对应的输出是“PN/VV/NR”。这里，PN 表示第一个单词“我”，对应的词性是代词；VV 表示第二个单词“爱”，对应的词性是动词；NR 表示第三个单词“自然语言处理”，对应的词性是专有名词。③依存句法分析负责预测句子中单词与单词间的依存关系，并用树状结构来表示整句的句法结构。在这里，root 表示单词“爱”是整个句子对应依存句法树的根节点，依存关系 nsubj 表示单词“我”是单词“爱”对应的主语，依存关系 dobj 表示单词“自然语言处理”是单词“爱”对应的宾语。④命名实体识别负责从文本中识别出具有特定意义的实体，如人名、地名、机构名、专有名词等。在该例子中对应的输出是“O/O/B”。其中，字母 O 表示前两个单词“我”和“爱”并不代表任何命名实体，字母 B 表示第三个单词“自然语言处理”是一个命名实体。

自然语言处理的历史几乎跟计算机和人工智能一样长，计算机出现后就有了人工智能的研究，而人工智能最早的研究就是机器翻译以及自然语言理解，基本上可以划分为三个阶段：

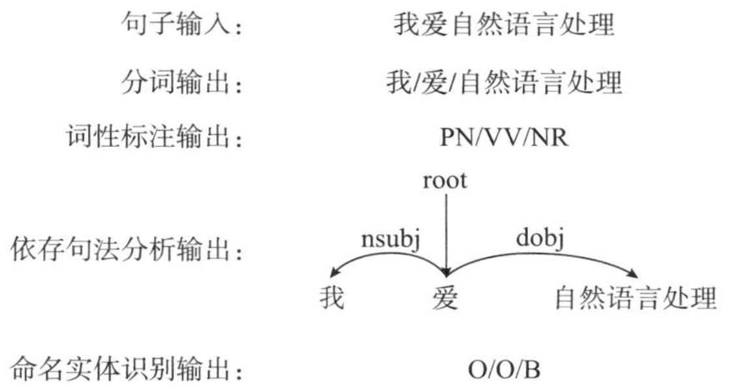

句子输入：　我爱自然语言处理

分词输出：　我/爱/自然语言处理

词性标注输出：　PN/VV/NR

依存句法分析输出：　root；nsubj；dobj；我　爱　自然语言处理

命名实体识别输出：　O/O/B

图 11.2　自然语言句子处理示例

第一阶段（20 世纪 60—80 年代）：基于规则来建立词汇、句法语义分析、问答、聊天和机器翻译系统。好处是规则可以利用人类的内省知识，不依赖数据，可以快速起步；问题是覆盖面不足，像个玩具系统，规则管理和可扩展一直没有解决。

第二阶段（20 世纪 90 年代开始）：基于统计的机器学习（ML）开始流行，很多 NLP 开始用基于统计的方法来做。主要思路是利用带标注的数据，基于人工定义的特征建立机器学习系统，并利用数据经过学习确定机器学习系统的参数。运行时，利用这些学习得到的参数对输入数据进行解码，得到输出。机器翻译、搜索引擎都是利用统计方法获得了成功。

第三阶段（2008 年之后）：深度学习开始在语音和图像发挥威力。随之，NLP 研究者开始把目光转向深度学习。先是把深度学习用于特征计算或者建立一个新的特征，然后在原有的统计学习框架下体验效果。比如，搜索引擎加入了深度学习的检索词和文档的相似度计算，以提升搜索的相关度。自 2014 年以来，人们尝试直接通过深度学习建模，进行端对端的训练。目前在很多领域取得了进展，包括机器翻译、问答、阅读理解等。与此同时，还出现了深度学习的热潮。

深度学习技术根本地改变了自然语言处理技术，使之进入崭新的发展阶段，总结一下，主要体现在以下几个方面：①神经网络的端对端训练使自然语言处理技术不需要人工进行特征抽取，只要准备好足够的标注数据（如机器翻译的双语对照语料），利用神经网络就可以得到一个现阶段最好的模型；②词嵌入（word embedding）的思想使得词汇、短语、句子乃至篇章的表达可以在大规模语料上进行训练，得到一个在多维语义空间上的表达，使得词汇之间、短语之间、句子之间乃至篇章之间的语义距离可以计算；③基于神经网络训练的语言模型可以更加精准地预测下一个词或一个句子的出现概率；④循环神经网络（RNN、LSTM、GRU、Transformer）可以对一个不定长的句子进行编码，描述句子的信息；⑤编码 – 解码（encoder–decoder）技术可以实现一个句子到另外一个句子的变换，这个技术是神经机器翻译、对话生成、问答、转述的核心技术；⑥强化学习技术使得自然语言系统可以通过用户或者环境的反馈调整神经网络各级的参数，从而改进系统性能。

目前主流的自然语言处理范式是“预训练 + 微调”，其基本思想是将训练大而深的端对端的神经网络模型分为两步：首先在大规模文本数据上通过无监督（自监督）学习预训练大部分的参数，然后在具体的自然语言处理任务上添加与任务相关的神经网络。通过预训练从大规模文本数据中学到的语言知识可迁移到下游的自然语言处理，预训练模型也从单语言预训练模型扩展到多语言预训练模型和多模态预训练模型。

接下来，我们具体介绍几种自然语言处理应用的发展现状，包括机器翻译、人机接口、阅读理解和机器创作。

1. 神经机器翻译

神经机器翻译是模拟人脑的翻译过程。人在翻译的时候，首先是理解这句话，然后在脑海里形成对这句话的语义表示，最后再把这个语义表示转化为另一种语言。神经机器翻译有两个模块：一个是编码模块，把输入的源语言句子变成一个中间的语义表示，用一系列的机器内部状态来代表；另一个模块是解码模块，根据语义分析的结果逐词生成目标语言。神经机器翻译在这几年发展得非常迅速，2017 年的研究热度更是一发不可收拾，现在神经机器翻译已经取代统计机器翻译，成为机器翻译的主流技术。统计数据表明，在一些传统的统计机器翻译难以完成的任务上，神经机器翻译的性能远远超过了统计机器翻译，而且跟人的标准答案非常接近甚至说是相仿的水平（图 11.3）。围绕神经机器翻译，研究者做了很多工作，比如提升训练的效率、提升编码和解码的能力。还有一个重要的研究问题就是数据问题，神经机器翻译依赖于双语对照的大规模数据集来进行端到端的训练神经网络参数，这涉及很多语言对和很多的垂直领域。而在某些领域并没有那么多的数据，只有少量的双语数据和大量的单语数据，所以如何进行半监督或者无监督训练来提升神经机器翻译的性能成为本领域的研究焦点。

中文：我就是这样评价今年的女子奥运体操队的，原因不止一个。

统计机器翻译：I said of this year's women's Olympic gymnastics team, because more than one.

神经机器翻译：This is how I evaluate this year's women's Olympic gymnastics team, for more than one reason.

人工翻译：That's what I call this year's Women's Olympic Gymnastics Team and for more reasons than one.

图 11.3　机器翻译和人工翻译比较

2. 智能人机交互

智能人机交互是指利用自然语言实现人与机器的自然交流。其中的一个重要概念是“对话即平台”（conversation as a platform，CaaP）。2016 年，微软首席执行官萨提亚提出了 CaaP 这个概念，他认为继有图形界面的下一代就是对话，对话会对整个人工智能、计算机设备带来一场新的革命。为什么要提到这个概念呢？我们认为有两方面原因：一方面源于大家都已经习惯用社交手段（如微信、Facebook）与他人聊天的过程。我们希望将这种通过自然语言交流的过程呈现在当今的人机交互中，而语音交流的背后就是对话平台。另一方面在于现在大家面对的设备有的屏幕很小甚至没有屏幕，所以通过语音的交互更为自然和直观。因此，我们需要对话式的自然语言交流，例如借助语音助手来完成。而语音助手又可以调用很多 Bot（对话机器人）来完成一些具体功能，比如买咖啡、买车票等。芸芸众生有很多需求，每个需求都有可能是一个小 Bot，必须有人去做这个 Bot。许多公司希望将自己的能力通过开放平台释放出来，让全世界的开发者甚至普通学生都能开发出自己喜欢的 Bot，形成一个生态的平台和环境。

人体对话系统包括三层的技术体系。第一层，通用聊天，需要掌握沟通技巧、通用聊天数据、主题聊天数据，还要知道用户画像，投其所好。第二层，信息服务和问答，需要搜索的能力、问答的能力，还需要对常见问题表进行收集、整理和搜索，从知识图表、文档和图表中找出相应信息并回答问题，我们统称为 Info Bot。第三层，面向特定任务的对话能力，如买咖啡、定花、买火车票这些任务是固定的，状态也是固定的，状态转移也是清晰的，那么就可以用 Bot 一个一个实现。调度系统理解用户的意图后，再调用相应的 Bot 执行相应的任务。它用到的技术是对用户意图的理解、对话的管理、领域知识、对话图谱等。

3. 阅读理解

自然语言理解的一个重要研究课题是阅读理解。阅读理解就是让电脑看一篇文章，并针对文章问一些问题，看电脑能不能回答出来。斯坦福大学曾做过一个比较有名的实验，就是使用维基百科的文章提出 5 个问题，由人把答案做出来，然后把数据分成训练集和测试集。训练集是公开的，用来训练阅读理解系统，而测试集不公开，个人把训练结果上传给斯坦福大学，斯坦福大学在其云端运行，再把结果报在网站上，这也避免了一些人对测试集做手脚。阅读理解技术自 2016 年 9 月前后发布，就引起了很多研究单位的关注，大概有二三十家单位都在做这样的研究。一开始的水平都不是很高，以 100 分为例，人的水平是 82.3 分，机器的水平只有 74 分，相差甚远，后来通过类似于开源社区模式的不断改进，性能得以逐步提高。2018 年在阅读理解领域出现了一个备受关注的问题，就是如何才能做到超越人的标注水平。当时，微软、阿里巴巴、科大讯飞和哈尔滨工业大学的系统都超越了人工的标注水平，这标志着阅读理解技术进入了一个新的阶段。这几个系统都来自中国，也体现了中国在自然语言处理领域的进步。

最近，由于预训练模型的广泛应用，研究人员在预训练模型基础上进行针对阅读理解任务的微调，并取得了新的进展。

4. 机器创作

除了可以做理性的东西，机器可以做一些创造性的东西吗？大约在 2005 年，微软研究院研发成功了“微软对联”系统。用户出上联，电脑对出下联和横批，语句非常工整。在此基础上，进一步开发了猜字谜的智能系统。在字谜游戏里，用户给出谜面，让系统猜字；或系统给出谜面，让用户猜字。此后，关于创作绝句、律诗、唐诗宋词等的研究随之兴起。2017 年，微软研究院开发了电脑写诗、作词、谱曲系统。中央电视台《机智过人》节目就曾播出过微软的电脑作词谱曲与人类选手进行词曲创作比拼的节目。这件事说明，如果有大数据，那么机器学习或者深度学习就可以模拟人类的创造智能创造出一些作品来；也可以与专家合作，帮助专家产生更好的想法，如两者配合产生出美妙的音乐。这在以前是难以想象的，自然语言的研究人员从来没有想到自然语言还可以延伸到音乐上去（其实音乐也是一种语言，自然语言的所有技术都可以应用到音乐上去，这需要想象力）。

下面将分别介绍自然语言处理中最重要的三个技术——机器翻译、自然语言人机交互、智能问答。希望通过这三个典型技术的介绍，读者可以对自然语言处理的基本理论、方法和实现等有一个清晰的了解。最后，对最近兴起的预训练模型做一下简要介绍。

11.2 机器翻译

机器翻译是自然语言处理领域的一个重要研究方向。早在 17 世纪，法国著名哲学家笛卡尔为了将不同语言中表达相同意义的词转换为统一的符号，提出了世界语言的概念。1946 年，沃伦·韦弗提出了使用机器将一种语言的文字转换为另一种语言的设想，并发表了著名的备忘录《翻译》，标志着现代机器翻译概念的正式形成。

机器翻译从被提出发展到现在，从方法上可以分为基于规则的机器翻译、基于实例的机器翻译、基于统计的机器翻译和神经机器翻译四个阶段。在机器翻译发展初期，由于计算能力有限、数据匮乏，人们通常将翻译和语言学专家设计的规则输入计算机，计算机基于这些规则将源语言的句子转换为目标语言的句子，这就是基于规则的机器翻译。基于规则的机器翻译通常分为源语言句子分析、转换和目标语言句子生成三个阶段。如图 11.4 所示，给定输入的源语言句子首先经过第 1 步词法分析和第 2 步句法分析得到句法树，然后通过第 3 步转换规则将源语言句子句法树进行转换，调整词序、插入词或者删除词，在第 4 步将句法树中的源语言词用对应的目标语言词替换，生成目标语言的句法树。最后第 5 步基于目标语言的句法树，遍历叶子节点，得到目标语言句子。

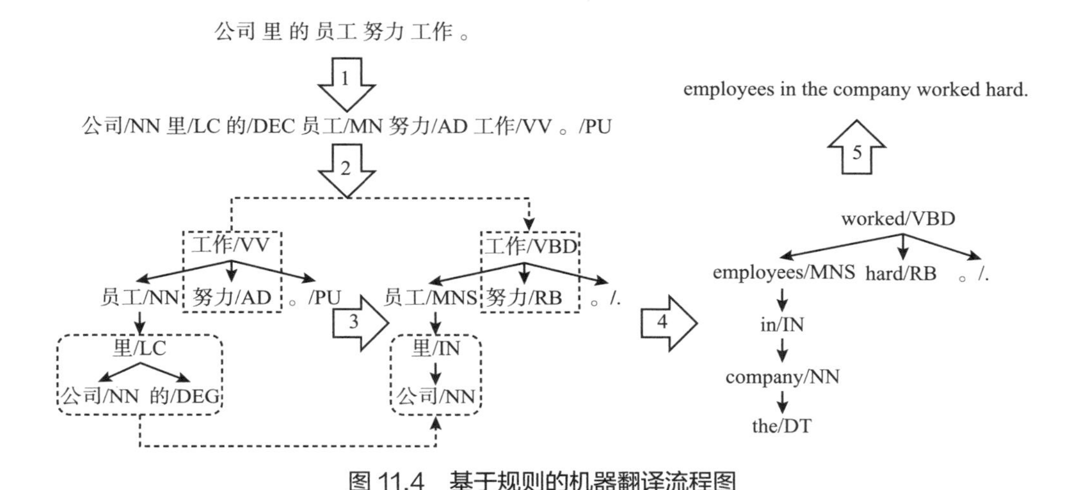

图 11.4 基于规则的机器翻译流程图

基于规则的机器翻译需要专业人士来设计规则。当规则太多时，规则之间的依赖会变得非常复杂，难以构建大型的翻译系统。随着科技的发展，人们收集一些双语和单语的数据，并基于这些数据抽取翻译模板以及翻译词典。在翻译时，计算机对输入句子进行翻译模板的匹配，并基于匹配成功的模板片段和词典里的翻译知识来生成翻译结果，这便是基于实例的机器翻译。如图 11.5 所示，基于实例的机器翻译首先使用实例库中的源语言实例对输入源语言句子 S 进行匹配，返回结构或者句法上最相似的源语言句子 S'，并得到对应的目标语言句子 T'。基于命中句子 S' 和输入句子 S 的分析以及 S' 和 T' 词汇级别的翻译知识，将 T' 修改为最终的译文 T。

随着互联网的快速发展，大规模的双语和单语语料的获取成为可能，基于大规模语料的统计方法成为机器翻译的主流。给定源语言句子，统计机器翻译的方法对目标语言句子的条件概率进行建模，通常拆分为语言模型和翻译模型，翻译模型刻画目标语言句子跟源语言句子在意义上的一致性，而语言模型刻画目标语言句子的流畅程度。语言模型使用大规模的单语数据进行训练，翻译模型使用大规模的双语数据进行训练。统计机器翻译通常使用某种解码算法生成翻译候选，然后用语言模型和翻译模型对翻译候选进行打分和排序，最后选择最好的翻译候选作为译文输出。解码算法通常有束解码、CKY 解码等。

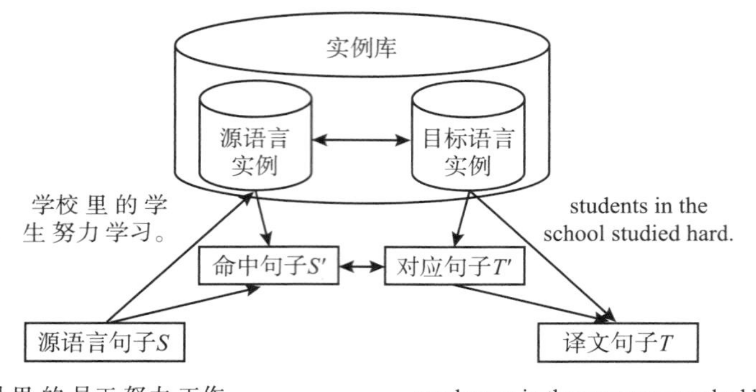

图 11.5　基于实例的机器翻译流程图

图 11.6 是基于 CKY 解码算法的统计机器翻译示例。统计机器翻译使用翻译规则（通常基于对齐结果从双语数据中抽取得到）对输入句子进行匹配，得到输入句子中片段的翻译候选。如果某个片段有多个翻译候选，则使用语言模型和翻译模型对这些翻译候选进行排序，只保留打分最高的某些候选。基于这些片段的翻译候选，使用翻译规则将翻译片段进行拼接以组成更长片段的翻译候选。翻译片段的拼接有顺序和反序两种方式，如图 11.6 中，X_6 和 X_7 都是反序拼接的规则，X_6 通过将 X_1 和 X_2 的翻译进行反向拼接生成片段“公司里的员工”的翻译“employees in the company”；X_8 和 X_9 则是正向拼接的规则。翻译模型和语言模型在打分时会有不同的权重，权重通常使用某个开发数据集训练得到。

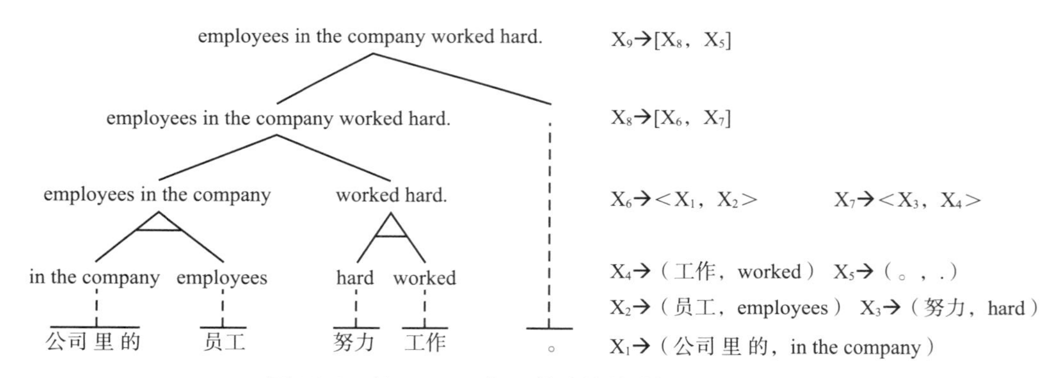

图 11.6　基于 CKY 解码算法的统计机器翻译示例

随着计算能力的进一步提升，特别是基于 GPU 的并行化训练的快速发展，基于深度神经网络的方法在自然语言处理中逐渐受到关注。基于深度神经网络的方法最开始被用于训练统计机器翻译中的某些子模型（基于深度神经网络的语言模型或者基于深度神经网络的翻译模型），并显著提高了统计机器翻译的性能。随着解码器和编码器框架以及注意力机制的提出，神经机器翻译全面超过了统计机器翻译，机器翻译进入了神经网络时代。

11.2.1 编码器解码器翻译模型

机器翻译建模可以看作是一个特殊的语言模型，机器翻译使用目标语言的语言模型来预测某个句子的生成概率，但是需要以源语言句子作为条件。

$$p(y|x)=\prod_{i=1}^{|y|}p(y_i|y_1^{i-1},\ x)$$

其中，$x=(x_1,\ x_2,\cdots,\ x_{|x|})$是一个长度为$|x|$的源语言句子。极端地，假设有足够多的双语数据，便可以直接估计$p(y_i|y_1^{i-1},\ x)$。由于源语言句子的引入使得$(y_0,\ y_1,\cdots,\ y_{i-1},\ x)$变得极度稀疏，绝大多数$(y_0,\ y_1,\cdots,\ y_{i-1},\ x)$都没有出现过。为解决数据稀疏问题，我们往往采用一种编码的方式来表示输入句子x。

循环神经网络便是常用的对句子进行编码的方式。如图 11.7 所示，循环神经网络包含三个部分，分别是输入层（蓝色所示）、隐含层（绿色所示）、输出层（红色所示）。循环神经网络每个时刻根据上一个时刻的隐含层（h_{t-1}）和当前的输入（x_t）生成当前时刻的隐含状态（h_t），并基于当前的隐含状态预测当前时刻的输出。

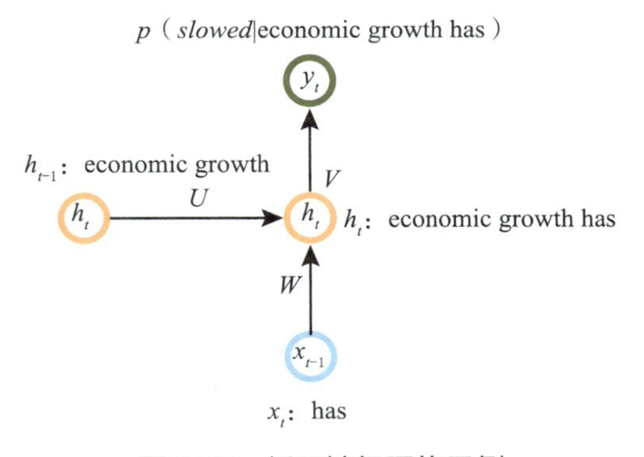

图 11.7　循环神经网络示例

如图 11.8 所示，给定源语言句子“Economic growth has slowed down in recent years”，循环神经网络首先将句子里的第一个词“Economic”输入循环神经网络产生第一个隐含状态 h_1，此时隐含状态 h_1 便包含了第一个词“Economic”的信息；下一步将第二个词“growth”作为循环神经网络的输入，循环神经网络将第二个词的信息同第一个隐含状态 h_1 进行融合产生第二个隐含状态 h_2，如此则第二个隐含状态 h_2 便包含了前两个词“Economic growth”的信息；使用同样方法依次将源语言句子里所有的词输入神经网络，每输入一个词都会同前一时刻的隐含状态进行融合产生一个包含当前词信息和前面所有词信息的新的隐含状态。当把整个句子所有的词输入进去之后，最后的隐含状态理论上包含了所有词的信息，便可以作为整个句子的语义向量表示，该语义向量称为源语言句子的上下文向量。

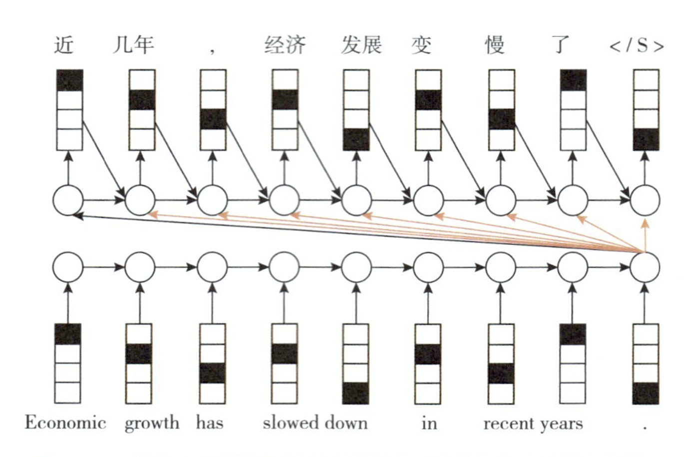

图 11.8　基于源语言句子编码表示的循环神经网络翻译模型

编码器将源语言句子编码为一个源语言句子的上下文向量，解码器的任务是根据编码器生成的该上下文向量生成目标语言句子的符号化表示。给定源语言的上下文向量，解码器循环神经网络首先产生第一个隐含状态 S_1，并基于该隐含状态预测第一个目标语言词“近”；然后第一个目标语言词“近”会被作为下一个时刻的输入，连同第一个隐含状态 S_1 以及上下文向量 C_t 来产生第二个隐含状态 S_2，该隐含状态 S_2 包含了目标语言句子第一个词“近”的信息和源语言句子的信息，并用来预测目标语言句子第二个词“几年”；第二个目标语言词“几年”会被再次作为输入来产生第三个隐含状态，如此循环下去，直到预测到一个句子的结束符 </S> 为止。

11.2.2　注意力机制的引入

基于编码器解码器框架的神经机器翻译模型在翻译比较短的句子时效果尚可，但是在翻译比较长的句子时，由于最先输入的词的信息在经过多步的循环神经单元的运算后很难被保留下来，从而使得翻译质量下降得比较严重。注意力机制的引入进一步提高了编码器解码器框架在长句子上的翻译质量，使得神经机器翻译模型的翻译质量全面超越了基于统计的翻译模型。

如图 11.9 所示，不同于传统的编码器 – 解码器框架只使用最后一个隐含状态作为解码器的输入，注意力网络首先使用匹配函数计算任意一个编码器隐含状态和前一时刻解码器隐含状态的匹配得分；然后使用 softmax 函数将该得分标准化成一个编码器隐含状态序列上的概率，该概率作为权重被用来对编码器隐含状态序列的所有隐含状态进行加权，从而得到该时刻的上下文向量。基于该上下文向量，便可以使用标准的循环神经网络解码器生成当前时刻的隐含状态。

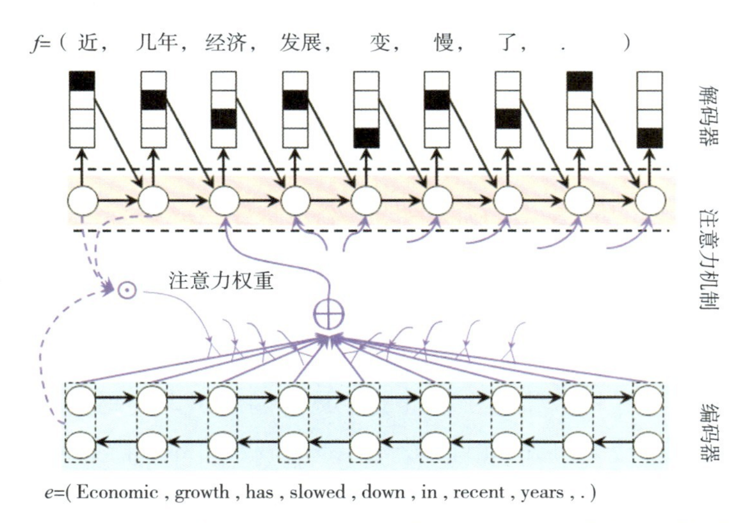

图 11.9 基于注意力机制的循环神经网络编码器 – 解码器的翻译模型

使用注意力机制的解码器在生成目标语言词时，对源语言句子里的词信息的考量有侧重。如图 11.10 中，当生成目标语言词“economic”时，要着重考虑源语言词“经济”的信息；同样，当生成目标语言词“slow”时，应该着重考虑源语言词“慢”的信息。这种侧重的程度便是通过标准化后的概率来体现，而概率的计算则是通过比较 / 匹配编码器隐状态和解码器隐状态得到。

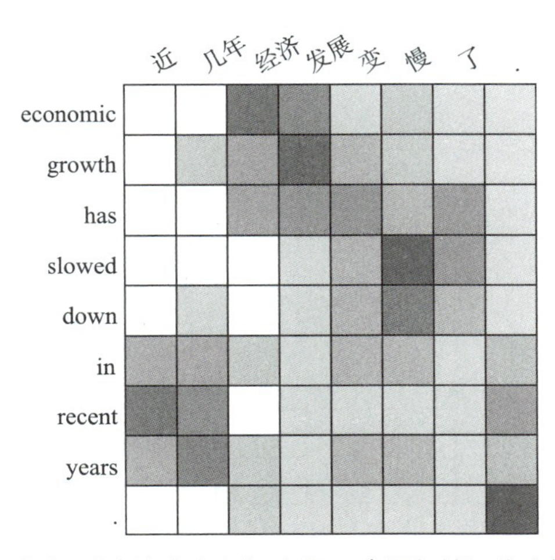

图 11.10 例句对应的注意力概率图示（颜色越深代表概率越大）

随着神经机器翻译的发展，网络上涌现了很多开源的实现，读者如果感兴趣，可以基于这些实现很容易地搭建和训练自己的神经机器翻译模型，比如 Groundhog（https://github.com/lisa-groundhog/GroundHog）。

11.2.3 完全基于注意力网络的神经翻译模型

在前边我们提到，注意力网络通过将源语言句子的隐含状态和目标语言句子的隐含状态直接链接，从而缩短了源语言词的信息到生成对应目标语言词的传递路径，显著提高了翻译质量。基于循环神经网络的编码器和解码器，每个词的隐含状态都依赖于前一个词的信息，所以编码的状态是顺序生成的。但这种用编码顺序生成的方式严重影响了模型的并行能力。此外，尽管基于词的循环神经单元可以解决梯度消失或者爆炸的问题，然而相距太远的词的信息仍然不能保证被考虑进来；尽管卷积神经网络可以提高并行化的能力，然而只能考虑一定窗口内的历史信息。为了同时解决这些问题，可以将两个额外的注意力网络引入编码器和解码器的内部，分别用于解决源语言句子和目标语言句子内部词语之间的依赖关系。基于这样的考虑，Vaswani 等人提出了完全基于注意力网络的神经翻译模型 Transformer。

如图 11.11 所示，Transformer 模型同原来的基于循环神经网络模型的最大不同在于，使用自注意力网络取代循环神经网络来作为编码器和解码器的处理单元。以编码器为例，为了得到第 n 层 t 时刻的隐含状态，我们使用分组注意力网络，利用

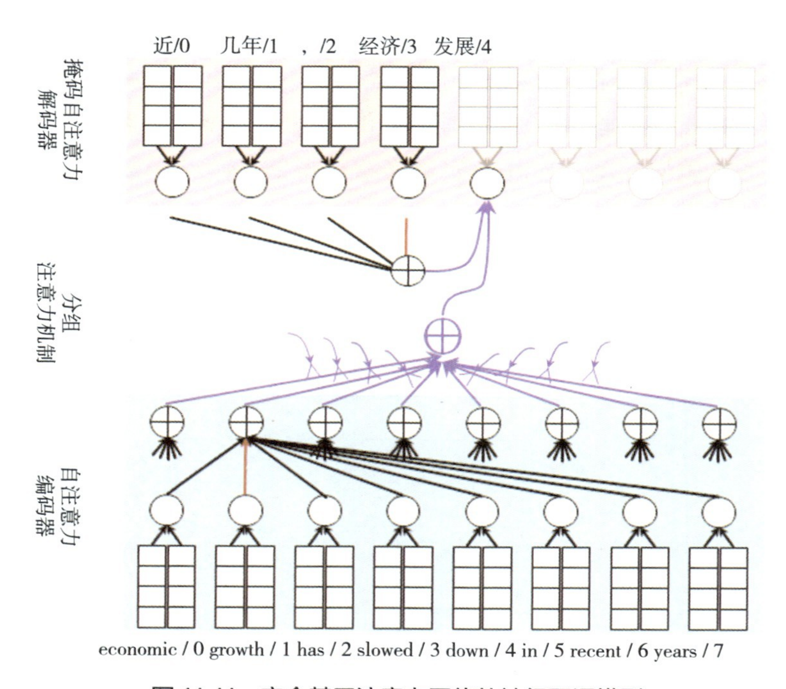

图 11.11 完全基于注意力网络的神经翻译模型

第 n–1 层 t 时刻的隐含状态去同第 n–1 层所有时刻的隐含状态算注意力权重，并使用其将 n–1 层的隐含状态加权得到第 n 层 t 时刻的隐含状态。一方面，该方法的计算并不像循环神经网络一样从左到右来生成隐含状态，词与词之间直接通过注意力机制联系起来，解决了长距离的依赖问题；另一方面，分组注意力机制的引入提供了从多个角度去获取上下文信息的能力。解码器端使用类似的自注意力机制，不同之处在于需要使用掩码将句子后边的信息屏蔽掉。由于自注意力网络不能像循环神经网络那样天然地考虑句子里词的顺序信息，所以位置编码被引入进来。

11.3　自然语言人机交互

本节将介绍两类基于自然语言的人机交互系统——对话系统和聊天机器人。这二者之间既有共性又有区别，共性在于它们都支持基于自然语言的多轮人机对话；区别在于对话系统侧重完成具体的任务（如预订机票及酒店、查询天气、制定日程等），而聊天机器人侧重闲聊。

接下来，我们将简要说明这两类人机交互系统中所涉及的一些具体模块和关键技术。

11.3.1　对话系统

对话系统（dialogue system）是指以完成特定任务（task completion）为主要目的的人机交互系统。早期的对话系统大多以完成单一任务为主。例如，机票预订对话系统、天气预报对话系统、银行服务对话系统和医疗诊断对话系统等。近年来，随着数字化进程的日趋完善以及自然语言处理和深度学习技术的高速发展，面向多任务的对话系统不断涌现并且越来越贴近人们的日常生活。典型代表包括智能个人助手（如 Apple Siri、Google Assistant、Microsoft Cortana 和 Facebook M 等）和智能音箱（如 Amazon Alexa、Google Home 和 Apple Home Pod 等）。

大多数对话系统由三个模块构成——对话理解、对话管理和回复生成。对话理解模块首先根据历史对话记录对用户当前输入的对话内容进行语义分析，识别出对话任务的领域（如航空领域）和用户意图（如机票预订），并抽取出完成当前任务所必需的若干必要信息（如起飞时间、起飞城市、到达城市、航空公司等）。其次，对话系统根据用户当前输入的自然语言理解结果，对整个对话状态进行更新，并根据更新后的对话状态决定接下来系统需要采取的行动指令。最后，回复生成模块基于对话管理输出的系统行动指令生成自然语言回复，并返回给用户。上述过程迭代进行，直到对话系统获取足够的信息并完成任务为止。语音识别（ASR）和文本生成语音（TTS）也是对话系统的重要组成部分，前者负责将用户输入的语音信号转换成自然语言文本，后者负责将对话系统生成的自然语言回复转成语音。由于本章侧重自然语言部分，因此跳过对 ASR 和 TTS 的介绍。图 11.12 给出了对话系统的一个流程示意图。

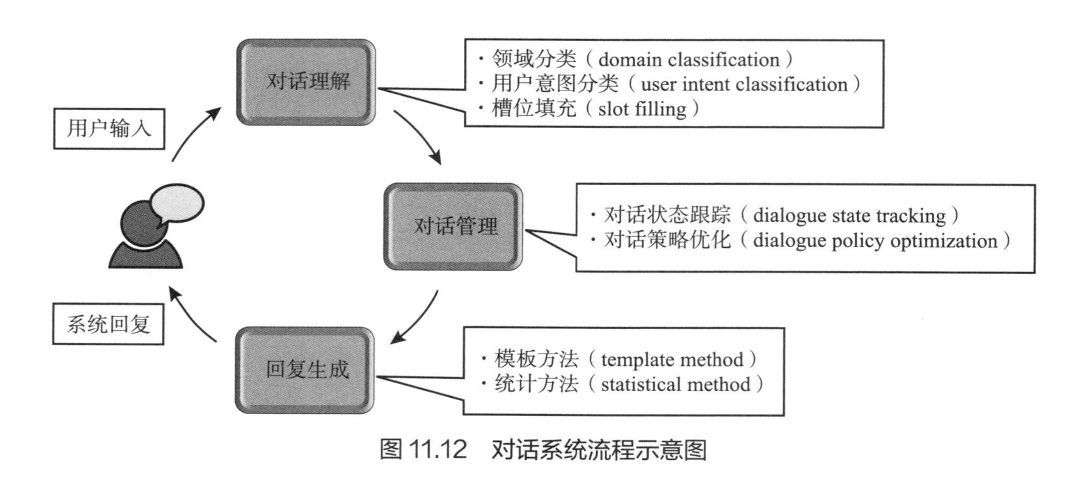

图 11.12　对话系统流程示意图

接下来，进一步介绍这三个模块的具体任务定义以及典型方法。

1. 对话理解

对话理解模块负责对用户输入的对话内容进行包括领域分类、用户意图分类和槽位填充在内的语义分析任务。

- 领域分类（domain classification）：根据用户对话内容确定任务所属的领域。例如，常见的任务领域包括餐饮、航空和天气等。
- 用户意图分类（user intent classification）：根据领域分类的结果进一步确定用户的具体意图，不同的用户意图对应不同的具体任务。例如，餐饮领域中常见的用户意图包括餐厅推荐、餐厅预订和餐厅比较等。
- 槽位填充（slot filling）：针对某个具体任务，从用户对话中抽取出完成该任务所需的槽位信息。例如，餐厅预订任务所需的槽位包括就餐时间、就餐地点、餐厅名称和就餐人数等。

图 11.13 给出了对话理解模块的一个输入和输出实例。对于用户当前轮的输入“我想预订明天下午 3 点在王府井附近的全聚德烤鸭店”，领域分类判断该输入属于“餐饮”领域，用户意图分类判断该输入对应的用户意图是“餐厅预订”，槽位填充从该输入中抽取出“就餐时间”“就餐地点”和“餐厅名称”这三个槽位对应的槽位值分别是“明天下午 3 点”“王府井”和“全聚德烤鸭店”。注意，为了完成餐厅预订任务，对话系统还需要获得“就餐人数”这个槽位对应的槽位值。由于当前输

入并未包含该信息，因此对应的槽位值是空（用“–”表示）。

领域分类和用户意图分类同属分类任务，因此二者可以采用同一套方法完成。早期的分类方法主要基于统计学习模型，如最大熵（maximum entropy）和支持向量机（support vector machine）等。近年来，基于深度学习的分类模型被广泛用于领域分类和用户意图识别任务，如基于深度信念网络（deep belief nets）的分类方法、基于深度凸网络（deep convex network）的分类方法、基于循环神经网络和卷积神经网络的分类方法等。这类方法无须人工指定特征，能够针对分类任务直接进行端到端的模型优化，并且在大多数分类任务上已经取得了最好的效果。

槽位填充属于序列标注任务，每个任务对应的槽位信息由一系列键–值对构成。每个键（key）对应一个具体的槽位，例如餐厅预订任务中的就餐时间、就餐地点、餐厅名称和就餐人数等；每个值（vale）对应当前槽位对应的具体赋值，例如图 11.13 中所示表格的第二例。基于条件随机场（conditional random field, CRF）模型是最常见的早期序列标注方法，与其他统计学习模型类似，CRF 模型同样需要人工指定特征用于完成序列标注任务。近年来，基于深度学习的序列标注方法在槽位填充任务上取得了主导地位，如基于递归循环网络（recurrent neural network）的槽位填充方法、基于编码器–解码器（encoder–decoder）的槽位填充方法、基于多任务学习（multi–task learning）的槽位填充方法等。

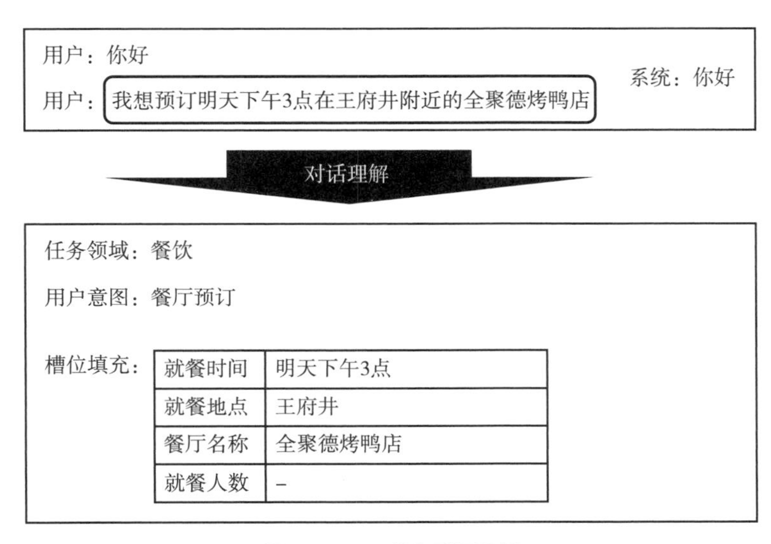

图 11.13　对话理解示例

2. 对话管理

对话管理模块主要由对话状态跟踪（dialogue state tracking）和对话策略优化（dialogue policy optimization）两部分组成。前者负责在每轮对话结束时对整个对话状态进行动态更新，后者负责根据更新后的对话状态决定接下来系统将采取的行动。

图 11.14 给出了对话管理模块的一个输入输出实例。其中，对话状态跟踪模块维护的对话状态负责为每个槽位对应的槽值维护一个概率分布，这样做的好处是能够缓解前期发生的槽位填充错误在后期无法被修正的问题。对话策略优化模块负责根据整个对话状态决定接下来系统需要采取的指令，例如，根据下图中更新后的对话状态，对话策略优化模块认为应该在接下来的对话中询问就餐人数，对应的行动代码是“询问就餐人数（ ）”。

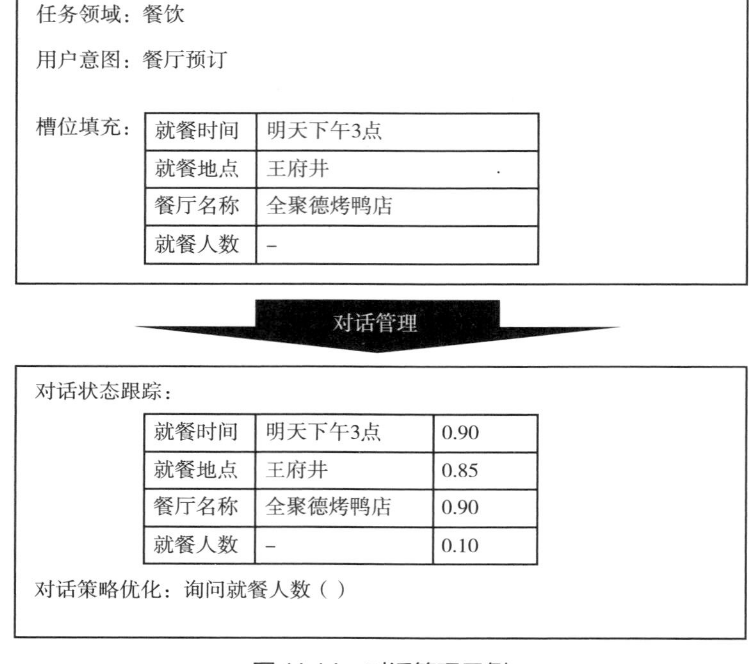

图 11.14　对话管理示例

典型的对话管理方法可以分为基于有限状态机的方法、基于部分可观测马尔可夫决策过程的方法和基于深度学习的方法三类。

（1）基于有限状态机（finite state machine, FSM）的方法将对话过程看成是一个有限状态转移图。该类方法通过使用槽位填充输出的键 – 值对更新对话状态（包括对某个槽位加入对应的值，以及更新或删除某个槽位对应的历史值），并根据当前状态转移图的状态决定接下来将要采取的行动。该类方法的优点是可以通过对目标任务的理解制定明确清晰的状态转移图，并采用基于规则的方法控制对话过程；缺点是真实对话中往往会出现诸如反复询问或插入题外话的异常情况，基于状态机的方法缺乏对此类异常的有效对应机制。

（2）基于部分可观测马尔可夫决策过程（partially observable markov decision process, POMDP）的方法属于数据驱动方法。该类方法基于真实对话数据，将语音识别和自然语言理解模块的不确定性引入模型。相比于基于显式人工规则，此类方法的鲁棒性更好。具体而言，POMDP 方法将对话过程看作是一个马尔可夫决策过程，并用转移概率 $P(s_t \mid s_{t-1}, a_{t-1})$ 来表示从对话状态 s_{t-1} 到对话状态 s_t 之间的转移。这里的每个对话状态 s_t 对应一个变量，该变量无法直接观察到。POMDP 将自然语言理解模块的输出 o_t 看作是带有噪声的、基于用户输入的观察值，这个观察值的概率为 $P(s_t \mid o_t)$。上述提到的状态转移概率和观察值生成概率采用基于随机统计的对话模型（dialogue model）M 表示。每轮对话中系统采取的具体行动指令则由策略模型（policy model）P 来决定。对话过程中，每步通过使用回报函数（reward function）R 来衡量已经进行的对话的质量。对话模型 M 和策略模型 P 的优化通过最大化回报函数的期望来实现。

（3）基于深度学习的方法将神经网络用于对话状态跟踪任务。在该类方法中，对话状态跟踪模块负责对整个对话历史和系统目前对话状态进行编码，并基于该编码对整个对话状态进行更新；对话策略优化模块采用增强学习技术决定接下来系统需要采取的行动指令。这类方法通过最大化未来回报（future reward）的方式进行上述两个模型的参数优化，并根据训练好的模型生成最优的行动指令。

3. 回复生成

回复生成模块负责根据对话管理模块输出的系统行动指令，生成对应的自然语言回复并返回给用户。图 11.15 给出了回复生成模块的一个输入输出实例。其中，根据对话管理模块的输出指令“询问就餐人数”，对话系统生成的自然语言回复为

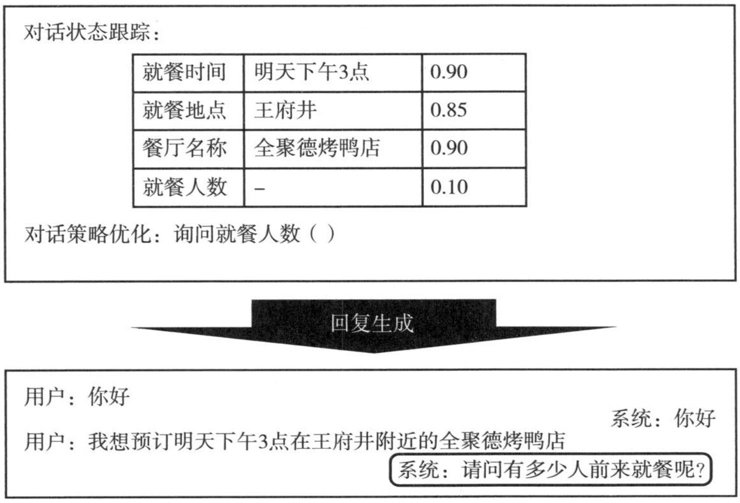

对话状态跟踪：

就餐时间	明天下午3点	0.90
就餐地点	王府井	0.85
餐厅名称	全聚德烤鸭店	0.90
就餐人数	–	0.10

对话策略优化：询问就餐人数（ ）

回复生成

用户：你好

系统：你好

用户：我想预订明天下午3点在王府井附近的全聚德烤鸭店

系统：请问有多少人前来就餐呢？

图 11.15　回复生成示例

“请问有多少人前来就餐呢？”。

典型的回复生成方法包括基于模板的方法和基于统计的方法两类。

（1）基于模板的方法使用规则模板完成从系统行动指令到自然语言回复的转化，规则模板通常由人工总结获得。该类方法能够生成高质量回复，但模板扩展性和句子多样性明显不足。

（2）基于统计的方法使用统计模型完成从系统行动指令到自然语言回复的转化。基于规划的（plan-based）方法通过句子规划（sentence planning）和表层实现（surface realization）两步完成上述转化任务。句子规划负责将系统行动指令转化为某种预定义的中间结构，表层实现负责将该中间结构进一步转化为自然语言回复并输出给用户。这类方法的缺点在于句子规划阶段依然需要使用预先设计好的规则。基于语料（corpus-based）的方法有效地缓解了上述问题。例如，基于语言模型的方法从系统行动指令出发，基于语言模型直接生成自然语言回复句子，而不再经过任何中间状态。这类方法的优点在于尽量少地避免了对人工规则的过度依赖。不过，传统语言模型对长距离依存现象的处理存在天然的不足。基于深度学习的方法使用基于循环神经网络的序列生成模型替换了语言模型，不仅能够有效解决长距离依存问题，而且借助深度学习能够自行选择特征的机制，能够采用端到端的方式在任务数据上直接优化。实验证明，该类方法能够在对话系统任务中的自然语言生成数据集上取得目前最好的效果。

目前，以完成特定任务为目的的对话系统研究受到了研究者的广泛关注，但不同工作往往针对对话系统中某个特定模块进行改进，对外发布的代码无法完成端到端的对话任务，增大了初学者想要通过一个基准系统了解对话系统全貌的难度。针对这一问题，剑桥大学对话系统研究组对外发布了 PyDial 基准系统。该系统是一个使用 Python 实现的针对多领域的统计对话系统工具包，涵盖了包括自然语义理解、对话管理和自然语言生成在内的对话系统主要模块。感兴趣的读者可以通过下载该工具包（http://www.camdial.org/pydial/）对对话系统任务做进一步的了解和尝试。

11.3.2 聊天机器人

随着人工智能从感知智能向认知智能升级，自然语言处理的重要性日益凸显。作为人类思维的载体，自然语言是人们交流观念、意见、思想、情感的媒介和工具，对话是最常见的语言使用场合。因此，聊天机器人是自然语言处理技术最为典型的应用之一。聊天机器人是一种人工智能交互系统，其工作方式是通过语音或文字实现人机在任意开放话题上的交流。目前，人们建立聊天机器人的目的在于模拟人类的对话行为，从而检测人工智能程序是否能够理解人类语言并且和人类进行长时间的自然交流，使用户沉浸于对话环境之中。

从国家层面，聊天机器人系统是推动国家产业升级的基础研究，符合国家的科研及产业化发展方向。在2017年国务院发布的《新一代人工智能发展规划的通知》中，人机对话系统被列为八项关键共性技术之一的自然语言处理技术中的关键技术。因此，研究聊天机器人对于构建基于自然语言的人机交互的服务具有重要的应用价值，对促进人工智能的发展具有积极作用，是国家人工智能发展战略中的重要一环。

会话系统经过数十年的研究与开发，从二十世纪六七十年代的Eliza和Parry，到ATIS项目中的自动任务完成系统，再到Siri这样的智能个人助理和微软“小冰”这样的聊天机器人，各式各样的聊天机器人层出不穷。社交聊天机器人的吸引力不仅在于回应用户不同请求的能力，还在于能与用户建立起情感联系。由于智能手机的普及、宽带无线技术的发展，社交聊天机器人日益被大众所接受。社交聊天机器人的目的是满足用户交流、情感和社交归属感的需求，还可以在闲聊中帮助用户执行多种任务。

近年来，会话系统的相关产品层出不穷。智能语音助手包括苹果Siri、微软Cortana、谷歌Now、亚马逊Echo等；智能客服系统包括京东JIMI、阿里巴巴“阿里小蜜”、支付宝“安娜”等；精神陪伴类应用包括微软“小冰”、微信“小微”等，其中微软“小冰”引发了新一轮的聊天机器人热潮。此类陪伴型聊天机器人的目标是着力培育聊天机器人的EQ，让用户沉浸于与机器人的对话之中，而不是帮助人完成特定的任务。目前可定制聊天机器人也是应用领域的热点，成功案例包括Kik公司为服装企业H&M定制了服装导购机器人，微软“小冰”与敦煌研究院合作推出了“敦煌小冰”机器人，小i机器人为电信、金融等领域定制的自动客服机器人等。同时，各大企业纷纷研发或者收购AI平台，如微软研发的语言理解智能服务Luis.ai，三星、Facebook和谷歌分别收购了Viv.ai、Wit.ai和api.ai，百度研发了DuerOS并收购了Kitt.ai。从各大企业对人机对话技术的重视程度来看，基于自然语言理解技术的聊天机器人竞争十分激烈。

聊天机器人技术大致可分为三类：基于规则的聊天机器人、基于检索的聊天机器人和基于生成的聊天机器人。

1. 基于规则的聊天机器人

最早的聊天机器人是基于规则的聊天机器人。设计者会预先定义好一系列的规则，例如关键词回复词典、条件终止判断以及一些更复杂的输入分类器。给定对话输入，首先规则系统对输入进行自然语言解析，在解析过程中抽出预定义的关键词等信息；之后根据所抽取的关键信息，通过定义好的模板进行回复。如果输入不在规则体系之内，则用万能回复进行回复用户，具体例子如表 11.1 所示。

表 11.1　与规则式聊天机器人（Cleverbot）对话历史

角色	对话内容
人	Hello.（你好。）
聊天机器人	Hi. How are you?（你好，你怎么样？）
人	I am fine.（我挺好的。）
聊天机器人	I am happy to hear that.（很高兴听到。）
人	I am eating Meatball Marinara（我在吃百味肉丸。）
聊天机器人	Ok. Good for you.（还不错哦。）

最早的基于规则的聊天机器人可以追溯到 20 世纪 60 年代，那时麻省理工学院的人工智能实验室利用大量规则建立了一个名为 ELIZA 的聊天机器人并取得阶段性成功，在很多例子上都让人分辨不清后台作答的是人还是机器，甚至连 ELIZA 的创始人都说“机器可以表现得十分惊艳，可以蒙蔽最有经验的观察者”。然而由于 ELIZA 由大量规则构成，规则系统并不能很好地解决开放领域对话问题，很多输入语句无法得到良好的回答，所以 ELIZA 并没有获得广泛应用，最终只停留在实验室中。在此之后，仍然有基于规则系统的聊天机器人被研发出来，如 1972 年的 PARRY。1995 年，Alicebot（artificial linguistic internet computer entity）问世，其使用了 AIML（一种用来表示语义的 XML 语料库），通过问答对定义聊天的知识库，并通过 Javascript 命令完成检索计算功能。此种聊天机器人为之后的基于检索的聊天机器人打下了坚实基础。1997 年，一款名为 Jabberwacky 的聊天机器人出现在互联网上，其目的仍然是想通过图灵测试，但其设计原理却是通过与人的交流来让机器学习对话。相比于 ELIZA，这是一个很大的进步。如今，人们仍然可以和这个机器人的升级版本 Cleverbot（https://en.wikipedia.org/wiki/Cleverbot）在网上交流。

基于规则的聊天机器人的优点是回复可控，每条回复均由设计者撰写，并且其回复触发的逻辑也被精心设计。例如表 11.1 中的“Hi. How are you”就是由模板触发。然而，由于人类语言的复杂性，聊天的规则是无穷无尽的，很难通过人工撰写模板的方式穷举，也导致了基于规则的聊天机器人难以覆盖所有开放领域的聊天话题，很多话题没有合适的回复，系统的可扩展性较弱。综上，基于规则的聊天机器人是人类在该领域技术上的一个初步尝试，但由于规则的不可枚举性，基于规则的聊天机器人很难在开放领域长时间和人类进行对话。

2. 基于检索的聊天机器人

检索式聊天机器人是利用成熟的搜索引擎技术和人类对话语料构建的聊天机器人系统。检索式聊天机器人首先从互联网上抓取大量的人与人的聊天历史记录，如表 11.2 所示。

表 11.2　互联网上人与人之间的对话记录

角色	对话内容
A	我从 53kg 瘦到 43kg 用了七个半月。
B	我没吃米饭，半斤都没瘦，我都哭了。
A	是不是其他的吃太多了啊，油分大的也不能多。
B	比以前吃少很多了。
A	我是跟网上减肥瑜伽做的。

其中 A 与 B 在探讨如何减肥这一话题，A 在向 B 传授减肥的经验。之后检索式聊天机器人会将 A 与 B 的聊天记录存入一个索引之中，一旦之后用户输入的聊天语句可以用所储存的某一句聊天记录进行回复，系统就会自动输出之前所储存的记录。例如，一个用户的新输入为“我这几天一点都没瘦，也没吃什么主食”，机器会通过上下文语义分析以及语义相似度计算输出“是不是其他的吃太多了啊，油分大的也不能多”这句话。图 11.16 给出了检索式聊天机器人的系统架构。

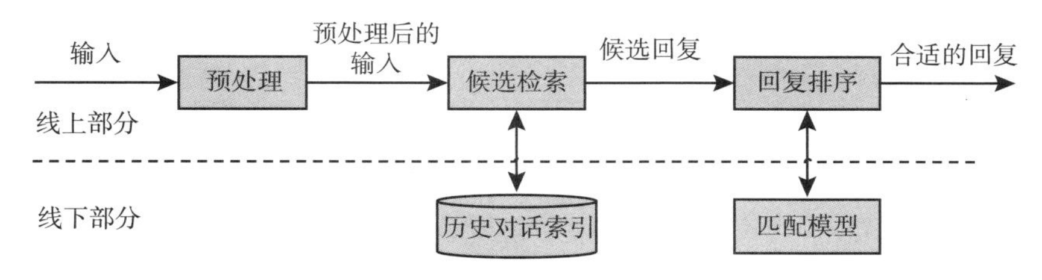

图 11.16　检索式聊天机器人的系统架构

检索式聊天机器人分为线上和线下两部分。线下部分由索引、匹配模型以及排序模型三个模块组成，这三个模块分别为线上产生候选回复、信息 – 回复对的特征描述以及回复候选的排序。索引中收集了大量来自社交网络上人与人的交流数据，组织成“一问一答”结构。索引是检索式聊天机器人的基础，其目的是当线上输入一个用户信息后，能够快速从大量“问答对”中获得可能的回复候选。匹配模型是检索式聊天机器人的关键，其作用是实现对用户信息和回复候选的语义理解，对二者语义上构成回复关系的可能性进行打分。这些打分在线上构成了每个信息 – 回复对的特征，而这些特征最终由一个排序模型进行整合，产生最终的候选排序。

检索式聊天机器人的本质是对已有的人类回复进行筛选重用来回复新的信息。表 11.3 展示了人与检索式聊天机器人的对话历史。一方面，重用人类对话历史进行回复是一个优势，因为人类的回复不仅通顺流畅，而且往往还包含了网友的“智慧”，所以检索式聊天机器人只要能够找到与输入信息语义相关并且和上下文逻辑一致的回复，就可以和用户顺畅地进行对话，而且可以时不时爆出“金句”，这也是检索式聊天机器人被广泛应用于工业界的原因。如表 11.3 中聊天机器人所说的“我吃了番茄炒西红柿和马铃薯炒土豆丝，味道有点怪。”就回复得十分精彩，风趣幽默。然而，这也是检索式聊天机器人的局限——回复的好坏很大程度上依赖于索引的质量和是否能够检索到合适的候选，并且检索式聊天机器人没有显式地将人类常识建模到系统之中。因此，有时聊天机器人会给出一些并不恰当或者违反人类常识的回答，例如表 11.3 中的对于“番茄炒西红柿是什么”的回答“胡萝卜”就让人摸不着头脑。更为严重的是，在多轮聊天中要考虑上下文信息，如何检索到能和上下文逻辑一致的回复候选以及如何精准分析上下文，均是当前检索式聊天机器人所面临的挑战。

表 11.3　与检索式聊天机器人对话历史

角色	对话内容
人	你最近怎么样?
聊天机器人	挺好的，好久不见呀。
人	你吃午饭了吗?
聊天机器人	我吃了番茄炒西红柿和马铃薯炒土豆丝，味道有点怪。
人	番茄炒西红柿是什么?
聊天机器人	胡萝卜。

如何准确地衡量聊天历史和候选的匹配程度是聊天机器人的关键。通常情况下，检索式聊天机器人将聊天历史和候选回复编码成向量，然后计算这两个向量的相似程度。假设 x 是聊天历史的向量表示，y 是候选回复的向量表示，x 和 y 的匹配可以简单表示成双线性匹配：

$$match(x,\ y)=x^TAy$$

其中，A 是参数矩阵或者更加复杂的结构。目前，检索式聊天机器人的研究工作往往在于如何将对话上文和回复编码成向量以及如何设计向量的相似度度量函数 A。例如，我们可以通过卷积神经网络（CNN）、循环神经网络（RNN）或者层次循环神经网络（HRNN）对对话内容进行相应的编码，相似度度量函数可以使用双线性匹配模型、多层感知机模型（MLP）或者利用简单的点积计算或者余弦相似度来判断相似程度。近些年来，随着预测训练模型的发展，可利用 BERT 及 Roberta 进行检索式聊天机器人的判别。

在聊天机器人的算法设计中，不能只考虑当前这一轮的对话内容，这样会导致检索式聊天机器人存在“短视”这一问题。最近，基于检索的多轮对话引起了越来越多的关注。一些工作利用循环神经网络将整个上下文（包括当前消息和历史对话）和回复编码成上下文向量和回复向量，然后基于这两个向量计算匹配分数。还有一些工作通过卷积神经网络将候选回复和上下文中的每个句子在不同粒度上进行匹配，然后再利用循环神经网络对句子间的关系建模，进一步提升了检索式聊天机器人对聊天上下文的理解力。

3. 基于生成的聊天机器人

生成式聊天机器人是指利用自然语言生成技术对给定对话上下文直接生成一句完整的话语进行回复。此类算法可以基于已有模型产生训练集中没有出现过的回复。生成式聊天机器人目前普遍基于神经网络的“序列到序列”模型实现，如图 11.17 所示。

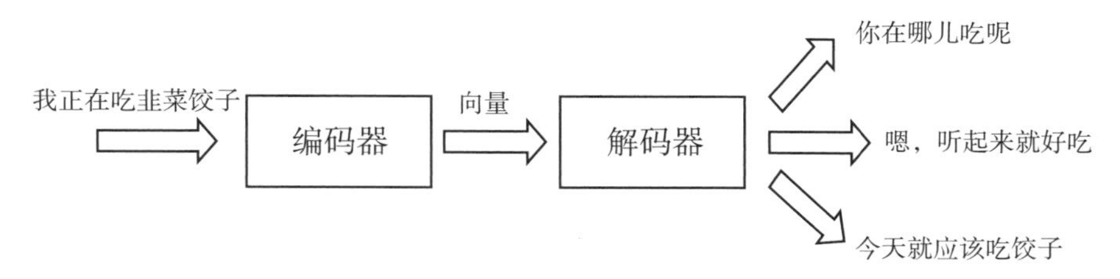

图 11.17 生成式聊天机器人序列到序列模型示意图

与机器翻译类似，生成式聊天机器人中的“序列到序列”仍然需要海量聊天数据进行训练才能产生良好的回复。然而尽管如此，生成模型的很多回复缺乏信息或者过于普适（如“是啊”“我也觉得”此类）。产生这种回复的主要原因是人类对话十分复杂，没有明显的对应关系，而且很多回复需要额外的人类知识才能生成。在机器翻译中，一个源语言一般只有有限的几种翻译；而在对话中，特别是聊天机器人的开放域对话中，一条输入信息可以有上千种合适的回复。这种过于倾斜的“一对多”的对应关系使得在机器翻译中表现良好的编码 - 解码模型只能捕捉到对话中的少数高频模板，从而产生普适回复。普适回复一方面会降低回复的相关性，另一方面也会使人和机器的聊天很难进行下去。另外，如何自动衡量一个生成模型的好坏仍然是一个值得探索的问题，目前的自动评价指标均难以很好地判别生成模型的性能，这也在一定程度上阻碍了生成式聊天机器人的发展。

表 11.4 展示了一个人和生成式聊天机器人的对话历史记录。我们可以看到，虽然生成式聊天机器人对于不同输入可以给出相关的回复，例如对“你最近怎么样”，可以给出“最近忙着呢”的回复，但是有些问题答得比较枯燥无趣，例如回复“午饭吃完了”和“我不知道”并不包含很大的信息量，与机器的聊天没有显现出什么乐趣。即便如此，生成式聊天机器人仍然被学术界认为是未来聊天机器人的发展方向，因为其对语料库的依赖并不严重，可以生成语料库中没有出现过的相关回复；并且生成模型由于其数据驱动的特点，可以极大程度地减少开发上的人力投入，使系统拥有很强的扩展性。

表 11.4　与生成式聊天机器人对话历史

角色	对话内容
人	你最近怎么样?
聊天机器人	最近忙着呢。
人	你吃午饭了吗?
聊天机器人	午饭吃完了。
人	午饭吃的什么?
聊天机器人	我不知道。

为了解决目前生成式聊天系统的安全回复问题，目前最通用的策略是通过优化目标函数对安全回复进行有效惩罚，以减少安全回复生成的概率。一般的生成式对话系统都使用 seq2seq 作为基本模型。一个典型的 seq2seq 模型由一个编码器和一个解码器组成，模型利用编码器将输入的语句编码成向量，之后解码器利用所编码的向量生成回复。

随着海量数据和预训练模型的发展，目前，利用大规模对话语料训练生成式聊天机器人已经初现曙光。例如，谷歌利用 Transformer 模型在 300G 的大规模语料上训练了聊天机器人 Meena。具体结构为基于 Transformer 结构的 seq2seq 模型，其中编码器仅 1 层，而解码器有 32 层。为了验证聊天机器人的表现，谷歌让人类对对话进行评分，如图 11.18 所示。我们可以看到，利用大数据和大模型训练出的模型性能已经接近人类。

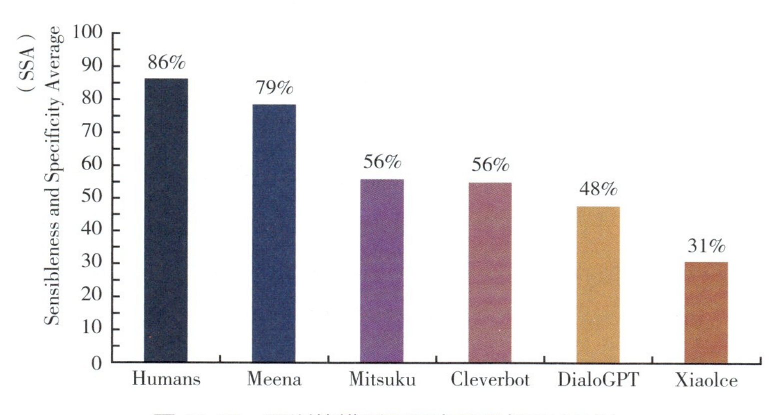

图 11.18 预训练模型和已有聊天机器人对比

随着开源代码和互联网上真实对话数据的增多，自己动手做一个属于自己的聊天机器人变得可行起来。目前的聊天机器人需要上百万的聊天数据进行训练，才可以得到一个回复质量较高的聊天机器人。英文的真实对话数据往往从推特的对话数据和 Reddit 的对话数据进行采集，而中文的对话数据会从百度贴吧、豆瓣群组以及微博等社区采集得到。为了方便大家使用数据，一些研究者将采集好的数据放在互联网上供直接下载使用。例如，Lowe 等人下载并整理了 Ubuntu 论坛的对话数据，并在 http://dataset.cs.mcgill.ca/ubuntu-corpus-1.0/ 公开；Reddit 的相关数据可以在 https://www.reddit.com/r/datasets/comments/3bxlg7/i_have_every_publicly_available_reddit_comment/ 下载得到；影视剧中人与人之间的台词也在 Cornell Movie Dialogue 中被公开（http://www.cs.cornell.edu/~cristian/Cornell_Movie-Dialogs_Corpus.html）。

有了大规模的训练数据后，检索式聊天机器人首先依靠如 Lucene、Elastic-Search 等框架将人类对话进行索引，与此同时训练一个高精度匹配模型用来筛选哪些语句适合回复当前的输入。而生成式聊天机器人会从大规模训练语料中学习词语搭配关系以及对话相关知识，并将所学到的东西储存在所设计的生成模型中。当前，一些著名的聊天机器人生成模型已经开源，读者可以根据如下两个网址所提供的资源实现一个属于自己的聊天机器人（https://github.com/jiweil/Neural-Dialogue-Generation，https://github.com/snakeztc/NeuralDialog-CVAE）。

11.4 智能问答

智能问答（question answering，QA）旨在为用户提出的自然语言问题自动提供精准答案。目前，该类系统被广泛应用于包括搜索引擎和智能语音助手等在内的人工智能产品。

早期的智能问答系统主要针对受限领域问答任务进行设计。20 世纪 60 年代，智能问答研究主要针对数据库自然语言接口任务，即如何使用自然语言检索结构化数据库，代表系统包括 BASEBALL 和 LUNAR。这两个系统分别允许用户使用自然语言提问的形式查询美国棒球联赛数据库和 NASA 月球岩石及土壤数据库。20 世纪 70 年代，智能问答研究开始聚焦于对话系统，代表系统是 SHRDLU。该系统支持用户使用自然语言控制模拟程序中的积木完成各种操作，并允许用户对积木状态进行自然语言提问。20 世纪 80 年代，受限领域知识库的持续发展进一步推动了基于知识库的智能问答系统研究，代表系统是 MYCIN。该系统基于推理引擎和包含 600 条规则的知识库，用于识别引发感染的病毒，并根据患者体重等信息推荐抗生素。整体来说，早期智能问答系统严重依赖领域专家撰写的规则，极大地限制了该类系统的规模和通用性。

20 世纪 90 年代，智能问答系统开始针对开放领域问答任务进行构建。1993 年，第一个基于互联网的智能问答内容系统 START 由 MIT 开发上线。该系统使用结构化知识库和非结构化文档作为问答知识库。对于能够被结构化知识库回答的问题，系统直接返回问题对应的精准答案。否则，START 首先对输入问题进行句法分析并根据分析结果抽取关键词；然后基于抽取出来的关键词从非结构化文档集合中找到与之相关的文档集合；最后采用答案抽取技术从相关文档中抽取可能的答案候选进行打分，并选择得分最高的句子作为答案输出。1999 年，Text REtrieval Conference（TREC）举办了第一届开放领域智能问答评测任务 TREC-8，目标是从大规模文档集合中找到与输入问题对应的相关文档。该任务从信息检索角度开创了智能问答研究的一个崭新方向，受其影响，越来越多的研究者投身到智能问答的研究中来。可以说，TREC 问答评测是世界范围上最受关注和最具影响力的问答评测任务之一。2011 年，由 IBM 构建的 Watson 系统参加了美国电视问答比赛节目“Jeopardy!”，并在比赛中击败人类冠军选手。“Jeopardy!”问答比赛涵盖了包括历史、语言、文学、艺术、科技、流行文化、体育、地理和文字游戏等多方面问题，每个问题对应多个线索。在将这些线索逐条展示给选手的过程中，选手需要根据已有线索尽快给出问题的对应答案。Watson 系统由问题分析模块、答案候选生成模块、答案候选打分模块和答案候选合并排序模块四个主要部分构成，并且混合了包括文本问答和知识图谱问答在内的不同问答技术，该系统架构对现代智能问答研究来讲极具借鉴意义。斯坦福大学在 2016 年发布了 SQuAD 数据集，该数据集针对机器阅读理解任务进行构建，要求问答系统从给定自然语言文本中找到与输入问题对应的精准答案。SQuAD 数据集的描述论文投稿至 EMNLP 2016，并获得了当年的最佳资源论文奖。由于该数据集提供了十万量级的高质量标注数据，因此从发布之初起就引起许多自然语言处理研究机构的重视和参与。截至 2018 年 1 月初，由微软亚洲研究院和阿里巴巴 iDST 提出的方法先后在精准匹配（exact match, EM）这一指标上超过了 Amazon Mechanical Turk 标注者阅读理解的平均水平，可以说是深度学习模型在智能问答任务上的一次成功应用。在中文方面，百度和哈工大讯飞联合实验室分别发布了中文机器阅读理解数据集，并从 2017 年开始组织中文机器阅读理解评测比赛。

按照所使用问答知识库的不同，智能问答任务可以大体分为四类：基于知识图谱的问答、基于文本的问答、基于社区的问答以及基于视觉的问答。受篇幅限制，接下来将重点介绍基于知识图谱的问答任务。

知识图谱问答（knowledge-based QA）是指基于给定知识图谱，自动回答自然语言问题的任务。为了方便读者理解，下面采用一个简单的例子来说明知识图谱问答系统的工作原理（图 11.19）。给定知识图谱和一个自然语言问题“where was Barack Obama born?”，知识图谱问答系统可以通过如下四步完成问答任务：

（1）实体链接（entity linking），负责从输入问题中检测该问题包含的知识图谱实体。在图 11.19 中，问题实体 Barack Obama 对应了知识图谱实体 BarackObama。

（2）关系分类（relation classification），负责从输入问题中检测该问题提到的知识图谱谓词。在图 11.19 中，问题上下文 where was # born 对应了知识图谱中的谓词 PlaceOfBirth。

（3）语义分析（semantic parsing），负责基于实体链接和关系分类的结果，将输入问题转化为对应的语义表示。在图 11.19 中，问题对应的 λ－算子语义表示为 λx. PlaceOfBirth（BarackObama，x）。

（4）答案查找（answer lookup），负责基于问题对应的语义表示，从知识图谱中查找得到问题对应的答案实体。在图 11.19 中，Honolulu 对应了答案查找的结果。

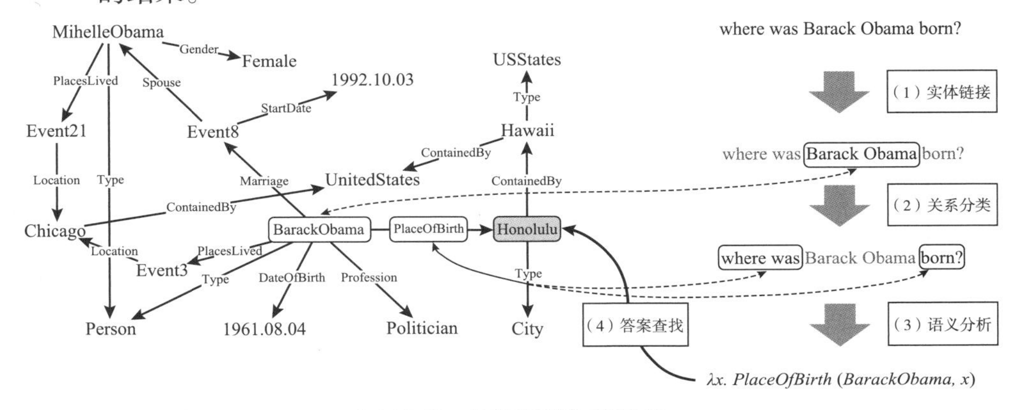

图 11.19 知识图谱问答示例

需要注意的是，上例中展示出来的过程只代表知识图谱问答方法中一种最简单的情况。在实际工作中，不同的知识图谱问答方法可以归纳为基于语义分析的方法和基于答案排序的方法两大类。

（1）基于语义分析的方法使用语义分析器将自然语言问题转化为机器能够执行的语义表示，进而查询知识图谱获得问题对应的答案。常见的语义分析方法可以进一步分为基于文法的方法和基于深度学习的方法。基于文法的方法通过三步完成语义分析任务：第一步，抽取语义分析规则集合，每条规则至少包含自然语言和语义表示两部分对应的信息；第二步，采用基于动态规划的解析算法（如 CYK 算法和 Shift-Reduce 算法）生成输入句子对应的语义表示候选集合；第三步，基于标注数据集训练语义候选排序模型，对不同语义表示候选打分并返回得分最高的语义表示候选作为语义分析的最终结果。常用的文法包括组合范畴文法（combinatory categorial grammar, CCG）、同步上下文无关文法（synchronous context-free grammar, SCFG）、依存组合语义（dependency-based compositional semantics, DCS）等。基于深度学习的方法将语义分析看作是序列生成任务，采用神经机器翻译中的编码器 - 解码器框架完成从自然语言到语义表示的转换任务。其中，编码器负责将输入问题转换成对应的向量表示，解码器负责基于问题向量表示逐词生成对应的语义表示序列。

（2）基于答案排序的方法将问答任务看成是检索任务，该类方法主要包含四步。①问题实体识别，负责从输入问题中检测其提到的知识图谱实体。②答案候选检索，负责根据识别出来的问题实体从知识图谱中查找与之满足特定约束条件的知识图谱实体集合作为答案候选。最常用的约束条件是：在知识图谱中与问题实体通过一个或两个谓词相连的知识图谱实体，该做法假设问题对应的答案实体和问题实体在知识图谱中的距离通常不会很远。③答案候选表示，负责基于答案候选所在的知识图谱上下文，生成答案候选对应的向量表示。这样，输入问题和答案候选之间的相关度计算就转化为输入问题和答案候选对应向量表示之间的相关度计算。④答案候选排序，负责对不同答案候选进行打分和排序，并返回得分最高的答案候选集合作为输出结果。该类方法中，不同工作的区别主要在于如何生成不同答案候选对应的表示。

智能问答系统在现代搜索引擎和智能语音助手中起着至关重要的作用，这是由于搜索和人机对话中相当比例的场景都属于问答场景。以 Google、微软必应和百度为代表的搜索引擎都提供智能问答功能。Apple、Google 和 Microsoft 等公司发布的智能对话产品中也都将智能问答模块作为其重要组成部分。图 11.20 给出了智能问答在 Apple Siri、Google Assistant 和 Microsoft Xiaoice 中的三个具体实例。

读者可以通过如下三步快速搭建一个针对单关系问题的知识图谱问答系统：

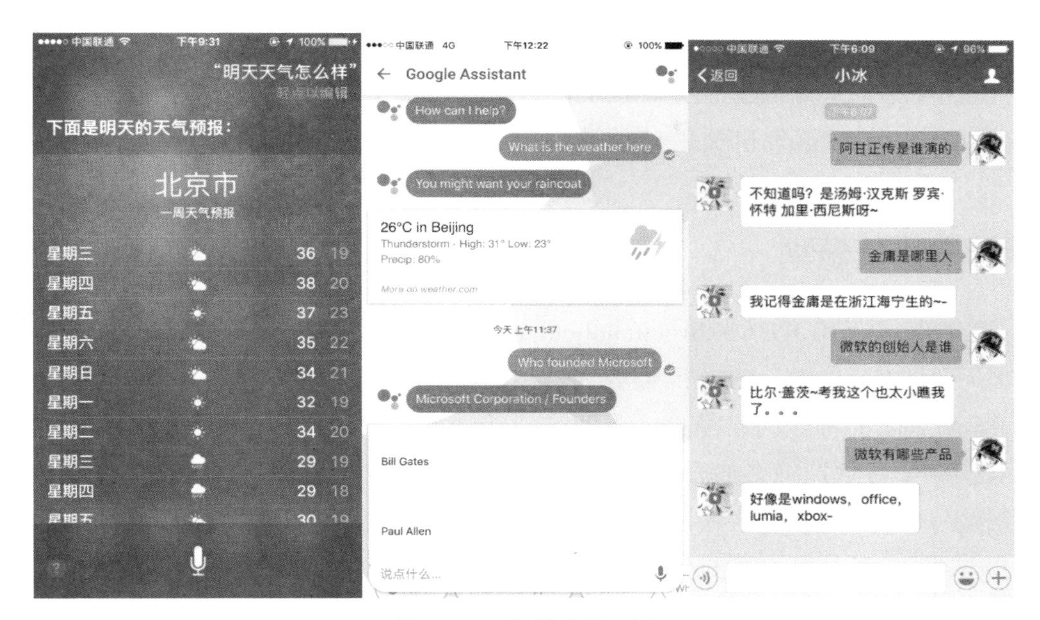

图 11.20　问答产品示例

（1）下载知识图谱文件。英文问答任务可以下载 Google 提供的 Freebase 知识图谱（https://developers.google.com/freebase/），中文问答任务可以下载 NLPCC 提供的中文知识图谱（https://pan.baidu.com/s/1dEYcQXz）。注意，中文知识图谱中提供的知识三元组主要来自中文百科网站中包含的结构化数据。

（2）下载问答数据集。英文问答任务可以下载 SimpleQuestions 数据集（https://research.fb.com/projects/babi/），中文问答任务可以下载 NLPCC-KBQA 数据集[https://pan.baidu.com/s/1dGtGmBZ（密码：f77i）]。上述两个数据集都是针对单关系问题进行标注的，每个问题都能够被对应知识图谱中的某个知识三元组所回答。

（3）实现问答方法。单关系问题的语义表示仅由一个实体和一个谓词关系组成，因此针对单关系问题的知识图谱问答系统可以分为实体链接和关系分类两步完成。实体链接模块可以基于知识图谱提供的实体名称列表，通过字符串匹配的方式从问题中检测全部可能的问题实体候选。然后，针对每个问题实体候选，关系分类模块从知识图谱中找到和该问题实体候选直接相连的谓词，并计算该谓词和输入问题之间的语义相似度。语义相似度模型可以基于标注数据中包含的 <问题，谓词> 对进行训练，常用的相似度建模工具包有 DSSM（https://www.microsoft.com/en-us/research/project/dssm/）。最后，基于实体链接和关系分类的结果，选择最可能的实体和谓词组成一个三元组查询，用于从知识图谱中查找出最终的答案。注意，由于上述方法采用的是基于字符串匹配的实体链接方法，不同问题实体候选之间并没有对应的模型得分，因此生成的不同三元组候选只能依靠关系分类的得分进行区分。

上述步骤只是知识图谱问答系统最基本的实现，读者可以通过了解和尝试最新的知识图谱问答数据集和模型来处理更复杂的自然语言问题。

11.5 预训练模型

近年来，以 BERT（bidirectional encoder representation from transformers）为代表的“预训练 + 微调”方法已经成为自然语言处理研究的新范式。其基本思想是将训练端对端的神经网络模型分为两步：首先，在大规模文本数据上通过无监督（自监督）学习预训练大部分的参数；其次，在具体的自然语言处理任务上添加与任务相关的神经网络，这些神经网络所包含的参数远远小于预训练模型的参数量，并可根据下游具体任务的标注数据进行微调。研究人员可以将预训练从大规模文本数据中学到的语言知识，迁移到下游的自然语言处理和生成任务模型的学习中。预训练语言模型在几乎所有自然语言的下游任务（无论是自然语言理解任务，还是自然语言生成任务）中都取得了优异的性能。接下来，本节将以 BERT 为例，说明预训练模型是如何从大规模文本数据中学习到通用的知识表示并将其应用到下游任务中去的。

给定一个自然语言输入序列，BERT 首先为序列中的每个单词生成一个向量表示。该向量表示由该单词对应的三种不同向量表示求和得到，包括词向量（word embedding）、段落向量（segment embedding）和位置向量（position embedding）。段落向量用于输入是多个句子序列的情况（如问题 – 答案匹配任务或者复述任务），以区分来自不同序列的单词。位置向量用于对句子中的单词位置进行建模。此外，BERT 会在每个输入序列的起始位置加入一个特殊符号 [CLS]，该符号在最后一层对应的输出向量表示将用于后续的分类任务。如果输入序列由多个句子序列拼接而成，BERT 还会在中间加入特殊符号 [SEP]，用以区分来自不同句子序列的内容。

然后，BERT 使用多层 Transformer 对输入序列进行编码，并使用最后一层 Transformer 输出的向量表示序列，基于下述两种预训练任务进行模型训练。

- 掩码语言模型（masked language model）。该任务首先对输入序列进行掩码操作，具体做法是：随机选择 15% 的单词进行掩码操作，剩余 85% 的单词保持不变；对于需要进行掩码操作的单词，随机选择 80% 替换成 [MASK]，10% 替换成其他单词，10% 保持不变；然后，针对每个 [MASK] 单词，BERT 使用 Transformer 输出的向量表示去预测被掩码的原始单词。

- 下句预测（next sentence prediction）。该任务将两个句子序列拼接在一起作为BERT输入，并使用[CLS]对应的输出向量表示预测这两个句子是否存在前后句的承接关系。

由于上述两个任务所使用的数据可以从文本语料中轻易获取，因此BERT可以基于海量文本进行大规模训练。对于下游任务微调，BERT只需要基于任务输入对应的输出向量表示序列，引入额外的多层神经网络即可。

基于BERT的思想，最近出现的一些工作进一步增强和扩展了预训练模型在单语言、多语言和多模态任务上的应用，并在相应下游任务上取得了优异的性能。例如，UniLM通过自注意力掩码控制文本中每个词的上下文，从而达到一个模型同时包括双向语言模型、单向语言模型和序列到序列语言模型预训练任务，并同时支持自然语言理解和自然语言生成两大类下游任务。Unicoder将预训练模型扩展到多语言场景。给定多语言对应的单语语料和双语语料，该方法通过引入五种不同的跨语言预训练任务，学习同一语义在不同语言中的对应关系，模糊不同语言之间的差异和边界。Unicoder能够使用某种语言上充足的标注数据进行下游任务微调，并将微调得到的模型直接应用在该任务对应的其他语言输入上。Unicoder-VL进一步设计了四种跨模态预训练任务，包括基于文本的掩码语言模型、基于图像区域的掩码类别预测、图像文本匹配和图像特征生成，通过在<图片，图片描述>对上进行自监督学习，建立语言和视觉的联合向量表示。这种联合向量表示同样能够迁移到下游任务中并取得很好的效果。

11.6 本章小结

本章概括了自然语言处理的历史和现状，并简要介绍了自然语言处理中的四个典型任务：机器翻译、自然语言人机交互、智能问答和预训练模型。受篇幅所限，本章涉及的内容有限，希望能够起到抛砖引玉的作用，使得更多的人对自然语言处理感兴趣，并投入该领域的研究和工作中。如果读者要了解NLP的技术细节，建议参考本书的参考文献《机器翻译》《智能问答》等。

展望未来，我们认为随着大数据、深度学习、计算能力、场景等的推动，NLP在未来5 ~ 10年会进入爆发式的发展阶段，从NLP基础技术到核心技术、再到NLP+的应用都会取得巨大进步。自然语言尤其是会话发展会大大推动语音助手、物联网、智能硬件和智能家居的实用化，并引发各行各业（如教育、医疗、法律等垂直领域）生产流程以及人类生活的重大改变。

然而，还有很多需要解决的问题。如个性化服务的问题，无论是翻译、对话，还是语音助手都要避免千人一面的结果，要实现内容个性化、风格个性化、操作个性化。目前，基于深度学习的机制都是端对端训练，不能解释，也无法分析机理，这需要深度学习的可理解和可视化的进一步发展。此外，很多领域有人类知识，比如翻译的语言学知识、客服的专家知识，如何将数据驱动的深度学习与知识相结合以提高学习效率和学习质量，是一个值得重视的课题。与此同时，目前的学习基本上都需要带标注语料学习，需要标注的代价，如何巧妙利用无标注数据以有效缓解对标注的压力；在一个领域学习的自然语言处理模型（如翻译系统），如何通过迁移学习去很好地处理另一个领域，这些工作都是研究者持续努力的方向。

习题：

1. 请简述机器翻译发展过程中的几种典型方法，并阐述其优缺点。
2. 请简述注意力机制的引入有何好处，为什么能够大大提高长句子的翻译质量？
3. 使用工具 OpenNMT-py(https://github.com/OpenNMT/OpenNMT-py ）及其给出的示例数据，熟悉神经机器翻译模型的训练、解码和评测。
4. 请简述实现聊天机器人的主流方法，并简述各自原理及适用范围，分析优缺点和这几类聊天机器人未来的发展趋势。
5. 请简述对话系统的三个主要模块及对应功能。
6. 请概述知识图谱问答的主要步骤。下载中文知识图谱问答系统开源工具包 https://pan.baidu.com/s/1STHTqMIJq-TI1Wk5v_OZ9w（提取码：0007），调试并通过工具包中的测试样例。
7. 请概述预训练模型 BERT 使用的两个预训练任务。
8.（选做题）基于 BERT 开源代码 https://github.com/huggingface/transformers，在机器阅读理解任务 SQuAD 训练集上进行微调，并在测试集上给出评测结果。请注意：必须在学校提供的 GPU 机器上进行实验，普通 PC 机无法进行此实验。

第十二章　语音处理

语音信号是人类进行交流的主要途径之一。语音处理涉及许多学科，它以心理、语言和声学等为基础，以信息论、控制论和系统论等理论作为指导，通过应用信号处理、统计分析和模式识别等现代技术手段，发展成为新的学科。语音处理不仅在通信、工业、国防和金融等领域有着广阔的应用前景，而且正在逐渐改变人机交互的方式。语音处理主要包括语音识别、语音合成、语音增强、语音转换和情感语音等。

12.1　语音的基本概念

语音是指人类通过发音器官发出来的、具有一定意义的、目的是用来进行社会交际的声音。语音是肺部呼出的气流通过在喉头至嘴唇的器官的各种作用而发出的。根据发音方式的不同，可以将语音分为元音和辅音，辅音又可以根据声带有无振动分为清辅音和浊辅音。人可以感觉到频率在 20Hz ~ 30kHz、强度为 –5 ~ 130dB 的声音信号，在这个范围以外的音频分量是人耳听不到的，在音频处理过程中可以忽略。

语音的物理基础主要有音高、音强、音长、音色，这也是构成语音的四要素。音高指声波频率，即每秒钟振动次数的多少；音强指声波振幅的大小；音长指声波振动持续时间的长短，也称为“时长”；音色指声音的特色和本质，也称作“音质”。

语音经过采样以后，在计算机中以波形文件的方式进行存储，这种波形文件反映了语音在时域上的变化。人们可以从语音的波形中判断语音音强（或振幅）、音长等参数的变化，但却很难从波形中分辨出不同的语音内容或不同的说话人。为了更好地反映不同语音的内容或音色差别，需要对语音进行频域上的转换，即提取语音频域的参数。常见的语音频域参数包括傅里叶谱、梅尔频率倒谱系数等。通过对语音进行离散傅里叶变换可以得到傅里叶谱，在此基础上根据人耳的听感特性，将语音信号在频域上划分成不同子带，进而可以得到梅尔频率倒谱系数。梅尔频率倒谱系数是一种能够近似反映人耳听觉特点的频域参数，在语音识别和说话人识别上被广泛使用。

12.2 语音识别

语音识别是指将语音自动转换为文字的过程。在实际应用中，语音识别通常与自然语言理解、自然语言生成及语音合成等技术相结合，提供一个基于语音的自然流畅的人机交互系统。

语音识别技术的研究始于20世纪50年代初期，迄今已有六十多年的历史。1952年，贝尔实验室研制了世界上第一个能识别十个英文数字的识别系统。20世纪60年代最具代表的研究成果是基于动态时间规整的模板匹配方法，这种方法有效地解决了特定说话人孤立词语音识别中语速不均和不等长匹配的问题。20世纪80年代以后，基于隐马尔可夫模型的统计建模方法逐渐取代了基于模板匹配的方法，基于高斯混合模型–隐马尔可夫模型的混合声学建模技术推动了语音识别技术的蓬勃发展。在美国国防部高级研究计划署的赞助下，大词汇量的连续语音识别取得了出色成绩，许多机构研发出了各自的语音识别系统甚至开源了相应的语音识别代码，最具代表性的是英国剑桥大学的隐马尔可夫工具包（HTK）。2010年之后，深度神经网络的兴起和分布式计算技术的进步使语音识别技术获得重大突破。2011年，微软的俞栋等将深度神经网络成功应用于语音识别任务中，在公共数据上词错误率相对降低了30%。其中基于深度神经网络的开源工具包，使用最为广泛的是霍普斯金大学发布的Kaldi。

语音识别系统主要包括四个部分：特征提取、声学模型、语言模型和解码搜索。语音识别系统的典型框架如图12.1所示。

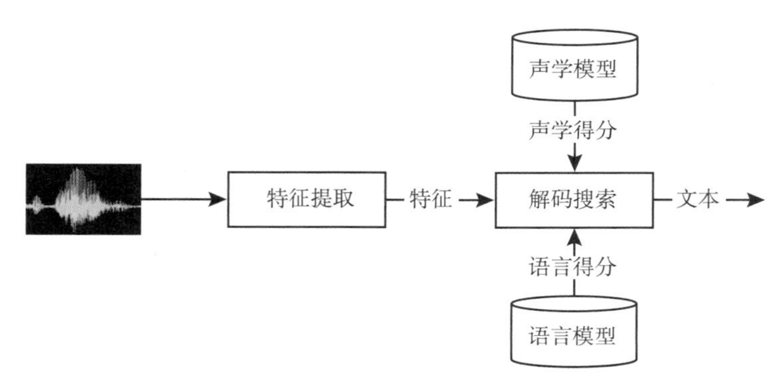

图12.1 语音识别系统的典型框架

12.2.1　语音识别的特征提取

语音识别的难点之一在于语音信号的复杂性和多变性。一段看似简单的语音信号，其中包含了说话人、发音内容、信道特征、方言口音等大量信息；此外，这些信息互相组合在一起又表达了情绪变化、语法语义、暗示内涵等更为丰富的信息。在如此众多的信息中，仅有少量的信息与语音识别相关，这些信息被淹没在大量信息中，因此充满了变化性。语音特征抽取即是在原始语音信号中提取出与语音识别最相关的信息，滤除其他无关信息。比较常用的声学特征有三种，即梅尔频率倒谱系数、梅尔标度滤波器组特征和感知线性预测倒谱系数。梅尔频率倒谱系数特征是指根据人耳听觉特性计算梅尔频谱域倒谱系数获得的参数。梅尔标度滤波器组特征与梅尔频率倒谱系数特征不同，它保留了特征维度间的相关性。感知线性预测倒谱系数在提取过程中利用人的听觉机理对人声建模。

12.2.2　语音识别的声学模型

声学模型承载着声学特征与建模单元之间的映射关系。在训练声学模型之前需要选取建模单元，建模单元可以是音素、音节、词语等，其单元粒度依次增加。若采用词语作为建模单元，每个词语的长度不等，从而导致声学建模缺少灵活性；此外，由于词语的粒度较大，很难充分训练基于词语的模型，因此一般不采用词语作为建模单元。相比之下，词语中包含的音素是确定且有限的，利用大量的训练数据可以充分训练基于音素的模型，因此目前大多数声学模型一般采用音素作为建模单元。语音中存在协同发音的现象，即音素是上下文相关的，故一般采用三音素进行声学建模。由于三音素的数量庞大，若训练数据有限，那么部分音素可能会存在训练不充分的问题，为了解决此问题，既往研究提出采用决策树对三音素进行聚类以减少三音素的数目。

比较经典的声学模型是混合声学模型，大致可以概括为两种：基于高斯混合模型 – 隐马尔可夫模型的模型和基于深度神经网络 – 隐马尔可夫模型的模型。

1. 基于高斯混合模型 – 隐马尔可夫模型的模型

隐马尔可夫模型的参数主要包括状态间的转移概率以及每个状态的概率密度函数，也叫出现概率，一般用高斯混合模型表示。图 12.2 中，最上方为输入语音的语谱图，将语音第一帧代入一个状态进行计算，得到出现概率；同样方法计算每一帧的出现概率，图中用灰色点表示。灰色点间有转移概率，据此可计算最优路径（图中红色箭头），该路径对应的概率值总和即为输入语音经隐马尔可夫模型得到的概率值。如果为每一个音节训练一个隐马尔可夫模型，语音只需要代入每个音节的模型中算一遍，哪个得到的概率最高即判定为相应音节，这也是传统语音识别的方法。

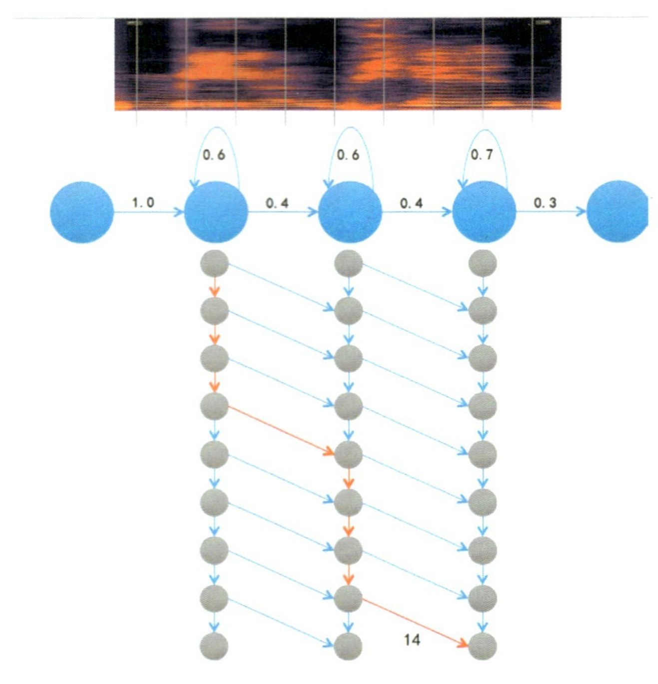

图 12.2　隐马尔可夫模型示意图

出现概率采用高斯混合模型，具有训练速度快、模型小、易于移植到嵌入式平台等优点，缺点是没有利用帧的上下文信息，缺乏深层非线性特征变化的内容。高斯混合模型代表的是一种概率密度，它的局限在于不能完整模拟出或记住相同音的不同人间的音色差异变化或发音习惯变化。

就基于高斯混合模型－隐马尔可夫模型的声学模型而言，对于小词汇量的自动语音识别任务，通常使用上下文无关的音素状态作为建模单元；对于中等和大词汇量的自动语音识别任务，则使用上下文相关的音素状态进行建模。该声学模型的框架图如图 12.3 所示，高斯混合模型用来估计观察特征（语音特征）的观测概率，而隐马尔可夫模型则被用于描述语音信号的动态变化（即状态间的转移概率）。图

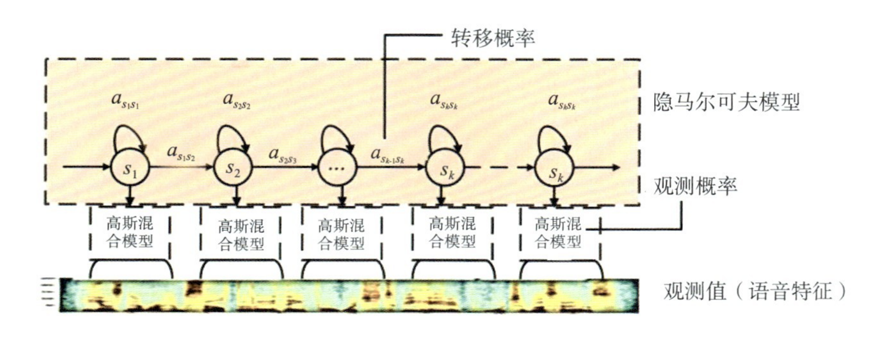

图 12.3　基于高斯混合模型－隐马尔可夫模型的声学模型

12.3 中，s_k 代表音素状态；a_{s1s2} 代表转移概率，即状态 s_1 转为状态 s_2 的概率。

2. 基于深度神经网络－隐马尔可夫模型的模型

基于深度神经网络－隐马尔可夫模型的声学模型是指用深度神经网络模型替换上述模型的高斯混合模型，深度神经网络模型可以是深度循环神经网络和深度卷积网络等。该模型的建模单元为聚类后的三音素状态，其框架如图 12.4 所示。图中，神经网络用来估计观察特征（语音特征）的观测概率，而隐马尔可夫模型则被用于描述语音信号的动态变化（即状态间的转移概率）。s_k 代表音素状态；a_{s1s2} 代表转移概率，即状态 s_1 转为状态 s_2 的概率；v 代表输入特征；$h^{(M)}$ 代表第 M 个隐层；W_M 代表神经网络第 M 个隐层的权重。

与基于高斯混合模型的声学模型相比，这种基于深度神经网络的声学模型具有两方面的优势：一是深度神经网络能利用语音特征的上下文信息；二是深度神经网络能学习非线性的更高层次特征表达。故此，基于深度神经网络－隐马尔可夫模型的声学模型的性能显著超越基于高斯混合模型－隐马尔可夫模型的声学模型，已成为目前主流的声学建模技术。

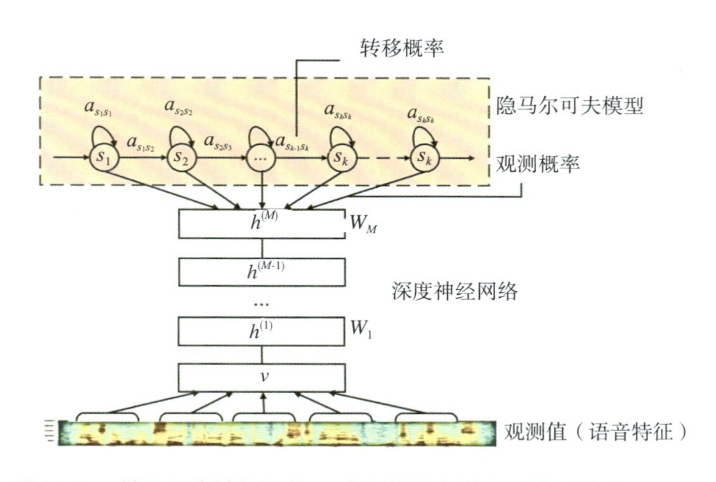

图 12.4　基于深度神经网络－隐马尔可夫模型的声学模型

12.2.3　语音识别的语言模型

语言模型是根据语言客观事实而进行的语言抽象数学建模。语言模型亦是一个概率分布模型 P，用于计算任何句子 S 的概率。

例 1　令句子 S＝“今天天气怎么样”，该句子很常见，通过语言模型可计算出其发生的概率 P（今天天气怎么样）= 0.80000。

例 2　令句子 S＝“材教智能人工”，该句子是病句，不常见，通过语言模型可计算出其发生的概率 P（材教智能人工）= 0.00001。

在语音识别系统中，语言模型所起的作用是在解码过程中从语言层面上限制搜索路径。常用的语言模型有 N 元文法语言模型和循环神经网络语言模型。尽管循环神经网络语言模型的性能优于 N 元文法语言模型，但是其训练比较耗时，且解码时识别速度较慢，因此目前工业界仍然采用基于 N 元文法的语言模型。语言模型的评价指标是语言模型在测试集上的困惑度，该值反映句子不确定性的程度。如果我们对于某件事情知道得越多，那么困惑度越小，因此构建语言模型时，目标就是寻找困惑度较小的模型，使其尽量逼近真实语言的分布。

12.2.4 语音识别的解码搜索

解码搜索的主要任务是在由声学模型、发音词典和语言模型构成的搜索空间中寻找最佳路径。解码时需要用到声学得分和语言得分，声学得分由声学模型计算得到，语言得分由语言模型计算得到。其中，每处理一帧特征都会用到声学得分，但是语言得分只有在解码到词级别才会涉及，一个词一般覆盖多帧语音特征。故此，解码时声学得分和语言得分存在较大的数值差异。为了避免这种差异，解码时将引入一个参数对语言得分进行平滑，从而使两种得分具有相同的尺度。构建解码空间的方法可以概括为两类——静态的解码和动态的解码。静态的解码需要预先将整个静态网络加载到内存中，因此需要占用较大的内存。动态的解码是指在解码过程中动态地构建和销毁解码网络，这种构建搜索空间的方式能减小网络所占的内存，但是基于动态的解码速度比静态慢。通常在实际应用中，需要权衡解码速度和解码空间来选择构建解码空间的方法。解码所用的搜索算法大概可分成两类，一类是采用时间同步的方法，如维特比算法等；另一类是时间异步的方法，如 A 星算法等。

12.2.5 基于端到端的语音识别方法

上述混合声学模型存在两点不足：一是神经网络模型的性能受限于高斯混合模型－隐马尔可夫模型的精度；二是训练过程过于繁复。为了解决这些不足，研究人员提出了端到端的语音识别方法，一类是基于联结时序分类的端到端声学建模方法；另一类是基于序列模型的端到端语音识别方法。前者只是实现声学建模的端到端，后者实现了真正意义上的端到端语音识别。

基于联结时序分类的端到端声学建模方法的声学模型结构如图 12.5 所示。这种方法只是在声学模型训练过程中，其核心思想是引入了一种新的训练准则联结时序分类，这种损失函数的优化目标是输入和输出在句子级别对齐，而不是帧级别对齐，因此不需要高斯混合模型－隐马尔可夫模型生成强制对齐信息，而是直接对输入特征序列到输出单元序列的映射关系建模，极大地简化了声学模型训练的过程。

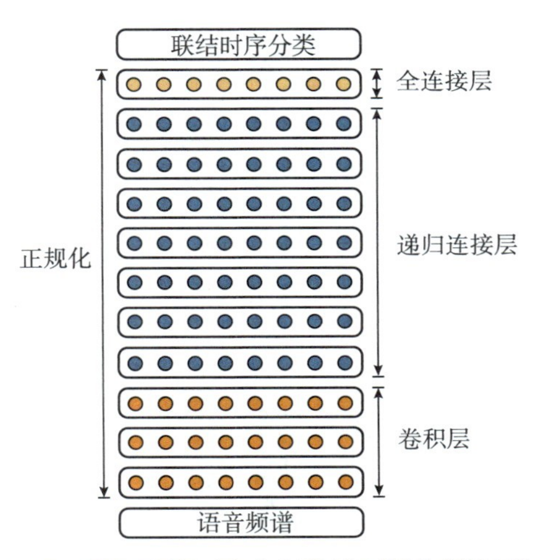

图 12.5　基于联结时序分类的端到端声学模型结构

但是语言模型还需要单独训练，从而构建解码的搜索空间。而循环神经网络具有强大的序列建模能力，所以联结时序分类损失函数一般与长短时记忆模型结合使用，当然也可和卷积神经网络的模型一起训练。混合声学模型的建模单元一般是三音素的状态，而基于联结时序分类的端到端模型的建模单元是音素甚至可以是字。这种建模单元粒度的变化带来的优点包括两方面：一是增加语音数据的冗余度，提高音素的区分度；二是在不影响识别准确率的情况下加快解码速度。有鉴于此，这种方法颇受工业界青睐，如谷歌、微软和百度等都将这种模型应用于其语音识别系统中。

基于序列模型的端到端语音识别方法实现了真正的端到端。传统的语音识别系统中声学模型和语言模型是独立训练的，但是该方法将声学模型、发音词典和语言模型联合为一个模型进行训练。目前，基于序列模型的端到端语音识别系统主要包括两种，一种是基于注意力机制的端到端模型，另一种是基于循环神经网络转换器的端到端模型。

基于注意力机制的端到端模型是基于循环神经网络的编码 – 解码结构，其结构如图 12.6 所示。

图 12.6 中，编码器用于将不定长的输入序列映射成定长的特征序列，注意力机制用于提取编码器的编码特征序列中的有用信息，而解码器则将该定长序列扩展成输出单元序列。尽管这种模型取得了不错的性能，但其性能远不如混合声学模型。近期，谷歌发布了其最新研究成果，提出了一种新的多头注意力机制的端到端模型。当训练数据达到数十万小时时，其性能可接近混合声学模型的性能。

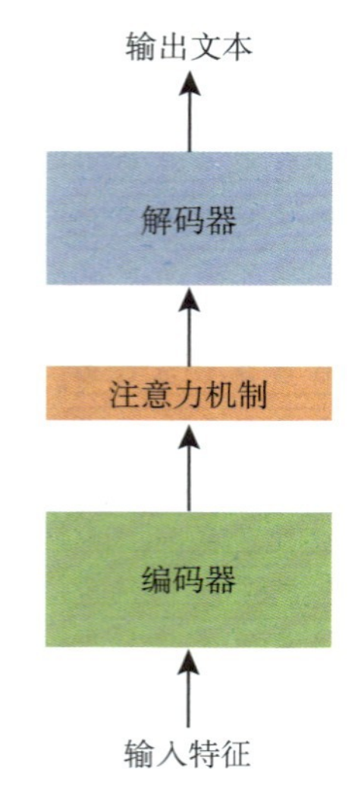

图 12.6　基于注意力机制的端到端语音识别系统结构

基于循环神经网络转换器（RNN–Transducer）的端到端模型是在 CTC 模型的基础上，由 Alex Graves 引入一个联结器，将语言模型和声学模型组合到一起，生成一个联合的解码网络，同时能够进行端到端的联合优化。模型包括转换网络（编码器）、预测网络和联结网络三部分，具体如图 12.7 所示。

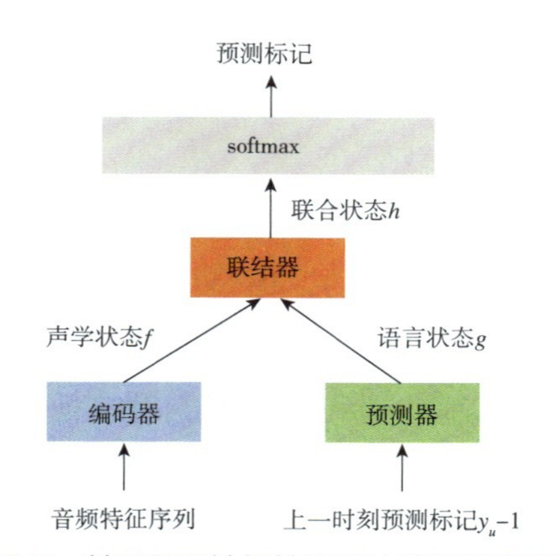

图 12.7　基于循环神经转换器的端到端模型结构

在图 12.7 中，转换网络类似于基于注意力机制的端到端模型中的编码器，负责将声学特征序列转换为声学编码状态。预测器本质上是一个语言模型部件，负责根据输入的上一时刻预测的非空语言标记和语言状态预测出语言状态。联结器负责根据声学状态和语言状态整合来预测一个新的输出标记。

12.3 语音合成

语音合成也称文语转换，其主要功能是将任意的输入文本转换成自然流畅的语音输出。语音合成技术在银行、医院的信息播报系统和汽车导航系统、自动应答呼叫中心等都有广泛应用。

图 12.8 给出了一个基本的语音合成系统框图。语音合成系统可以以任意文本作为输入，并相应地合成语音作为输出。语音合成系统主要可以分为文本分析模块、韵律处理模块和声学处理模块，其中文本分析模块可以视为系统的前端，而韵律处理模块和声学处理模块则视为系统的后端。

文本分析模块是语音合成系统的前端，主要任务是对输入的任意文本进行分析，输出尽可能多的语言学信息（如拼音、节奏等），为后端的语音合成器提供必要的信息。对于简单系统而言，文本分析只提供拼音信息就足够了；而对于高自然度的合成系统，文本分析需要给出更详尽的语言学和语音学信息。因此，文本分析实际上是一个人工智能系统，属于自然语言理解的范畴。

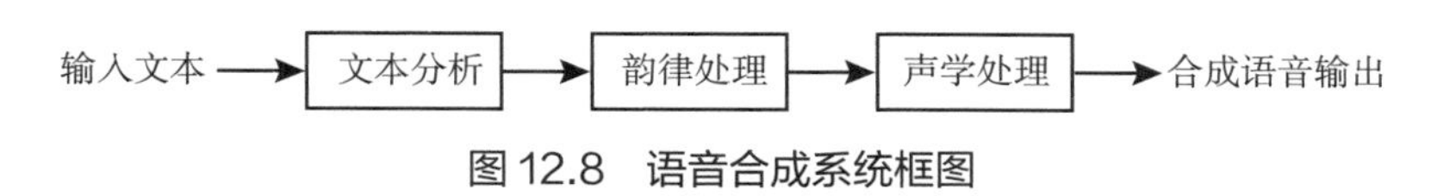

图 12.8 语音合成系统框图

对于汉语语音合成系统，文本分析的处理流程通常包括文本预处理、文本规范化、自动分词、词性标注、多音字消歧、节奏预测等，如图 12.9 所示。文本预处理包括删除无效符号、断句等。文本规范化的任务是将文本中的这些特殊字符识别出来，并转化为一种规范化的表达。自动分词是将待合成的整句以词为单位划分为单元序列，以便后续考虑词性标注、韵律边界标注等。词性标注也很重要，因为词性可能影响字或词的发音方式。字音转换的任务是将待合成的文字序列转换为对应的拼音序列，即告诉后端合成器应该读什么音。由于汉语中存在多音字问题，所以字音转换的一个关键问题就是处理多音字的消歧问题。

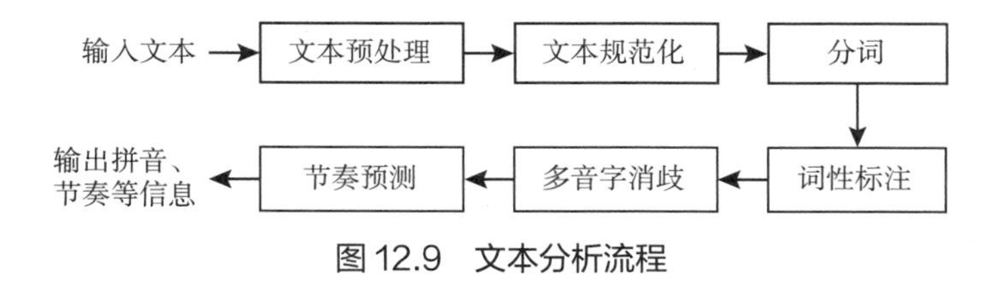

图 12.9 文本分析流程

韵律处理是文本分析模块的目的所在，节奏、时长的预测都基于文本分析的结果。直观来讲，韵律即是实际语流中的抑扬顿挫和轻重缓急，如重音的位置分布及其等级差异，韵律边界的位置分布及其等级差异，语调的基本骨架及其跟声调、节奏和重音的关系等。韵律表现是一个复杂现象，对韵律的研究涉及语音学、语言学、声学、心理学、物理学等多个领域。但是，作为语音合成系统中承上启下的模块，韵律模块实际上是语音合成系统的核心部分，极大地影响着最终合成语音的自然度。从听者的角度来看，与韵律相关的语音参数包括基频、时长、停顿和能量，韵律模型就是利用文本分析的结果来预测这四个参数。

声学处理模块根据文本分析模块和韵律处理模块提供的信息来生成自然语音波形。语音合成系统的合成阶段可以简单概括为两种方法，一种是基于时域波形的拼接合成方法，声学处理模块根据韵律处理模块提供的基频、时长、能量和节奏等信息并在大规模语料库中挑选最合适的语音单元，然后通过拼接算法生成自然语音波形；另一种是基于语音参数的合成方法，声学处理模块的主要任务是根据韵律和文本信息的指导来得到语音参数，然后通过语音参数合成器来生成自然语音波形。

12.3.1 基于拼接的语音合成方法

基于拼接的语音合成方法的基本原理是根据文本分析的结果，从预先录制并标注好的语音库中挑选合适基元进行适度调整，最终拼接得到合成语音波形。基元是指用于语音拼接时的基本单元，可以是音节或者音素等。受限于计算机存储能力与计算能力，早期的拼接合成方法的基元库都很小，同时为了提高存储效率，往往需要将基元参数化表示；此外，由于拼接算法本身性能的限制，常导致合成语音不连续、自然度很低。

随着计算机运算和存储能力的提升，实现基于大语料库的基元拼接合成系统成为可能。在这种方法中，基元库由以前的几 MB 扩大到几百 MB 甚至是几 GB。由于大语料库具有较高的上下文覆盖率，使挑选出来的基元几乎不需要做任何调整就可用于拼接合成。因此，相比于传统的参数合成方法，该方法合成语音在音质和自然度上都有了极大的提高，而基于大语料库的单元拼接系统也得到了十分广泛的应用。

但值得注意的是，拼接合成方法依旧存在着一些不足：稳定性仍然不够，拼接点不连续的情况还是可能发生；难以改变发音特征，只能合成该建库说话人的语音。

12.3.2 基于参数的语音合成方法

由于基于波形拼接的语音合成方法存在着一些固有的缺陷，限制了其在多样化语音合成方面的应用，因此，基于参数合成的可训练语音合成方法被提出。该方法的基本思想是基于统计建模和机器学习的方法，根据一定的语音数据进行训练并快速构建合成系统。由于该方法可以在不需要人工干预的情况下自动快速地构建合成系统，而且对于不同发音人、不同发音风格甚至不同语种的依赖性非常小，非常符合多样化语音合成方面的需求，因此逐渐得到研究人员的认可和重视，并在实际应用中发挥出重要作用。其中最成功的是基于隐马尔可夫模型的可训练语音合成方法，相应的合成系统被称为基于隐马尔可夫模型的参数合成系统。

基于隐马尔可夫模型的语音合成方法主要分为训练阶段和合成阶段两个阶段。图 12.10 为基于隐马尔可夫模型的语音合成方法的系统框图。

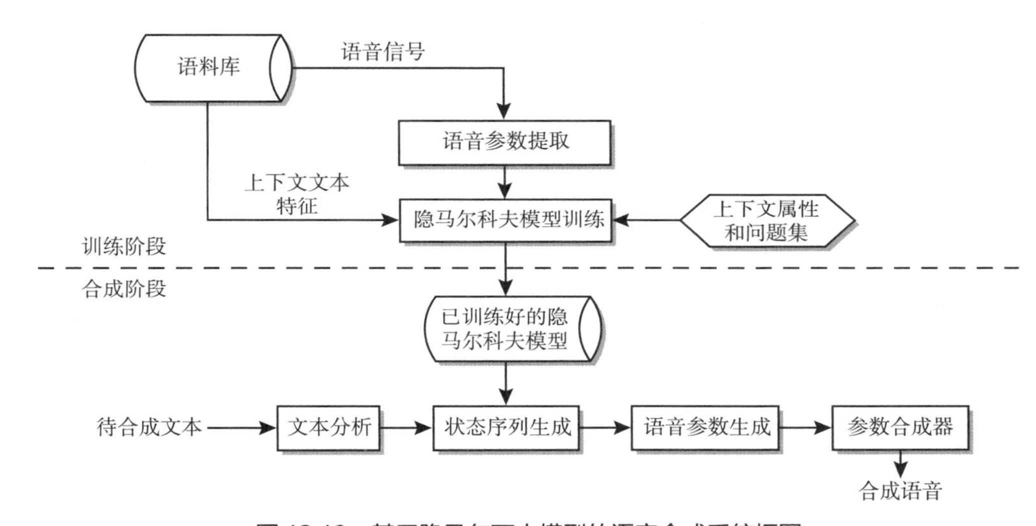

图 12.10　基于隐马尔可夫模型的语音合成系统框图

在隐马尔可夫模型训练前，首先要对一些建模参数进行配置，包括建模单元的尺度、模型拓扑结构、状态数目等，还需要进行数据准备。一般而言，训练数据包括语音数据和标注数据两部分：标注数据主要包括音段切分和韵律标注（现在采用的都是人工标注）。

除了定义一些隐马尔可夫模型参数以及准备训练数据以外，模型训练前还有一个重要的工作就是对上下文属性集和用于决策树聚类的问题集进行设计，即根据先验知识选择一些对语音参数有一定影响的上下文属性并设计相应的问题集，如前后调、前后声韵母等。需要注意的是，这部分工作是与语种相关的。除此之外，整个基于隐马尔可夫的建模训练和合成流程基本上与语言种类无关。

随着深度学习的研究进展，深度神经网络也被引入统计参数语音合成中，以代替基于隐马尔可夫参数合成系统中的隐马尔可夫模型，可直接通过一个深层神经网络来预测声学参数，克服了隐马尔可夫模型训练中决策树聚类环节中模型精度降低的缺陷，进一步增强了合成语音的质量。由于基于深度神经网络的语音合成方法体现了比较高的性能，目前已成为参数语音合成的主要方法。

12.3.3 基于端到端的语音合成方法

传统的语音合成流程十分复杂。比如，统计参数语音合成系统中通常会包含文本分析前端、时长模型、声学模型和基于复杂信号处理的声码器等模块，这些部分的设计需要不同领域的知识，需要大量精力来设计；此外还需要分别训练，这意味着来自每个模块的错误都可能会叠加到一起。

一个理想的完全的端到端语音合成模型应该具有直接读取文本作为输入并直接输出语音波形的能力，而不使用任何中间特征表示，减少人为假设带来的性能损失。当前存在的端到端模型从功能实现上大致可以分为两种：前端端到端和后端端到端。所谓前端端到端，就是将单独的韵律预测模型、时长模型和声学模型统一集成到一个声学模型中，直接读取上下文无关符号预测特定声学参数。后端端到端就是将声学模型和声码器集成到一个可学习的模型中，读取语言学特征（或声学特征）作为输入，直接输出语音波形。

后端端到端模型直接对语音波形进行建模，主要作为神经声码器使用。2016年，谷歌 Deepmind 研究团队提出了基于深度学习的 WavetNet 语音生成模型。该模型可以直接对原始语音数据进行建模，避免了对语音进行参数化时导致的音质损失，在语音合成和语音生成任务中效果非常好。但它仍然需要对来自现有语音合成文本分析前端的语言特征进行调节，因此不是真正意义上端到端的语音合成方法。

前端端到端模型范式主要使用基于注意力机制的编码器－解码器（Attention based Encoder–Decoder）结构来实现。2016 年，W. Wang 首次利用基于注意力机制的编解码结构探索端到端语音合成方法。当前比较典型的前端端到端模型包括 Char2Wav、VoiceLoop、Tacotron 以及 DeepVoice3。第一个高质量的端到端语音合成系统是由谷歌科学家王雨轩等人提出的基于 Tacotron 的端到端语音合成方法，该模型可以从字符或者音素直接合成语音。如图 12.11 所示，该框架主要是基于带有注意力机制的编码－解码模型。其中，编码器是一个以字符或者音素为输入的神经网络模型，而解码器则是一个带有注意力机制的循环神经网络，会输出对应文本序列或者音素序列的频谱图，进而生成语音。这种端到端语音合成方法合成语音的自然度和表现力已经能够媲美人类说话的水平，并且不需要多阶段建模的过程，已经成为未来的发展趋势。

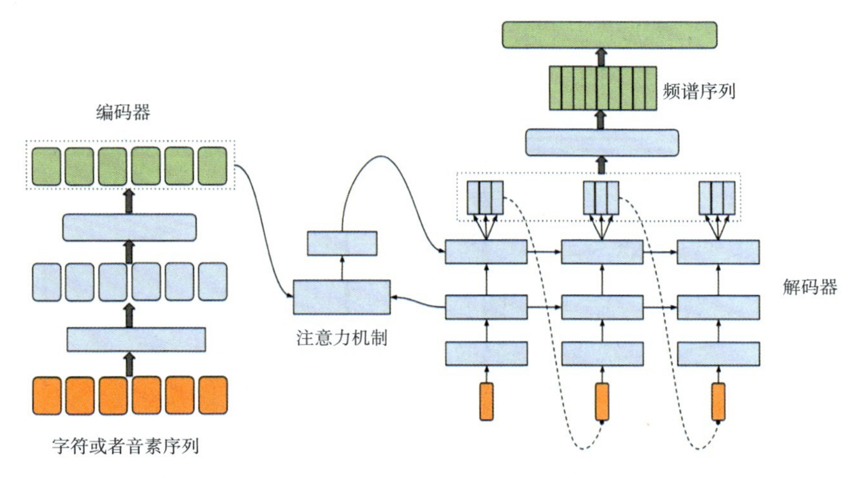

图 12.11　基于 Tacotron 的端到端语音合成框架

12.4　语音增强

语音增强一个最为重要的目标是实现释放双手的语音交互，通过语音增强有效抑制各种干扰信号、增强目标语音信号，使人机之间更自然地交互。语音增强一方面可以提高话音质量，另一方面有助于提高语音识别的准确性和抗干扰性。通过语音增强处理模块抑制各种干扰，使待识别的语音更干净，尤其在面向智能家居和智能车载等应用场景中，语音增强模块扮演着重要角色。此外，语音增强在语音通信和语音修复中也有广泛应用。真实环境中包含着背景噪声、人声、混响、回声等多种干扰源，上述干扰源同时存在时，这一问题将更具挑战性。语音增强是指当语音信号被各种各样的干扰源淹没后，从混叠信号中提取出有用的语音信号，抑制、降低各种干扰的技术，主要包括回声消除、混响抑制、语音降噪等关键技术。

12.4.1　回声消除

回声干扰是指远端扬声器播放的声音经过空气或其他介质传播到近端的麦克风形成的干扰。回声消除最早应用于语音通信中，终端接收的语音信号通过扬声器播放后，声音传输到麦克风形成回声干扰。回声消除需要解决两个关键问题：①远端信号和近端信号的同步问题；②双讲模式下消除回波信号干扰的有效方法。回声消除在远场语音识别系统中是非常重要的模块，最典型的应用是在智能终端播放音乐时，通过扬声器播放的音乐会回传给麦克风，此时就需要有效的回声消除算法来抑制回声干扰，这在智能音箱、智能耳机中都是需要重点考虑的问题。需要说明的是，回声消除算法虽然提供了扬声器信号作为参考源，但是由于扬声器放音时的非线性失真、声音在传输过程中的衰减、噪声干扰和回声干扰的同时存在，使回声消除问题仍具有一定挑战。图 12.12 描述了回声消除的基本流程。

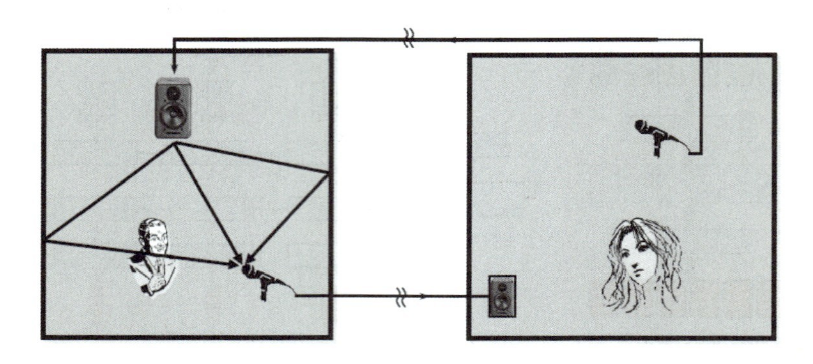

图 12.12　回声消除的基本流程

12.4.2　混响抑制

混响干扰是指声音在房间传输过程中，会经过墙壁或其他障碍物的反射后通过不同路径到达麦克风形成的干扰源。房间大小、声源和麦克风的位置、室内障碍物、混响时间等因素均影响混响语音的生成。可以通过 T60 描述混响时间，即声源停止发声后，声压级减少 60 分贝所需要的时间即为混响时间。混响时间过短，则声音发干、枯燥无味、不亲切自然；混响时间过长，声音含混不清；混响时间合适时，声音圆润动听。大多数房间的混响时间在 200 ~ 1000 毫秒。图 12.13 为一个典型的房间脉冲响应，蓝色部分为早期混响，橙色部分为晚期混响。在语音去混响任务中，更多地关注于对晚期混响的抑制。

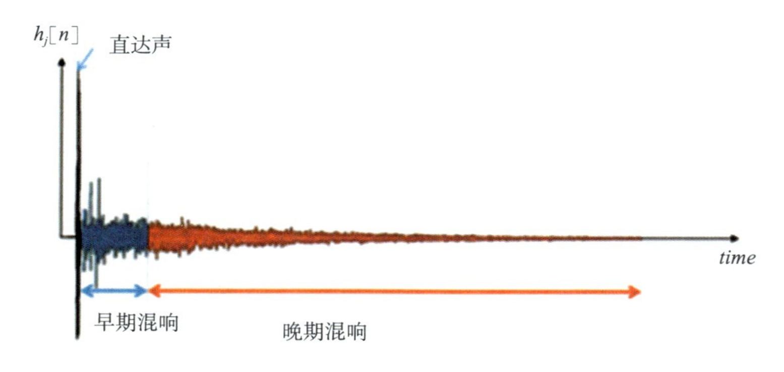

图 12.13　混响时间的描述

12.4.3　语音降噪

噪声抑制可以分为基于单通道的语音降噪和基于多通道的语音降噪，前者通过单个麦克风去除各种噪声的干扰，后者通过麦克风阵列算法增强目标方向的声音。

多通道语音降噪的目的是融合多个通道的信息，抑制非目标方向的干扰源，增强目标方向的声音。需要解决的核心问题是估计空间滤波器，它的输入是麦克风阵列采集的多通道语音信号，输出是处理后的单路语音信号。由于声强与声音传播距离的平方成反比，因此很难基于单个麦克风实现远场语音交互，基于麦克风阵列的多通道语音降噪在远场语音交互中至关重要。多通道语音降噪算法通常受限于麦克风阵列的结构，比较典型的阵列结构包括线阵和环阵。麦克风阵列的选型与具体的应用场景相关，对于智能车载系统，更多的是采用线阵；对于智能音箱系统，更多的是采用环阵。随着麦克风个数的增多，噪声抑制能力会更强，但算法复杂度和硬件功耗也会相应增加，因此基于双麦的阵列结构也得到了广泛应用。

基于单通道的语音降噪具有更为广泛的应用，在智能家居、智能客服、智能终端中均是非常重要的模块。单通道语音降噪主要包括三类主流方法，即基于信号处理技术的语音降噪方法、基于矩阵分解的语音降噪方法和基于数据驱动的语音降噪方法。典型的基于信号处理的语音降噪方法在处理平稳噪声时具有不错的性能，但是在面对非平稳噪声和突变噪声时性能会明显下降；基于矩阵分解的语音降噪方法计算复杂度相对较高；传统的基于数据驱动的语音降噪方法当训练集和测试集不匹配时性能会明显下降。随着深度学习技术的快速发展，基于深度学习的语音降噪方法得到了越来越广泛的应用，深层结构模型具有更强的泛化能力，在处理非平稳噪声时具有更为明显的优势，这类方法更容易与语音识别的声学模型对接，提高语音识别的鲁棒性。

基于深度学习的语音降噪方法通过使用大量的训练数据和充足的计算资源，显著改善了算法的性能；近年来相继提出了卷积神经网络、循环神经网络、生成对抗网络等不同的模型结构建立带噪语音与干净语音之间的复杂非线性映射关系，显著提高了复杂场景下语音增强的可懂度。针对人声干扰问题，通过基于注意和记忆的听觉注意模型，能够有效抑制非目标人声的干扰。随着智能音箱、智能机器人等终端设备的普及，轻量级的深度学习语音降噪算法得到了广泛关注，该技术的突破能够显著提高远场语音交互能力。

12.5 语音转换

语音信号包含了很多信息，除了语义信息外，还有说话人的个性信息、说话场景信息等。语音中的说话人个性信息在现代信息领域中的作用非常重要。语音转换是通过语音处理手段改变语音中的说话人个性信息，使改变后的语音听起来像是由另外一个说话人发出的。语音转换是语音信号处理领域的一个新兴分支，研究语音转换可以进一步加强对语音参数的理解、探索人类的发音机理、掌握语音信号的个性特征参数由哪些因素所决定；还可以推动语音信号的其他领域发展，如语音识别、语音合成、说话人识别等，具有非常广泛的应用前景。

语音转换首先提取说话人身份相关的声学特征参数，然后用改变后的声学特征参数合成出接近目标说话人的语音。例如，可以利用语音转换技术将我们的声音转换成奥巴马等名人的声音。实现一个完整的语音转换系统一般包括离线训练和在线转换两个阶段，在训练阶段，首先提取源说话人和目标说话人的个性特征参数，其次根据某种匹配规则建立源说话人和目标说话人之间的匹配函数；在转换阶段，利用训练阶段获得的匹配函数对源说话人的个性特征参数进行转换，最后利用转换后的特征参数合成出接近目标说话人的语音。语音转换的基本系统框图可以用图 12.14 来表示。

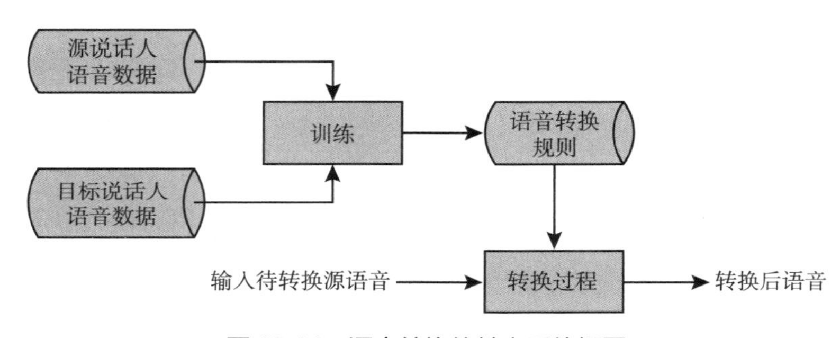

图 12.14　语音转换的基本系统框图

12.5.1　码本映射法

码本映射方法是最早应用于语音转换的方法。这是一种比较有效的频谱转换算法，一直到现在，仍有很多研究人员使用这种转换算法。源码本和目标码本的单元一一对应，通过从原始语音片段中抽取关键的语音帧作为码本，建立起源说话人和目标说话人参数空间的关系。码本映射方法的优点在于，由于码本从原始语音片段中抽取，生成语音的单帧语音保真度较高。但这种码本映射建立的转换函数是不连续的，容易导致语音内部频谱不连续，研究人员针对这个问题相继提出了模糊矢量量化技术以及分段矢量量化技术等解决方案。

12.5.2　高斯混合模型法

针对码本映射方法带来的离散性问题，在说话人识别领域中常用高斯混合模型来表征声学特征空间。这种方法使用最小均方误差准则来确定转换函数，通过统计参数模型建立源说话人和目标说话人的映射关系，将源说话人的声音映射成目标说话人的声音。与码本映射方法相比，高斯混合模型有软聚类、增量学习和连续概率转换的特点。在高斯混合模型算法中，源声学特征和目标声学特征被看作联合高斯分布的观点被引入，通过使用概率论的条件期望思想获得转换函数，转换函数的参数皆可由联合高斯混合模型的参数估计算法得到，此时高斯混合模型映射方法成为频谱转换研究的主流映射算法。高斯混合模型在语音转换研究领域是比较成功的转换算法，同码本映射相比具有软分类、连续概率变换和增长性学习的特点，但这种方法忽略了时间相关度，生成频谱过度平滑，会导致转换语音的音质下降。

12.5.3 深度神经网络法

近年来，深度学习方法在智能语音领域得到了广泛应用，一些学者开始尝试通过深层神经网络模型解决语音转换问题；通过深层神经网络模型的非线性建模能力建立源说话人和目标说话人之间的映射关系，实现说话人个性信息的转换，解决高斯混合模型方法中的过平滑问题。比较典型的深层神经网络结构包括受限玻尔兹曼机－深度置信神经网络、长短时记忆递归神经网络、深层卷积神经网络等。由于深层神经网络具有较强的处理高维数据的能力，因此通常直接使用原始高维的谱包络特征训练模型，从而有助于提高转换语音的话音质量。与此同时，基于深度学习的自适应方法也被广泛应用于说话人转换，其利用少量新的发音人数据对已有语音合成模型进行快速自适应，通过迭代优化生成目标发音人的声音。因此，我们可以利用这种技术合成出自己的声音。此外，我们还可以通过语音转换技术去除说话人的个性信息，将说话人语音变成机器声或沙哑声，保护说话人的隐私。

12.6 情感语音

语音作为人们交流的主要方式，不仅包含语义信息，而且还携带有丰富的情感信息。语音信号是语言的声音表现形式，情感是说话人所处环境和心理状态的反映。语音在传递过程中，由于说话人情感的介入而更加丰富，同样一句话，如果说话人的情感和语气不同，听者的感知也有可能会不同。美国麻省理工学院的 Minsky 教授就情感的重要性专门指出“问题不在于智能机器能否有情感，而在于没有情感的机器能否实现智能”。人工智能如果在人机交互中缺少情感因素会显得“冷冰冰”，不能识别出情感并且不能对相应的情感做出反应，无法形成真正的人工智能。因此，分析和处理语音信号中的情感信息、判断说话人的喜怒哀乐具有重要意义。

12.6.1 情感描述

研究语音信号的情感，首先要根据某些特性标准对情感做一个有效合理的分类，然后在不同类别的基础上研究特征参数的特性。目前，主要从离散情感和维度情感两个方面来描述情感状态。离散情感模型将情感描述为离散的、形容词标签的形式，如高兴、愤怒等。一般认为，那些能够跨越不同人类文化甚至能够为人类和具有社会性的哺乳动物所共有的情感类别为基本情感。美国心理学家 Ekman 提出的六大基本情感（生气、厌恶、恐惧、高兴、悲伤和惊讶）在当今情感相关研究领域的使用较为广泛。

相对于离散情感模型，维度情感模型将情感状态描述为多维情感空间中的连续数值，也称作连续情感描述。这里的情感空间实际上是一个笛卡尔空间，空间的每一维对应着情感的一个心理学属性（如表示情感激烈程度的激活度属性、表明情感正负面程度的愉悦度属性）。Russel 等人在激活愉悦空间上用一个情感轮对情感进行分类，图 12.15（a）所示的是情绪的二维模型。情感点同原点的距离体现了情感强度，相似的情感相互靠近；相反的情感则在二维空间中相距 180 度。当在这个二维空间中加入强度作为第三个维度后，可以得到一个三维的情感空间模型，如图 12.15（b）所示。以强度、相似性和两极性划分情绪，模型上方的圆形结构划分为八种基本情绪：狂喜、警惕、悲痛、惊奇、狂怒、恐惧、接受和憎恨，越邻近的情绪性质上越相似；距离越远，差异越大，互为对顶角的两个扇形中的情绪相互对立。

12.6.2 情感语音的声学特征

情感语音中可以提取多种声学特征，用以反映说话人的情感行为的特点。情感特征的优劣对情感处理效果的好坏有重要影响。语音声学情感特征主要分为三类：韵律特征、音质特征以及频谱特征。

韵律特征具有较强的情感辨别能力，已经得到研究者的广泛认同，如语速、能量和基频等。在激动状态时，语速比平常状态要快。喜、怒、惊等情感的能量较大，而悲伤等情感的能量较低，而且这些能量差异越大，体现出的情感的变化也越大。欢快、愤怒和惊奇语音信号的平均基频比较大，而悲伤的平均基频则较小。

语音中所表达的情感状态被认为与音质有很大的相关性，音质特征主要有呼吸声、明亮度特征和共振峰等。欢快、愤怒、惊奇和平静状态相比，振幅将变大；相反地，悲伤和平静相比，振幅将减小。

频谱特征主要包括线性谱特征（如线性预测系数）和倒谱特征（如梅尔频率倒谱系数）。

情感状态与一些语音参数的关系如表 12.1 所示。此外，基于这三类语音特征

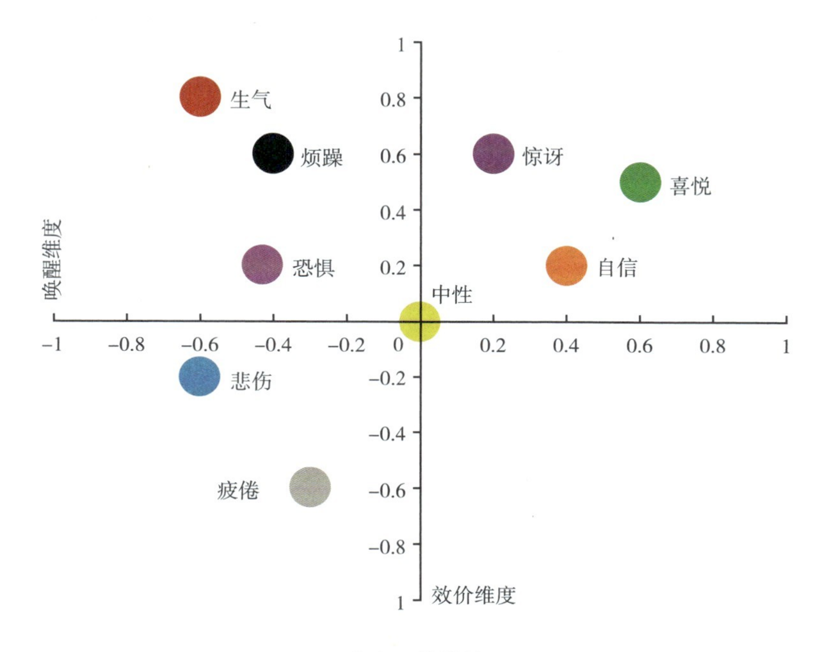

（a）二维模型

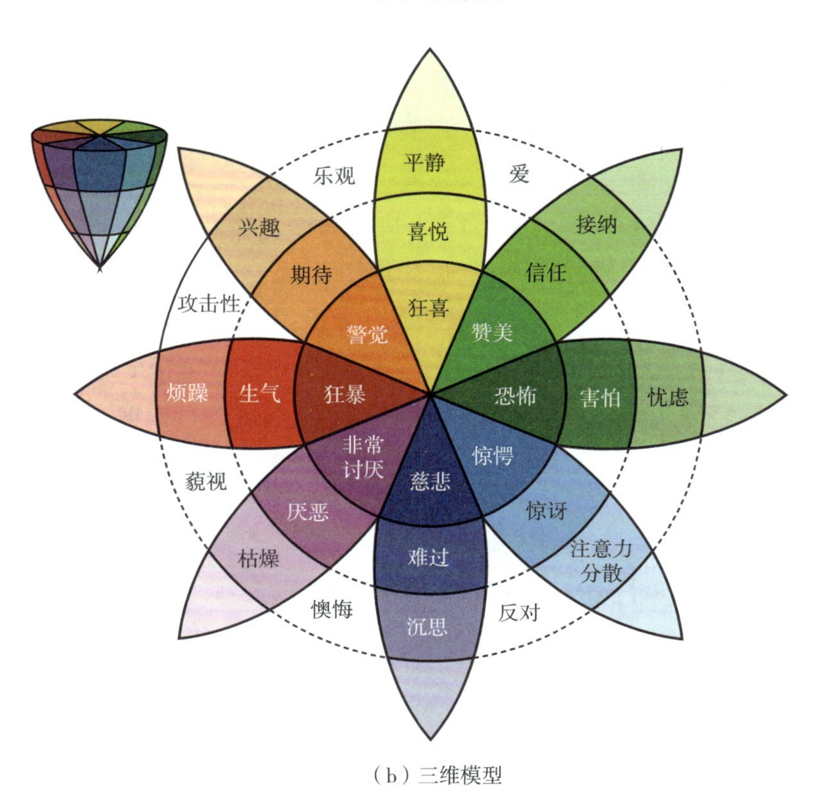

（b）三维模型

图 12.15　情绪维度模型

的不同语段长度的统计特征是目前使用最为普遍的特征参数之一，如特征的平均值、变化率、变化范围等。

表 12.1　情感状态和语音参数之间的关系

	愤怒	高兴	悲伤	恐惧	厌恶
语速	略快	快或慢	略慢	很快	非常快
平均基音	非常高	很高	略低	非常高	非常低
基音范围	很宽	很宽	略窄	很宽	略宽
强度	高	高	低	正常	低
声音质量	有呼吸声、胸腔声	有呼吸声、共鸣音调	有共鸣声	不规则声音	嘟囔声、胸腔声
基音变化	重音处突变	光滑、向上弯曲	向下弯曲	正常	宽，最终向下弯曲
清晰度	含糊	正常	含糊	精确	正常

12.6.3　语音情感识别

语音情感识别是让计算机能够通过语音信号识别说话者的情感状态，是情感计算的重要组成部分，是情感语音处理的主要内容之一。情感计算的目的是通过赋予计算机识别、理解、表达和适应人的情感的能力来建立和谐人机环境，并使计算机具有更高的、全面的智能。情感语音利用语音信息进行情感计算。

一般来说，语音情感识别系统主要由三部分组成——语音信号采集、语音情感特征提取和语音情感识别，如图 12.16 所示。语音信号采集模块通过语音传感器（如麦克风等语音录制设备）获得语音信号，并传递到语音情感特征提取模块；语音情感特征提取模块对语音信号中情感关联紧密的声学参数进行提取，最后送入情感识别模块完成情感判断。需要指出的是，语音情感识别离不开情感的描述和语音情感库的建立。

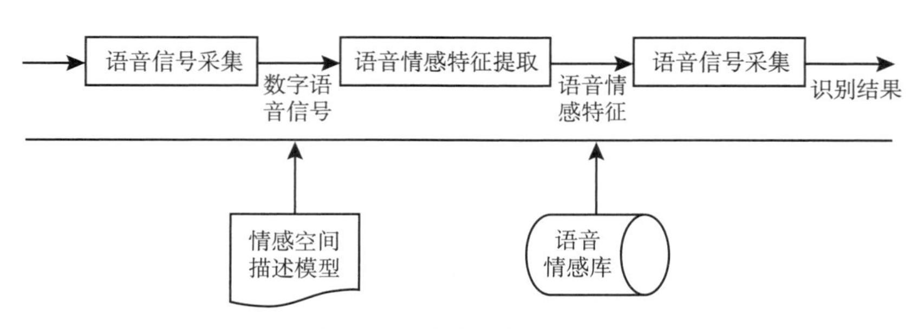

图 12.16　语音情感识别系统框架

语音情感识别本质上是一个典型的模式分类问题，因此模式识别领域中的诸多算法都可用于语音情感识别研究，如隐马尔可夫模型、高斯混合模型、支持向量机模型。其中，支持向量机模型具有良好的非线性建模能力和对小数据处理的鲁棒性，在语音情感识别中应用最为广泛。近来，由于深度学习的迅猛发展，语音情感识别也获益良多。许多研究将不同的网络结构应用于语音情感识别，大致分为两类。一类研究者利用深度学习网络提取有效的情感特征，再送入分类器中进行识别，如利用自编码器、降噪自编码；也有研究者利用迁移学习的方法，将在语音识别中训练的网络在语音情感数据库上进行微调提取有效特征，获得了良好效果。另一类研究者将传统的分类器替换为深度神经网络进行识别，如深度卷积神经网络和长短时记忆模型。研究者将语音转化为语谱图送入卷积神经网络中，采用类似图像识别的处理方式，为研究提供了一个新的思路。而长短时记忆模型能刻画长时动态特性，更好地描述情感的演变状态，因此能取得较好的效果。当然，有研究者将情感特征提取和情感识别两部分都替换成了神经网络，提出了端到端的语音情感识别方法，为研究指出了一个新的方向。语音情感识别采用何种建模算法一直是研究者们非常关注的问题，但是在不同的情感数据库上、不同的测试环境中，不同的识别算法各有优劣，对此不能一概而论。

12.7　本章小结

语音处理主要包括五个部分：语音识别、语音合成、语音增强、语音转换和情感语音。

就语音识别而论，其技术已经逐渐走向成熟，基于深度学习的端到端语音识别体现了很好的性能，达到了较强的实用化程度。然而，在自由发音、强噪声、多人说话、远声场等环境下，机器识别的性能还远远不能让人满意。

就语音合成而论，其在新闻风格下的语音合成效果已经接近于人类水平，但在多表现力及多风格语音合成时仍有较大差距。另外，融入发音机理和听觉感知的语音合成可能成为未来的发展方向之一。

就语音增强而论，当前这一领域仍然面临的挑战和需要解决的痛点包括：多说话人分离的鸡尾酒问题，如何改进盲分离算法突破鸡尾酒问题；说话人移动时，如何保证远场语音识别性能；面对不同的麦克风阵列结构，如何提高语音增强算法的泛化性能；面对更加复杂的非平稳噪声和强混响，如何保证算法鲁棒性；远场语音数据库不容易采集，如何通过声场环境模拟方法扩充数据库。上述问题的解决将有助于提高语音交互系统的性能。

就语音转换而论，当前面临的主要挑战包括：转换后的语音音质下降明显，如何在说话人转换过程中弱化对音质的损伤；目前的语音转换处理更多地面向干净语音，当采集原始语音质量下降时，算法性能下降明显；针对基频、时长等超声段韵律信息的转换效果不理想，如何利用长时信息提高韵律转换的性能；在语音转换过程中如何有效利用发音机理特征，这是一个值得深入探索的问题。上述问题的解决将有助于语音转换系统的实际应用。

就情感语音而论，情感计算是新型交叉学科，很多理论方法尚不成熟；并且人类情感的内在状态是极其复杂的，受身体的内在和外在的影响，往往是多种情感状态的复合体，具有一定的模糊性。情感还具有个性化的特点，会因年龄、性别、地区、文化的不同而表现得千差万别。在传统的语音情感识别中，训练数据和测试数据一般来自同一个语料库或者具有相同的数据分布，但由于语料库的不统一，研究成果之间的可比性较差。因此，未来研究应关注跨数据库的扩展性能以及不同民族之间和不同语种之间的情感表达差异。

习题：

1. 语音识别系统包括哪几个部分？语音识别的常用特征有哪些？
2. 语音合成主要方法有哪几种？各个方法的优缺点是什么？
3. 分析智能音箱中所涉及的语音增强技术。
4. 简单介绍语音转换在语音合成中的应用。
5. 语音情感识别系统是怎么实现的，包括哪几个重要部分？怎么去描述情感信息？它们的优缺点是什么？

第十三章　规　划

规划技术起源于20世纪60年代，是人工智能的一个重要领域，主要研究如何合理地选取行动或行动序列来完成具体任务。

规划技术的研究有两大任务：①问题描述，如何方便（紧凑、便于计算）地表示规划问题；②问题求解，如何高效地求解规划问题（等价于一个搜索问题）。当前，规划技术被广泛应用于智能机器人、网络服务、自动驾驶等领域。本章就人工智能规划技术的一些基本概念和基本方法做简要介绍。

13.1　基本概念

规划方法一般分为以下三类：

（1）领域限定：针对具体领域专门设计的特定规划方法。通常利用领域特性设计更高效的算法。

（2）领域无关：不针对具体领域的通用规划方法。与领域特定规划相比有以下不同：①是对规划方法共性的研究，其成果可以用来提高领域特定规划方法的效率；②是对通用规划行为的研究，从人工智能角度研究其所表现出的理性行为；③对具体问题可以直接应用，相对于领域特定方法是更廉价的规划器；④是一般系统所需要具备的通用规划能力。

（3）可配置：在领域无关方法的基础上，针对具体问题可以增加控制信息，从而利用问题领域特征使规划更高效。

在提到规划时，通常假设行动是瞬时发生或在固定单位时间完成，即在规划时不需要考虑行动执行需要的时间。在现实应用中，不同的行动可能有不同的持续时间，这类考虑行动执行持续时间的问题称为调度问题，在此不做介绍。

人工智能领域通常关注的是更加基本和通用的领域无关和可配置的规划方法。因此，下文将重点介绍领域无关的规划方法。

领域无关的规划方法涉及两个问题：①问题描述，即定义描述语言，从而统一、便捷地表示各类领域无关的规划问题；②问题求解，即定义求解算法，高效求解所有可以由描述语言刻画的规划问题。

规划问题非常复杂，为了简化问题，我们提出以下假设（经典规划的基本假设）：

（A0）有限系统：问题只涉及有限的状态、行动、事件等；

（A1）完全可观察：永远知道系统当前所在的状态；

（A2）确定性：每个行动只会导致一种确定的影响；

（A3）静态性：不存在外部行动，环境所有的改变都来自控制者的行动；

（A4）状态目标：目标是一些需要达到的目标状态；

（A5）序列规划：规划结果是一个线性行动序列；

（A6）隐含时间：不考虑时间持续性；

（A7）离线规划：规划求解器不考虑执行时状态。

利用上述假设，我们可以区分所研究的规划问题，其中经典规划问题就是满足从（A0）到（A7）所有假设的规划问题。

经典规划虽然做了很多简化，但复杂性还是很高，在实际应用中很难直接使用。而且现实不可避免地具有不确定性，主要体现在：①信息不完全性，即对世界的描述是不可能完全的；②不可预测性，即外部事件的发生是不可预测的；③行动不确定性，即有些行动效果本质上就是不确定，如投骰子。这种不确定性，使得规划的执行可能对应于多条不同的执行路径，需要规划算法能高效地分析所有动作各种可能的执行结果。通常采取如下两种方式：

（1）重规划：先假设没有意外发生，从而离线规划出一个解；在执行时监控执行过程；一旦出现意外则重规划，此时重规划可以选择重新规划也可以选择修补现有规划。

（2）条件规划：规划时考虑所有可能发生的情况，在策略中处理每种可能的事件。

对不确定性的描述可以采用概率规划的方法。

下面从问题描述和求解两方面分别介绍经典规划和概率规划。

13.2 经典规划

经典规划就是满足从（A0）到（A7）所有假设的规划问题，这种系统是确定的、静态的、有限的、完全可观察的，并且是受限目标和隐藏时间的状态转移系统。

积木世界就是一个典型的经典规划问题。假设桌面上有多个积木方块，它们被摆放为各种形状，一个积木方块只能放在桌面或另一个积木方块上面。同时有一个机械臂，每次可以把最上面的一个积木拿起，并放置到桌面或另一个积木块上面。如何从初始场景出发，通过多次机械臂移动积木将积木摆放到目标形状，就是一个经典规划问题。

简单说来，经典规划的任务就是在状态转移图中计算一条从初识状态出发到目标状态的路径。如果已知状态转移图，则用迪杰斯特拉算法可以快速搜索出路径（规划结果）。但规划问题状态空间通常非常大，一般无法显式构造出整个状态转移图。因此，规划算法要避免构造出整个状态转移图，而是在隐式表达的基础上求解。

经典规划的主要问题有：①如何在不显式枚举的情况下形式化描述系统状态和动作，描述本身要紧凑，同时便于求解；②如何在选定描述的基础上有效地进行解的搜索。

需要说明的是，即使在受限条件下，规划问题的求解仍然是非常难的。奢求用经典规划技术来解决实际规划问题是不现实的。

13.2.1　经典规划问题描述

对于经典规划问题，我们需要一种通用的描述方法来紧凑地刻画系统状态和行动，并且便于搜索求解。一般的思路是：用特征来表达单个状态，状态表示为特征特定值的集合；用操作（行动）来计算状态转移，操作表示为特征之间的转换关系；对于规划问题的描述，不需显式表示出所有状态，只需给出初始状态，然后通过操作序列计算出状态之间的转移直到达到目标状态。

下面我们介绍几种具体的描述方法。

1. 集合描述

经典规划的集合描述方法采用有限的命题符号集来表达状态转移系统。

（1）状态为命题的集合，表示在当前状态下真的命题。例如，集合 { 机器人功能正常，机器人在厨房，机器人拿着一杯水，主人在客厅 } 就是一个状态。

（2）行动为三元组，分别为行动执行的前提条件、行动执行以后变为真的命题和行动执行以后变为假的命题。例如，“机器人移动到客厅”的行动可表示为三元组 <{ 机器人功能正常 },{ 机器人在客厅 },{ 机器人在厨房，机器人在卧室，…… }>，分别表示其行动执行的前提、正效果和负效果；“机器人将水杯递给主人”的行动可表示为三元组 <{ 机器人功能正常，机器人拿着一杯水，机器人在主人旁边 },{ 主人拿着一杯水 },{ 机器人拿着一杯水 }>。

（3）给定状态 s_0，若行动 a 在 s_0 上可执行，则执行 a 以后得到一个新的状态 s_1

（后继状态），就是在 s_0 中增加正效果、去掉负效果。

（4）给定初始状态 s_0，行动序列 $<a_1, a_2, a_3, \cdots, a_n>$ 并且 a_1 在 s_0 上可执行，a_2 在后继状态上可执行，以此类推直到 a_n，如果最终的状态满足目标（希望真的命题在最终状态中真），则此行动序列就是此规划问题的规划解。例如，行动序列 <“机器人移动到客厅”“机器人将水杯递给主人”> 就是例子中在初始状态下完成目标{主人拿着一杯水}的规划解。

需要说明的是，并不是每一个状态转移系统都可以用集合表达，但可以构造一个与其等价的系统，而此系统可以用集合表达。

下面我们举例积木世界的问题描述。

如图 13.1 所示，假设桌面上有三块积木分别标号为 A、B、C，初始时 A、B 在桌面上，C 在 A 的上方。目标效果是 A 在 B 的上方，B 在 C 的上方。对此，其经典描述如下：

Ⅰ. 初始状态定义为{ontable（A），on（C，A），ontable（B），clear（B），clear（C），handempty}，其中 ontable（X）表示积木 X 在桌面上，on（X，Y）表示积木 X 在积木 Y 上，clear（X）表示积木 X 上面没有其他积木，handempty 表示机械手爪没有抓任何积木，是空的。

Ⅱ. 目标状态为{on（A，B），on（B，C）}。

Ⅲ. 行动描述如下：

A. unstack（X,Y），从积木 Y 上拿起积木 X：

①行动前提为：on（X，Y），clear（X），handempty；

② 行动正效果为：holding（X），clear（Y），其中 holding（X）表示机械手爪拿着积木 X；

③ 行动负效果为：on（X，Y），clear（X），handempty。

B. stack（X，Y），将积木 X 放到积木 Y 上：

④ 行动前提为：holding（X），clear（X）；

⑤ 行动正效果为：on（X，Y），clear（X），handempty；

⑥行动负效果为：holding（X），clear（Y）。

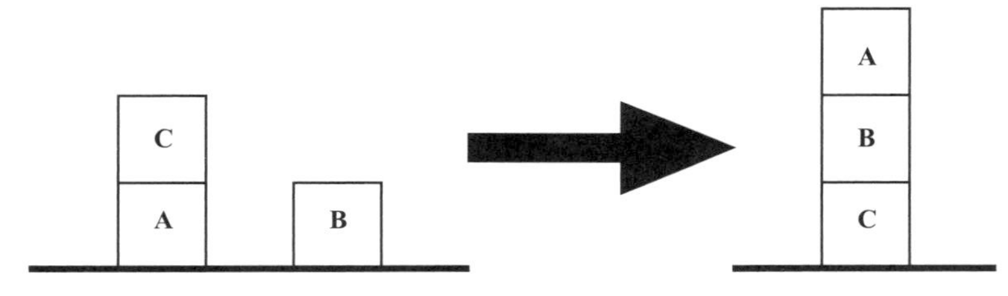

图 13.1　积木世界示意图

C. pickup（X），从桌面上拿起积木 X：

⑦ 行动前提为：ontable（X），clear（X），handempty；

⑧ 行动正效果为：holding（X）；

⑨ 行动负效果为：ontable（X），clear（X），handempty。

D. putdown（X），将积木 X 放到桌面上：

⑩ 行动前提为：holding（X）；

⑪ 行动正效果为：ontable（X），clear（X），handempty；

⑫ 行动负效果为：holding（X）。

Ⅳ. 一个规划结果是：unstack（C，A），putdown（C），pickup（B），stack（B，C），pickup（A），stack（A，B）。

2. 经典描述

经典规划的经典描述方法使用一阶逻辑符号，用公式来表达状态集和行动，通过语义解释来确定具体的状态和行动，是对集合描述的推广。

经典规划的经典描述用一阶逻辑语言（有限多谓词，变元，常元，没有函数符号）来描述系统。一个状态是一个基原子（不含变元的原子）集合。谓词又分为状态谓词和关系，前者是状态集的函数，后者不随状态变化而变化。

规划操作是一个三元组，分别是操作的名字、前提公式和效果公式。

经典描述在实例化（所有变元由可能的常元替换）后与集合描述等价，不过实例化结果可能指数增大。除此之外，还有状态变量描述，其将状态表示为向量值、动作表示为函数映射。经典描述与状态变量描述方法在表达能力上是等价的。

3. 其他工作

早期自动规划工作受到自动推理证明方法的很大影响，例如情形演算用形式化方式对初始状态、目标状态和行动做公理化描述，使用归结定理证明来构造求解。然而，这类方式遇到框架问题——在经典规划描述中将操作效果中没有涉及的状态谓词保持不变的问题，从而引入对经典规划的描述问题，其目的之一就是为框架问题提供一个简单的解法。

STRIPS 是这方面的早期工作，它采用 STRIPS 假设，即在效果中没有提及的每个文字保持不变。前面介绍的经典描述和 STRIPS 具有相同的表达能力。ADL 对其进行扩展，在其一阶表达能力和相应的推理复杂性之间进行权衡，其后又进一步扩展为 PDDL。PDDL 是由国际规划竞赛协会定义的规划问题标准描述语言，目前已发展出一大批基于 PDDL 的高效通用规划器。需要说明的是，STRIPS、PDDL 方式与情形演算方式都可以刻画动态系统，两者在规划、预测方面的效果相同，但如果需要更复杂的推理（如诊断），则只能使用情形演算。

分层任务网与上述经典规划的描述类似，但增加一个方法集合，可告诉系统如何将一类任务分解为更小的子任务（可能有偏序约束），而规划过程就是递归地将那些非原子任务分解到原子任务。分层任务网可以方便地根据领域知识加入如何分解任务的方法，因此有广泛应用。

13.2.2 经典规划问题求解

经典规划的求解方法可以分为状态空间的求解和规划空间的求解。状态空间搜索是在状态转移图中搜索从初始状态到目标状态的一条路径，一般分为：

（1）前向搜索：从初始状态开始，考虑所有可行的行动，进行深度或广度搜索；

（2）后向搜索：从目标状态出发，将当前目标还原为回归子目标，直到返回初始状态。与前向搜索相比，一般具有较小的分支数。

（3）启发式搜索：利用启发式函数（如将初始状态到目标状态距离的估计作为启发式函数）进行前向或后向搜索。

状态空间搜索算法是可靠完全的。

STRIPS 规划是一种特殊状态空间搜索算法，类似于后向搜索算法，每次选择一个相关的行动，但只将行动的前提作为下一步迭代的目标。需要说明的是，STRIPS 规划算法是不完备的。

在经典规划中，规划结果是状态转移图中的一条路径，规划求解自然也就是状态空间上的搜索问题。但很多时候，状态空间上的搜索是在以不同的顺序不断说明一组行动不可行，因此提出了规划空间——搜索空间中节点为局部具体化的规划，弧为规划的求精操作，同时求解操作基于极小承诺原则（即如无必要，不做承诺）。

规划空间搜索算法的一般步骤为：找到现有规划的缺陷，从中选择一个缺陷，找到解决这一缺陷的所有方法；从中选择一个方法，按此方法对规划求精，直到规划可执行。规划空间搜索算法同样是可靠完全的。偏序规划是一种具体的规划空间搜索算法。

相比于状态空间的求解，规划空间的求解具有如下特点：①状态空间有限，而规划空间无限，但规划空间规划通常有较小的搜索空间；②状态空间有显式的中间状态，而规划空间没有明确的状态概念，如果状态的概念清晰，可以有效利用领域知识和控制知识；③规划空间将对动作的选择及其顺序分离。

13.3 概率规划

面对现实中的规划问题，主体对环境特性的把握常常是不完整的，正是由于这种知识的缺失，造成了不确定性。马尔可夫决策模型可以处理这类问题。

19 世纪 50 年代，贝尔曼在研究动态规划和沙普利研究随机对策时，已出现马尔可夫决策过程的基本思想。霍华德（1960）和布莱克韦尔（1962）等人的研究工作奠定了马尔可夫决策过程的理论基础。1965 年，布莱克韦尔关于一般状态空间的研究和丁金关于非时齐（非时间平稳性）的研究推动了这一理论的发展。自 1960 年以来，马尔可夫决策过程理论得到迅速发展，应用领域不断扩大。

马尔可夫决策过程适用的系统有三大特点：一是状态转移的无后效性；二是状态转移可以有不确定性；三是系统所处的每步状态完全可以观察。下面将介绍马尔可夫决策过程基本数学模型，并对模型本身的一些概念及在马尔可夫决策过程模型下进行问题求解所引入的相关概念做进一步解释。凡是以马尔可夫过程作为数学模型的问题，只要能引入决策和效用结构，均可应用这种理论。

13.3.1 概率规划问题描述

马尔可夫决策过程最基本的模型是一个由状态、行动、状态转移函数和报酬函数组成的四元组。其中，状态集合表示问题所有可能世界状态的集合；行动集合表示问题所有可能行动的集合；状态转移函数表示在某个状态执行某个动作，而状态转移到另一个状态的概率；报酬函数表示在某个状态执行某个动作所能得到的立即报酬。在马尔可夫决策模型下，系统与问题对应的环境进行交互，即系统在环境中执行一个行动，获知环境所处的新的当前状态，同时获得此次行动的立即收益。

以“希望机器人去厨房拿一杯水”这个任务为例，状态就是机器人和水杯的位置，行动就是机器人移动到厨房和拿起水杯这些动作。由于机器人轮子会打滑等因素的影响，机器人的行动具有不确定性，需要由状态转移函数来对这些不确定性因素进行建模。而报酬函数描述的是希望机器人完成的任务，比如拿到水时机器人会获得一个正的回报；而执行任务失败时，机器人会获得一个负的回报。

再如，机器人在一个 3×4 的格子世界中（图 13.2），需要从一个初始位置移动到目标位置。图中灰色的格子代表障碍物，机器人在移动过程中必须绕过障碍物。地图上有两个终止状态，分别有 +1 的回报和 −1 的惩罚。可以认为右上角 +1 的位置，机器人到达了目标位置；而下方 −1 的位置，机器人会掉入一个陷阱。在这个问题中，状态就是机器人在格子中的位置，假设初始状态是（1，1）。观察是机器人关于临近格子的信息，包括临近的格子是墙、障碍物或者是空的。动作可以是向上、下、左、右四个方向移动，或者留在原地。由于轮子打滑等因素，机器人向某个方向移动时不能百分百到达目标位置，也就是说状态的转移带有一定概率，

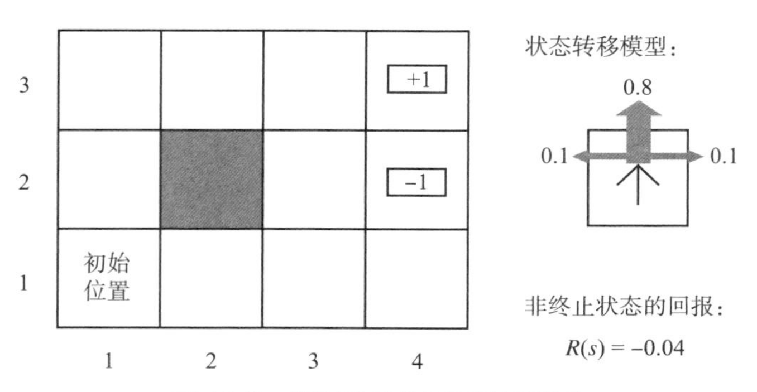

图 13.2　格子世界位置移动示意图

如以 0.8 的概率到达目标位置，而有 0.1 的概率分别偏向左边或者右边。此外，为了让机器人能尽快地到达目标位置，我们将非终止状态的回报设为 −0.04，可以理解为是机器人在运行过程中的电能消耗。通过这些概念，机器人在具有运动不确定性的格子世界中的导航问题就可以用马尔可夫决策过程进行描述。

通过上述两个直观的例子，我们已经初步理解了马尔可夫决策过程中的一些关键要素。下面将对这些概念进行更加详细的介绍。

1. 状态

状态是在某一时间点对该世界或系统的描述。最一般化的便是平铺式表示，即对世界所有可能状态予以标号的方式表示。在这种情况下，标号状态的数目就代表了状态空间的大小。而一种更加自然的方式是因子化表示，因子化是一种面向对象的思想，这种状态表示方式在实际问题中应用得更为广泛。

在不同的应用，人们对状态的定义是不一样的。但一般来说，在马尔可夫决策过程中定义的状态必须包括所有当前世界中系统能够掌握利用、会对系统决策产生影响的信息，这也可作为建模过程中某些因素要不要加入问题状态表示的依据。事实上，这些因素又对应为一些概念，或者说状态变量。要不要将这些变量加入问题的状态表示中，再或者要不要对概念对应的状态量进行某种拆分或合并，这些问题在建模时都是需要考虑的。处理不好，便可能引入大量冗余信息。大多数情况，系统对自己所处的当前世界的状态不可能有完整认识，因此需要引入概率方法来处理信息的不确定性。

2. 观察

在实际应用中，系统通常无法直接获得环境状态，因此通常假设一个有限的观察集合，系统观察的选择和对当前状态的感知来自这个集合。在马尔可夫决策模型上，可以通过一系列的假设得到其他的模型。如前所述，在完全观察的马尔可夫决策过程中，系统对各个时刻的环境的了解是全面的。另一个比较极端的模型是无观察的马尔可夫决策，在这个系统里，系统在执行动作时不会从系统获得任何的有关当前状态的信息。该系统的观察集合为空集，即在每个状态获得的观察都一样，这样观察集合就变得没有意义了。这两种极端情况是马尔可夫决策模型的一个特例，而更常见的场景是环境的状态部分可观察，因此有大量的研究工作是关于部分可观察马尔可夫决策过程。

由于系统在部分可观察马尔可夫决策过程中不能保证每步都获得全部的当前状态信息，为了仍保持过程的马尔可夫性，这里引入信念状态这一概念。信念状态是系统根据观察及历史信息计算得到的一个当前状态对所有世界状态的一个概率分布。由于它是系统主观信念上所认为的一个状态，故称为信念状态。作为一个概率分布，信念状态空间是连续的和无限的。

在该问题中，每一步的信念状态都是系统的一个主观概率，而获得新的观察后，计算新的信念状态便可以使用贝叶斯公式进行更新。通过反复地使用贝叶斯公式，便可以得到上述信念状态的更新公式。然后从当前的信念状态，根据转移函数及观察函数得到新的信念状态对应的概率分布。信念状态的转移过程满足马尔可夫性，即下一个信念状态只依赖于当前信念状态（还有当前的动作和得到的观察），而跟历史信念状态无关。

3. 行动

系统的行动会参与改变当前世界的状态。马尔可夫决策过程的一个关键部分是提供给系统的用于做决策的行动集合。当某一行动被执行，世界状态将会发生改变，即根据已知的概率分布转换为另一状态，这个概率分布也和所执行的动作有关。

在不加说明的情况下，我们讨论的是时齐马尔可夫过程，即所有行动的执行时间是相同的、状态转移的时间间隔一致，这种行动有时也被称为系统的原子动作。在该系统内，行动已对应最小的时间划分，原子动作不可再分割。比如，在一个棋盘类游戏中，每一步所有的走子方式构成了原子动作的集合。再比如，在一个实时的机器人运动控制中，在离散的最小时间片内机器人可以选择以一定的离散角度转向，或者以一定的离散加速度进行速度控制，这些也构成了在该系统下的原子动作集合。

4. 状态转移函数

状态转移函数描述了系统的动态特性：在确定环境下，在某个状态执行动作可以得到一个确定的状态；在随机环境下，在某个状态下执行某一动作得到的是一个状态的概率分布。在简单问题中，状态转移函数也可以记为表格形式。

5. 策略表示形式

马尔可夫决策过程的解通常称为策略，是从状态集合到动作集合的一个映射。按照策略解决问题的一般过程是首先系统要知道当前所处状态，然后执行策略对应的行动并进入下一状态，重复此过程直到问题结束。马尔可夫决策过程假定系统通过观察可以完全确定当前所处的状态。在马尔可夫决策过程某些材料中对策略有如下区分：如果动作的选取只和当前状态有关，而与时间无关，称作平稳策略；相应地，非平稳策略是经时间索引后的一系列状态到行动的集合，也就是说非平稳策略即使对于同样的状态，在过程的不同时刻，可能会对应不同的行动。

在马尔可夫决策过程的求解过程中，通常希望系统能够按照某个准则来选择动作，以最大化长期报酬。如现阶段最优准则，要求最大化有限阶段期望总报酬最大；如果我们处理的是一个无限阶段问题，要考虑整个过程中的总报酬，通常会引入一个折扣因子，以保证期望总报酬的收敛性。

在部分可观察问题中，系统通常不知道环境明确的状态，而只知道一个在所有状态上的概率分布。在完全可观察问题中，策略可以用状态到行动的映射来表示，但面对连续的信念状态空间，这一方法不再可行。一般情况下，在部分可观察问题中，系统的非平稳策略可以用策略树来表示。根节点决定要采取的第一个动作，然后根据得到的观察，通过一条边指向下一节点，这个节点决定下一步的动作。此外，策略还可等价地表示成一种有限状态机的形式。

通过信念状态的引入，部分可观察的决策问题可以看成是基于信念状态的决策问题。因此，可以定义类似马尔可夫决策过程中状态转移函数的信念状态转移以及信念报酬函数，从而得到一个类似马尔可夫决策过程中策略与值函数的计算公式。当然，有这样的公式并不代表就能按照马尔可夫决策过程中类似的求解方法进行下去，最根本的原因在于连续的信念状态空间。

13.3.2 概率规划问题求解

马尔可夫决策过程将客观世界的动态特性用状态转移来描述，相关算法可以按是否求解全部状态空间进行划分。早期求解算法有值迭代和策略迭代，这些方法采用动态规划，以一种后向的方式同时求解出所有状态的最优策略。随后，一些利用状态可达性的前向搜索算法被相继提出，其特点是只求解从给定初始状态开始的最优策略，通常可以避免大量不必要的计算，从而获得更高效率。

从另一个角度看，相关算法还可以按离线或在线划分。对于很多实际应用中的大规模问题，无论是否利用状态可达性，解都不可能以离线的方式一次性求出。相比之下，这种情况更适合使用在线算法，也称为实时算法。实时算法的决策计算与执行交替进行，且解的质量通常随给定计算时间的增加而提升。

本节主要采用前一种分类方法，将概率规划问题的求解分为反向迭代类求解和前向搜索类求解两种，并就这两种方法做简要介绍。

1. 反向迭代类求解方法

策略迭代与值迭代是求解马尔可夫决策过程问题的两个最基本的方法，均基于动态规划。在策略迭代中，策略显式表示，可以计算得到相对应的值函数，然后使用贝尔曼公式改进策略。由于可能的策略数目是有限的，而策略迭代的过程总是在改进当前的策略，算法在经过有限步的迭代后总会收敛于最优策略。

在值迭代中，策略没有显式表示，整个过程按动态规划的贝尔曼公式不断进行迭代更新来改进值函数。当值函数经由有界误差衡量接近最优时，策略可以通过一步前瞻计算获得。其中，每次迭代所有状态值函数更新前后的最大差值称为贝尔曼误差。与策略迭代一样，值迭代在经过有限步的迭代后都将收敛于最优值。

2. 前向搜索类求解方法

现实中有些问题并不需要求解从所有状态到达目标状态的策略，而是给定从固定的初始状态开始。这类问题属于特例，使用策略迭代或者值迭代都可以求解。然而，这两种求解方法都没有利用初始状态的相关知识，没有尝试把计算集中在由初始状态可能达到的那些状态上。相反，无论是策略迭代还是值迭代，在每次更新时都会计算所有状态。从效果上说，这两种算法计算的是问题所有可能初始状态下的策略。

从更一般的情况来讲，一个状态空间上的搜索问题与马尔可夫决策过程类似，可以被定义为一系列状态（包含初始状态及目标状态的集合）、一系列的行动（系统干预状态转移）以及一个花费函数或者收益函数。问题的目标是找到一个从起点状态到终点状态的最小花费或者最大收益的路径。经典搜索问题为确定性搜索，而从搜索所基于的树或图的数据结构模型的角度看，不确定性搜索又有其新的特点是一种更一般的模型（即与或图的搜索）。在一个与或图搜索中，以非循环子图形式表示的解被称为解图，即起始状态属于解图；对于解图中的每个非目标状态，恰好有一个输出的连接（对应一个行动）与其后继状态，这些也都属于解图。

与或图给出了理解马尔可夫决策过程求解过程组织方式的一种基本数据结构。事实上，所有利用状态可达性结合前向搜索的方法都显式或隐式地利用这一结构。最经典的实时动态规划算法也是基于前向搜索的技术，避免穷举所有状态。实时动态规划算法将计算组织成一系列的试验执行。每次试验由多步组成，在每一步，行动基于一步前瞻搜索选择，然后基于所选择行动的所有可能结果对当前状态进行更新。试验在达到目标状态时终止，或者是经过一个指定步数的更新。这种基于试验的实时动态规划算法一个最主要的特性就是，它只更新那些基于当前值函数采用贪婪策略的选择行动，从初始状态可以到达的状态，因此可以省掉大量无关状态空间处的计算。已证明在一些合理的条件下，它能够渐近收敛于最优解，而无须评估整个状态空间。

13.4 典型应用

当前，规划技术作为人工智能技术的一个重要分支，已广泛应用于路径规划、航空航天、机器人控制、后勤调度、游戏角色设计和系统建模等领域，并取得了丰硕的成果。

应用最广的当属地图寻路应用。比如，从北京南站到北京火车站的路径搜索。通常我们会打开手机里的地图 App，输入我们当前的位置（北京南站）和目标位置（北京火车站），然后点击搜索。瞬间地图 App 就帮我们规划好了最佳路径（图 13.3）。在这背后，地图 App 应用到的就是本章所提到的规划技术。这里的最佳路径可以是简单的最短路径，也可以是考虑了路况拥堵情况后的最快路径。

除了民用，规划技术在军事领域也有重要应用。例如，海湾战争中美军配备的动态分析和重规划工具 DART 被用于自动后勤规划和运输调度中，从而使过去需要几个星期才能完成的调度工作在几个小时内就可以完成。该系统可同时协调总数达 50000 的车辆、物资与人员运输，能够同时考虑起点、终点及调度路径，并解决所有因素之间的冲突。DART 数小时就能自动规划出合理方案，相比过去

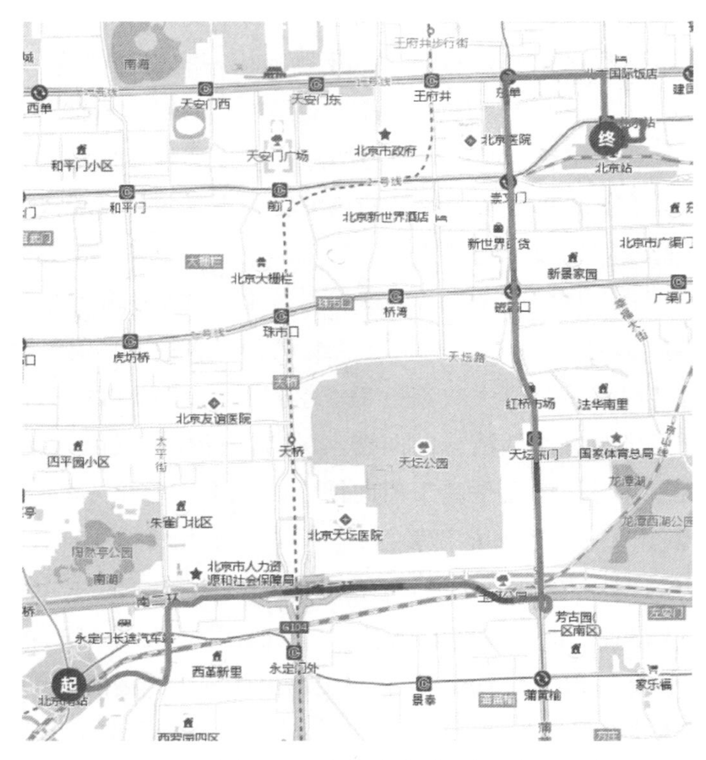

图 13.3　北京南站到北京火车站路径规划示意图

的人力规划，可节省近百倍时间。这是美军在海湾战争期间得以及时部署好 50 多万军队及 3000 多万吨补给的重要因素。到 1995 年，DART 人工智能系统为美军后勤管理所节省的费用就超过了 DARPA 此前 30 年所资助的人工智能研究费用的总和。

此外，规划技术在生产流水线调度、物流调度、车辆调度等生产运输领域及火星漫步者号、哈勃太空望远镜等航空领域上的应用也展现了其巨大的应用前景。在姜云飞等编写的《自动规划：理论和实践》中，详细介绍了规划技术在空间应用、机器人规划、工艺性能分析规划、应急疏散规划以及桥牌游戏中的规划等领域的具体应用。

自动规划和调度国际会议（International Conference on Automated Planning and Scheduling，ICAPS）[①] 是国际人工智能规划和调度领域的旗舰会议，每年举办一次，聚焦国际规划技术研究的前沿。会议期间还举办国际规划竞赛（International Planning Competition，IPC）[②] 提供基准问题来检验最新的研究成果。在 IPC 发展过程中，需要处理的问题的规模逐渐加大，难度逐渐增强。标准的测试问题能够更加精细地描述复杂的客观世界，使得智能规划研究逐步贴近于处理复杂的实际问题的需要。

在 IPC 的主页中，经典规划问题采用的模型描述语言是 PDDL，而概率规划问题的模型描述语言是 RDDL（一种 PDDL 的扩展）。感兴趣的读者可以从 IPC 的主页中下载历年竞赛采用的以 PDDL 和 RDDL 描述的典型规划问题以及历年的比赛结果。在 IPC 的页面中还可以找到上一届竞赛的程序或者源码，感兴趣的读者也可下载和运行这些程序或源码。

对于不方便下载和运行程序或源码的读者，网上还提供了在线的 PDDL 编辑和求解器（如 http：//editor.planning.domains 和 https：//stripsfiddle.herokuapp.com），感兴趣的读者可以在浏览器（如 Chrome 或 Firefox）中体验规划建模和求解的过程。

习题：

1. 请以家庭服务机器人为例，采用集合描述方法描述一个经典规划问题，包括一个初始状态、三个机器人可以采取的行动和一个目标。
2. 请采用状态空间搜索方法计算出上一题定义问题的规划结果。
3. 经典规划和概率规划的主要区别有哪些？什么样的问题需要用到概率规划技术？
4. 利用本章提供的在线环境，实现一次以 PDDL 描述的规划问题的求解。

① http：//www.icaps-conference.org.

② http：//ipc.icaps-conference.org.

第十四章　多智能体系统

智能体（agent）技术主要起源于人工智能、软件工程、分布式系统以及经济学等学科领域。自 20 世纪 90 年代，智能体技术越来越受到学术界和产业界的重视。在人工智能领域，希望通过设计一种简单的软硬件结构来达到复杂的智能能力；而在软件工程领域，希望有新的程序设计模式或程序设计语言来突破面向对象程序设计的局限；在分布式系统或计算机网络中，希望将传统的集中式控制转为分布式控制，以实现每个通信节点或计算节点之间的自主通信；如果将以上在信息领域的思考推广到社会领域，那么可以直接将人当作一个理性的计算实体，从而实现对人类智能行为的分析。以上这些需求或者思考都极大促进了智能体技术的发展。

尽管各个领域对智能体的定义有很多相通之处，但在技术细节表述上却相差甚远。本章主要介绍人工智能领域中智能体的基本概念和相关技术。

14.1　智能体

智能体在人类生活中无处不在。

例如，电梯控制器就是一种智能体的具体形式。在某一个写字楼里有多部电梯（通常称作电梯群组），当我们等候电梯时，按下电梯上行或下行按钮后，电梯控制器将会响应我们的请求，安排某一部电梯前往我们呼叫的楼层。

再如，红绿灯控制器也是一种智能体的具体形式。如果我们将交通路口的红绿灯设计成一个智能的红绿灯，它就可以根据路口各个方向的车流量智能地设定红绿灯的时间长短（目前阿里已经在一些城市实践该技术了）。

这些场景或者设想都是智能体的具体应用领域。那么，究竟什么是智能体呢?

14.1.1 智能体的定义

产业界给出了对智能体的一般性定义。例如，IBM公司认为“智能体是一个软件实体，其可以代表一个人类用户或者其他程序。智能体具有一个行为集合，且具有某种程度的独立性或者自主性。智能体在采取行为时，通常使用某些知识来表示用户的目标或者期望”。

从以上加下划线的重要词汇得知，一个智能体应该具有代表自己或者其他实体的操作；能够感知外界环境；同时可以通过知识或者推理实现某种特定的目的。与此同时，很多定义非常强调智能体应该是一种嵌入在外部环境中的、持久化的计算实体。

智能体领域的著名科学家伍德里奇（Michael Wooldridge）和詹宁斯（Nicholas R. Jennings）指出了智能体应该必备的一些特点，我们通常称这种定义为学术性定义。一个智能体通常具备以下四种性质：

（1）自主性（autonomy）：在不受人和其他实体的指令或者干预下，一个智能体应该具备自主采取动作的能力。同时，某些结构的智能体还可以自主控制自身的内部状态。

（2）主动性（pro-activeness）：智能体不仅可以实现对外界的应激反应，还可以为实现自己的目标采取主动行为。

（3）反应能力（reactivity）：智能体可以感知外界环境，并且及时对外界环境的变化做出动作响应。

（4）社会能力（social ability）：智能体能够通过某种通信语言实现和其他智能体（甚至人）的交互。

在交通路口红绿灯的例子中，控制器根据等候的车辆多少决定红绿灯的时长，这就是智能体的自主性；而为了使某个方向的通行能力最大化，或者使车辆等候的时间最短，通过推理或计算来确定红绿灯的时长，这就是智能体的主动性；一旦路口出现异常情况，控制器对其做出即时的动作响应，这就是智能体的反应能力；而如果某个智能体把当前路口状态和自己确定的时长等信息传输给前一路口、后一路口的红绿灯控制器，则说明智能体具备了通信或社会能力。

以上四种性质往往是一个智能体必备的性质，被称为智能体的一般性质。在某些特定的应用或者技术中，研究人员还可以在这些一般性质上附加一些其他的特定性质（一个或者多个），我们通常称后者为强性质。

（1）移动性（mobility）：强调智能体具备在网络空间或者物理空间移动的能力。

（2）诚实性（veracity）：在智能体之间相互通信时，强调智能体不会传输错误的信息。

（3）无私性（benevolence）：强调在多智能体系统中，智能体之间不会有相互冲突的目标。因此，当智能体收到其他智能体发来的请求时，总会尝试给出解决方案去满足这个请求。

（4）理性（rationality）：可以分为无限理性或者有限理性。通常这里假定是有限理性，其含义是当智能体去实现自己的目标时具备一定的理性，分析这个目标是否能被实现。

在红绿灯例子中，不同控制器显然不可以传输错误的信息。同样，当一个路口控制器得到另一个路口的请求时，也会尽力去满足这个请求。所以，这个智能体还具有诚实性和无私性等特殊性质。

简单来说，智能体就是一个可以代表用户或者其他实体的“代理”，应该具备自主性、主动性、反应能力和社会能力等性质。在特定场景中，还可以让其附加移动性、理性等其他性质。事实上，在信息领域或者现实世界中，有很多应用可以被认为是智能体的软件 / 硬件实现。例如，一个问答机器人、一个后台服务程序，甚至一个传感器等。显然，当智能体被加上一些特定的强性质时，其对智能体技术和应用提出了新的挑战。

14.1.2 智能体的抽象结构

智能体结构是指构建智能体的方法学，即将智能体分为不同的模块并描述模块之间的交互关系。图 14.1（a）给出了不带内部状态的智能体结构，图 14.1（b）给出了带内部状态的智能体结构。

将环境状态建模为 $S=\{s_1, s_2, \cdots\}$；智能体的动作集合建模为 $A=\{a_1,$

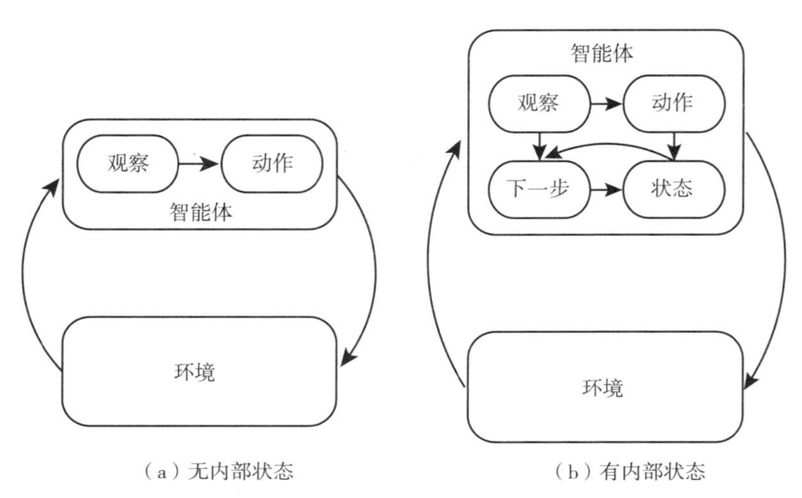

（a）无内部状态　　（b）有内部状态

图 14.1 智能体的抽象结构

a_2，…}。如果将智能体看作一个函数，那么智能体将要实现上图中的动作函数（action），其定义为 $Action$：$S^* \rightarrow A$。这里 S^* 代表 S 的一个幂集，表明智能体经历过的一个状态序列。

在图 14.1 中，还有一个特殊的组件——环境。在智能体作用下，环境会持续不断地发生变化。我们将这个变化也用一个函数来定义，表示为 Env：$S \times A \rightarrow \Pi(S)$。其中，$\Pi(S)$ 代表所有状态子集的幂集。如果 $\Pi(S) = \{s_1\}$，则称环境是确定性的，且动作的结果是可以被精确预测的；相反，如果 $\Pi(S) = \{s_1, s_2, \cdots\}$，则称环境是非确定性的，动作的结果不可以被精确预测。

智能体在与环境不断的交互过程中形成了一个 <状态—动作> 对的序列，我们把这个序列称之为当前智能体的历史，$h: s_0 \xrightarrow{a_0} s_1 \xrightarrow{a_1} s_2 \xrightarrow{a_2} \cdots s_{t-1} \xrightarrow{a_{t-1}} s_t \xrightarrow{a_t} \cdots$。这里 s_0 为智能体在 t_0 时刻的环境状态，a_0 为智能体在 t_0 时刻采取的动作。

一个无内部状态、纯反应式的智能体无须记住其经历过的历史，只根据当前感知的状态采取动作。因此，动作函数（Action）可简化为 $Action$：$S \rightarrow A$。

将纯反应式的智能体结构再细分为感知组件（See）和动作组件（Action），则可以将感知组件（See）和动作组件（Action）分别定义为 See：$S \rightarrow P$ 和 $Action$：$P \rightarrow A$。这种分解看上去似乎没有意义，但是如果当 $s_1 \neq s_2$、$see(s_1) = see(s_2)$ 时，这种分解将减少结构的复杂性。

图 14.1(b) 是更自然、更通用的结构。通过引入内部状态变化组件（next）（图 14.1 中"下一步"）和内部状态存储（state）（图 14.1 中"状态"），可以实现基于交互历史的动作选择。具体为 See：$S \rightarrow P$，$Action$：$I \rightarrow A$，$Next$：$I \times P \rightarrow I$。在这种结构中，假定智能体有一个初始内部状态 i_0，当其处在环境 s 时，其得到一个感知 $see(s)$；智能体根据其内部状态以及感知 $see(s)$ 得到一个新的内部状态 $next(i_0, see(s))$；智能体根据新的内部状态产生动作 $Action(next(i_0, see(s)))$。智能体按照以上方式反复与环境进行交互以达到目标。

14.1.3　智能体的环境

智能体与环境之间的关系是在其他人工智能技术中很少讨论的问题。显然，智能体不可以完全控制环境，环境也不可以控制智能体。智能体和环境之间的关系是相互影响、相互依存的。除了在上一小节谈到的环境具有确定性（deterministic）和非确定性（non-deterministic）两种划分之外，环境还可以依据以下特性进行区分。

（1）可访问（accessible）和不可访问（inaccessible）。如果智能体能精确感知外部环境状态，即 $S = P$，则环境为可访问的。否则，环境为不可访问或者部分可访问的。

（2）场景式（episodic）和非场景式（non-episodic）。想象一个智能体在下棋，我们把每一局棋看成是一个场景（或片段）。如果智能体在一个新局中的性能或学习过程和历史棋局没有关系，我们就把这种环境设置称为场景式；否则称为非场景式。

（3）静态（static）和动态（dynamic）。回到上一节的 Env 函数，我们就能容易理解静态环境和动态环境的区别。如果 Env 函数不随时间、空间发生改变，则称该环境为静态环境；否则称为动态环境。

（4）离散（discrete）和连续（continuous）。环境状态集合 S 是有限、固定集合，则环境为离散环境；否则为连续环境。

不同的环境类型将极大地影响智能体设计。最复杂的一类环境是不可访问、非确定、非场景式、动态的连续环境。回到前面举的例子中，如果采用智能体技术来设计红绿灯控制器，那么让我们来分析一下其所处的环境。

如果在晴天情况下，路口等候的车辆数目是明确的，则该环境是可访问的；但如果是雾天或者大雨天，控制器将无法得到路上确定的车辆数目，则环境是不可访问的。

显然在某个时间点（某个状态下），控制器采取了某个时长，但控制器并不能确定下一个时间点路口等候的车辆数目。因此，环境是不确定的。

更进一步，在一天的不同时段或者一周的不同天（如休息日和工作日），前后时间点路口等候车辆数目都会发生显著变化，这说明环境是动态的。

在前一天或者在历史上红绿灯控制器得到的策略，事实上对当前是有帮助的，因而说明环境是非场景式的。

如果我们只考虑环境中等待的车辆数，动作只考虑离散的秒数，那么该环境是一个离散环境。

14.1.4 智能体与其他软件实体的区别

很容易引起混淆的是智能体和软件设计中的“对象”概念。在面向对象程序设计中，一个对象是一个封装了状态的计算实体，能够执行定义在某个状态上的动作或方法，也可以通过消息传递的方式实现对象间的通信。尽管对象也可以被认为有“某种”自主性，但是与智能体显著不同的是，其他对象可以调用某个对象的公共方法；而在智能体技术中，其他智能体只能请求某个智能体执行某个动作。至于智能体收到请求后是否执行该动作，取决于被请求智能体自身的目标。因此，我们常说，“Objects do it for free，agents do it for money.”。但在具体实现上，我们可以采用面向对象技术实现智能体，这与智能体的定义并不矛盾。

智能体也和专家系统有着显著的不同。一方面，专家系统不需要嵌入在环境中，也不需要和环境执行交互；另一方面，专家系统不需要和其他的专家系统进行通信。

14.2　智能体的具体结构

在 14.1.3 中我们讨论了智能体的抽象结构。那么在实际应用中，如何实现一个具体的智能体呢？通常有 5 种实现方式，分别是基于逻辑演绎、基于反应、基于决策理论、基于信念 – 期望 – 意图逻辑（Belief–Desire–Intention，BDI）和分层混合结构。其中，基于反应式的包孕结构和基于 BDI 逻辑的智能体结构是最著名的结构。下面，我们对这两个结构做简单介绍。

14.2.1　包孕结构

一种非常有趣的智能体结构是包孕结构（subsumption），亦被称为反应式结构。在这种结构设计中，科学家认为智能体的理性行为并不是由基于逻辑推理或者基于决策理论方法进行直接编码，而是在智能体与环境交互过程中涌现的。

我们通过一个行星勘察移动机器人的例子来看如何实现包孕结构。

设计一个行星勘察机器人，它的任务是从行星上收集岩石样本。但我们仅仅知道行星上的岩石是聚集的，并不知道其确切位置。机器人需要通过在行星上行走发现岩石，然后取走部分岩石样本放回飞船上。机器人事先并没有关于行星的地图，同时行星上存在大量障碍，在行走时需要避开这些障碍物。

针对上面的例子，我们可以定义 5 个规则，分别是：

R1：如果检测到障碍物，则转向；

R2：如果拿到岩石样本，且机器人位于飞船上，则放下手中样本；

R3：如果拿到岩石样本，但机器人不在飞船上，则沿信号增强的梯度方向往回走；

R4：如果检测到岩石样本，则捡起岩石样本；

R5：如果机器人一切正常，则在行星上随机行走。

显然，这 5 条规则之间存在优先关系，R1 优先于 R2，R2 优先于 R3，依次类推。我们将其用一个分层次的结构表示，即图 14.2。但当多个规则同时被点火（即被匹配时），下层规则的输出将抑制上层规则的输出。

当不允许机器人之间直接通信时，我们还可以增强以上结构，实现间接的通信。

如将 R3 改为：如果拿到岩石样本，但机器人不在飞船上，则丢下两个信标，同时沿信号增强的梯度方向往回走。

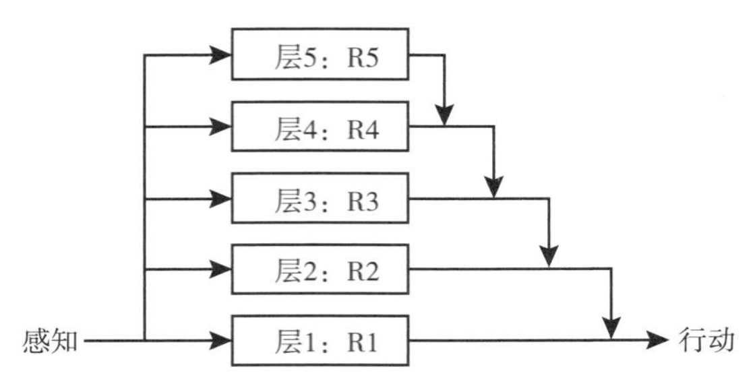

图 14.2　行星勘察机器人的包孕结构

再增加一个 R6 规则：如果机器人感知到信标，则捡起一个信标，同时沿信号下降的梯度方向行走。这里 R6 点火规则，优先级最低。

通过这种方法，实现了智能体之间的间接通信。同时，当某个智能体率先发现岩石后，则其他智能体可以根据其丢下的信标逐步开始向岩石聚集处靠拢，因此涌现了某种类似于蚂蚁找食物的智能行为。

14.2.2　BDI 结构

不同于数学的机械证明，人的推理是一种实证推理，其特点是人的知识是不断增长、变化的；同时人的目标会随着自己的知识增长、环境状态的变化而发生改变。下面我们以一个学生考试的例子来说明人的实证推理过程。

一个学生在刚入学时有这样的信念——努力学习就能通过考试；只要准时上课、完成作业、认真复习就是努力学习。学生在初始时也具有这样的意图——通过考试。因此，学生为了通过考试，就要执行一个目标 – 手段（Means–Ends）的推理过程，形成了一系列的期望，即期望自己可以努力学习、准时上课、完成作业和认真复习。

假设这个学生得到一个新的消息——考试作弊也能通过考试，且考试作弊比认真学习容易很多。那么，学生首先会根据这个消息修正自己已有的信念，将这个信息补充进自己的信念中。同时，学生在目标意图（通过考试）不变的前提下，继续执行一个新的目标 – 手段的推理过程，形成了新的期望——通过考试和考试作弊。

再假设这位同学又得到新的消息——考试作弊被发现就不能通过考试；本门课程监考严格，考试作弊一定被抓。则学生在得到这个信息后，又会继续修正自己的信念。同时，在目标意图（通过考试）不变的前提下，继续执行一个更新的目标 – 手段的推理过程，形成了新的期望——通过考试、努力学习、准时上课、完成作业和认真复习。

分析以上的实证推理过程，我们可以发现三个关键要素：信念（belief）、期望

（desire）和意图（intention）。在智能体技术中，把这样的实证推理逻辑形式化为BDI逻辑，而把实现BDI逻辑的智能体结构称之为BDI结构。除了以上三个要素，BDI结构还需要实现4个函数，如图14.3所示。

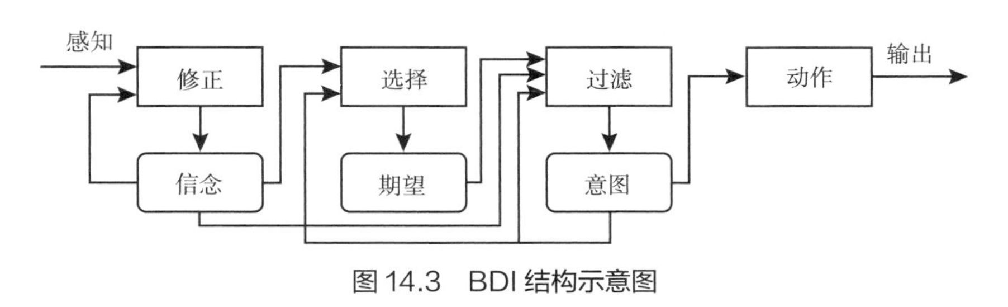

图14.3 BDI结构示意图

在图14.3中，包含三个存储——信念、期望、意图。同时，修正函数根据新的感知和已有的信念产生新的信念集合；选择函数根据新的信念和原有的意图产生新的期望；而过滤函数根据新的信念、新的期望和原有的意图产生新的意图；最后，动作函数根据新的意图产生动作输出。

14.3 多智能体协商

当一个系统中存在超过一个智能体时，我们称之为多智能体系统。多智能体系统中有很多重要技术，我们首先学习多智能体协商。

田忌赛马是中国的一个典故，说的是田忌与齐王赛马的故事。齐王有三匹马，分别命名为上马、中马和下马。田忌也有三匹马，但每一类型的马的能力相比对应的齐王的马差。齐王和田忌分别比三场，那田忌怎么能赢呢？答案是显然的，那就是田忌用下马对齐王的上马、用中马对齐王的下马、用上马对齐王的中马。三局中输一局，赢两局。

但是一个很有意思的思考是：如果齐王出马的策略也是动态变化的，那么田忌就无法有针对性地选择自己的出马次序（就像两个小朋友玩剪刀－石头－布游戏一样）。如此思考，虽然这个典故失去了意义，但对于多智能体系统技术研究却非常有价值。

在多智能体系统中，如果每个智能体都是自利的（使自身获利最大），那么每个智能体的最优策略组合未必是多智能体系统的最优策略。这反映了多智能体系统中个体利益与集体利益相冲突的矛盾本质。多智能体系统不像集中控制系统那样，由一个集中式的控制器对每个智能体的策略进行控制。因此，在多智能体系统中需要为每个智能体设计一种机制，通过协商来获得个体或者系统的最佳策略。

本节先介绍多智能体系统中基础的理论工具，然后介绍多智能体投票、多智能体拍卖和多智能体谈判。

14.3.1 纳什均衡和帕里托优

下面以经济学和社会学中的囚徒困境经典例子为例，来说明什么是多智能体系统中的最优解。

两个小偷被警察抓到，但是没有足够的证据，因此警察对他们分别审问。警察采用的政策是“坦白从宽，抗拒从严”。如果小偷甲交代了，而小偷乙没有交代，则小偷甲被释放，小偷乙从严处理被关 5 年；类似地，如果小偷乙交代了，而小偷甲没有交代，则小偷乙被释放，小偷甲从严处理被关 5 年；但如果两人都不交代，警察因为没有足够的证据，只能每人关 1 年；如果两人都交代了，警察不认可他们的自首情节，则每人关 3 年。

可以用一个支付矩阵形象化地表达囚徒困境例子，如图 14.4 所示。

		小偷乙	
		坦白	抗拒
小偷甲	坦白	（-3，-3）	（0，-5）
	抗拒	（-5，0）	（-1，-1）

图 14.4 囚徒困境的支付矩阵

我们来模仿小偷甲的思维。如果小偷乙选择坦白的话，我（小偷甲）选择坦白比抗拒要好，因为前者被关 3 年、后者被关 5 年；如果小偷乙选择抗拒的话，我（小偷甲）选择坦白比选择抗拒要好，因为前者被关 0 年、后者被关 1 年。

小偷乙的思维和小偷甲类似，在使自己利益最大化的目的驱动下，小偷乙也会选择坦白。因此，当两人都选择（坦白，坦白）这个策略时，他们不会轻易地变更自己的策略。如果其中一个从坦白策略变换到抗拒策略，都会导致其利益受损。

因此，两个小偷的策略会进入一个稳定的策略上，我们通常把这个组合策略叫作纳什（Nash）均衡。所谓纳什均衡，就是多智能体系统中一个智能体的策略依赖于其他智能体。但如果一个解是纳什均衡解，当且仅当每个智能体的策略相对于此时纳什均衡解中的其他智能体策略，则都是最优策略。

理论上，一个多智能体系统的支付矩阵有可能不存在纯策略的纳什均衡解，或者存在多个纯策略的纳什均衡解。关于此问题的分析，超出了本书的内容，本章不做过多解释。

回到囚犯困境的例子上，我们会发现一个非常有意思的情况。事实上，在囚犯困境中存在着另一个策略组合，即两人都选择（抗拒，抗拒）策略，此时两个小偷的利益都比（坦白，坦白）这个策略大，我们称这个解为帕里托优解（Pareto Efficiency）。所谓帕里托优解，是指如果一个解是多智能体系统中的帕里托优解，当且仅当不存在另一个解使每个智能体获利不小于原来的解，并且至少一个智能体获利超过原来的解。

显然，在囚犯困境例子上，不仅（抗拒，抗拒）是帕里托优解，（抗拒，坦白）和（坦白，抗拒）也是帕里托优解。

但在多智能体系统中，我们到底是选择纳什均衡解，还是选择帕里托优解呢？这取决于多智能体系统的具体应用场景。如果侧重从个体角度设计系统，则选择纳什均衡解；如果侧重从整体角度设计系统，则选择帕里托优解。

14.3.2 投票

投票是一种常见的社会选择机制。为了选举某个人或者表决某件事情，人们设计了各种各样的投票机制。例如，联合国安理会的投票机制、奥运会举办地的投票机制等。

从多智能体系统角度，我们将每个投票人定义成一个独立的智能体，每个智能体有关于被选举人或表决事情的偏好，而且所有智能体关于此事的偏好并不相同。因此，我们需要设计一种投票机制，产生出一个较为合理的结果，这个输出结果对所有智能体应该是相对公平的。在多智能体系统研究中，需要研究哪一种投票机制是合理的；或者在何种场景下，应该设计哪一种投票机制。

实际应用中常见的投票机制有多数投票、二叉投票和计分投票等。下面我们简单介绍这些投票机制，并分析其可能存在的缺陷。

多数投票是指投票机制累计每个投票人 / 智能体关于被选举人的次数，累计次数最多者当选。例如，60% 的投票人倾向于甲优于乙，40% 的投票人倾向于乙优于甲，则多数投票机制输出甲当选。我们举一个非常有趣的例子，如果我们人为地加上一个候选人丙，这使前 60% 的投票人产生微小分裂。具体来说，目前的偏好是 30% 的投票人倾向于甲优于乙、乙优于丙；30% 的投票人倾向于丙优于甲、甲优于乙；40% 的投票人倾向于乙优于甲、甲优于丙。所以加入了新的候选人丙后，丙并没有机会当选，但是多数投票机制导致了乙当选。

仔细分析多数投票例子，我们会发现有 60% 的人认为乙不如甲，可是为什么乙会当选呢？为此，我们需要设计一种两两比较的机制，确保乙不能当选。这就是二叉投票。在二叉投票机制中，机制会随机地选择任意的两个被选举人进行比较

（PK），胜者进入下一轮；再和另一个任意选择的选举人进行比较；直至只余下唯一的胜者当选。

我们给出一个新的案例：有四个候选人甲、乙、丙、丁，其中35%的人认为丙优于丁、丁优于乙、乙优于甲；33%的人认为甲优于丙、丙优于丁、丁优于乙；32%的人认为乙优于甲、甲优于丙、丙优于丁。下面我们给出两种二叉投票的议程。

第一种方案：乙和丁先PK，那么丁胜出；然后丁和甲PK，甲胜出；最后甲和丙PK，甲胜出。

第二种方案：甲和丙先PK，甲胜出；然后甲和丁PK，甲胜出；最后甲和乙PK，乙胜出。

令人啼笑皆非的是，两个不同的二叉投票议程竟然得到了完全不同的当选结果。

分析二叉投票的机制设计，我们会认为这种投票机制只考虑了先后序，没考虑在序中的位置，才导致了不同的结果。因此，计分投票应运而生。在计分投票机制中，机制给序中的每一个候选者一个分值，并通过累计每个候选者的分值总和来确定最终当选者。

图14.5第三列中，我们给排位第一的4分、排第二的3分、排第三的2分、排最后的1分；相应地，第四列中，我们给排第一的6分、排第二的2分、排第三的1分、排最后的0分。

智能体	偏好	分值方案1				分值方案2			
		a	b	c	d	a	b	c	d
1	a>b>c>d	4	3	2	1	6	2	1	0
2	b>c>d>a	1	4	3	2	0	6	2	1
3	c>d>a>b	2	1	4	3	1	0	6	2
4	a>b>c>d	4	3	2	1	6	2	1	0
5	b>c>d>a	1	4	3	2	0	6	2	1
6	c>d>a>b	2	1	4	3	1	0	6	2
7	a>b>c>d	4	3	2	1	6	2	1	0
累计分值		18	17	20	13	20	16	19	6
当选		c				a			

图14.5　计分投票例子

由图14.5可见，在计分投票中，不同的分值导致不同的机制输出。即计分投票机制的结果依赖于序中分值的设计。

将多智能体技术应用于投票机制的设计是非常有意义的问题。除了上述设计的不同投票机制，在技术应用中，研究者还会考虑在存在虚假投票等情况下如何保障机制的鲁棒性等问题。

14.3.3　拍卖

拍卖也是人类生活中常见的定价和交易行为。在拍卖中，存在着两类不同的智能体。一类是卖家智能体，其总是希望以最高的价格卖出商品，以获得最高的利润；另一类是买家智能体，其总是希望以最低的价格买到商品，以得到额外的商品价值。

在人类生活中，有三种常见的拍卖机制。

第一种是英格兰式拍卖，又称为首价公开拍卖。在此拍卖机制中，由卖家定出底价和竞价规则，然后由买家依次叫价。每轮叫价的出价必须依据竞价规则，超过之前一轮的出价，直到无买家叫价时拍卖结束。商品由出价最高的买家获得，其成交价即为最高的叫价。

第二种是首价密封拍卖，即我们通常说的招投标。在此拍卖机制中，由卖家公布底价和投标规则，然后由买家投标。每位买家只能一次性交标书，同时相互之间投标信息是保密的。等待开标时，商品由出价最高的买家获得，其成交价即为最高的报价（当然在很多服务或工程项目中是以最低价成交，但这不是一般性）。

第三种是荷兰式拍卖。在此拍卖机制中，由卖家首先报价。如果没有买家应价，则卖家按照报价规则开始降价，依次报出每一轮的报价。一旦有买家应价，则拍卖结束。商品由此次应价的买家获得，其成交价即为此轮的卖家报价。

显然，从智能体技术角度，我们关心买家采用何种策略报出自己的价格。如在英格兰拍卖中，买家又如何根据其他买家的报价信息调整自己的报价策略？卖家如何选择和设计拍卖机制，以使自己的商品能以最高价卖出，从而获得最大利润？在技术分析中，我们还需要考虑商品的真实价值、买方是否会转卖此商品获得额外利润、买方是否会串通以及多个商品的联合拍卖等问题。

14.3.4　谈判

在人类社会行为中，谈判是一种高级智能行为。通过多智能体技术对谈判机制进行建模，设计智能体自动地去发现最优的谈判策略，是非常有挑战性的技术。在谈判理论中，通常分为公理谈判理论和策略谈判理论。下面简单介绍这两种理论的基本思想。

在公理谈判理论中，不失一般性。假设存在两个智能体 1 和 2，如果对某件谈判的事情达成一致，则智能体 1 和 2 分别得到相应的回报；否则，两个智能体将得到相应的损失。举一个例子，孔融和他哥哥要分梨吃，那么怎么分才是合理的呢？显然，从纳什均衡的角度，如果一方强势要求四分之三，那另一方只能接受四分之一，否则任何其他的解都无法做到帕里托优。

但此数学上的解释在实际中是行不通的。人们通常会要求一个最优解（也就是梨子的某种分配方案）且这个最优解具有以下性质：

（1）不变性：解和回报函数的具体值无关，只和相对值有关。

（2）对称性：智能体双方可以交换角色，不影响解的结果。

（3）无关方案的独立性：谈判的解不受谈判过程中其他无关事情的影响。

（4）帕里托优：无法找到其他的解，帕里托优超于此最优解。

公理谈判理论只能直接计算最优解，无法像人类行为一样进行多轮多回合的谈判。因此，在策略谈判理论中，将谈判视为一个博弈。博弈的规则如下：

（1）智能体 1 提出一个解（如如何分配梨子）。

（2）智能体 2 判断是否接受这个解，如果接受则谈判结束；如果不接受，智能体 2 提出一个新解。

（3）智能体 1 判断是否接受这个解，如果接受则谈判结束；如果不接受，智能体 1 提出另一个新解。

（4）如此往复。

如果我们对此不加以约束的话，以上的谈判过程将无穷无尽，很难加以形式化或者以计算的方式给出理论结果。通常有两种约束方式：

（1）针对所谈判的商品。每一轮过后，商品价值都只是之前一轮出价的一个折扣（δ，$0<\delta<1$），因此，第 n 轮该商品的价值只有第一轮的 δ^{n-1}。

（2）针对智能体。每一轮谈判，智能体都会付出额外的谈判代价。

以第二个约束为例，假定智能体 1 先出价，智能体 1 每轮谈判付出代价 c1，智能体 2 每轮谈判付出代价 c2。图 14.6 表明，如果第 t 轮智能体 1 出价 p，智能体 2 接受成交（此时智能体 2 得到 1–p）。在此条件下，第 t–1 轮由智能体 2 出价，此时

回合	智能体 1	智能体 2	出价方
t-2k	p+k（c2 - c1）	1-p-k（c2+c1）	1
…	…	…	…
t-2	p+c2-c1	1-p-c2+c1	1
t-1	p+c2	1-p-c2	2
t	p	1-p	1

图 14.6　策略谈判

智能体2会做如下思考，“如果我在第t轮接受1–p，由于这一轮后要承担c2的代价，因此我在此轮可以出价1–p–c2”，此轮智能体1得到p+c2。如此类推，我们可以推算出t–2轮、t–2k轮智能体1的出价。

因此，请大家思考在c1=c2、c1<c2、c1>c2三种情况下，策略谈判理论中智能体1和2的最优解分别是多少？（本章习题第3题）。

14.4 多智能体学习

在上一章中，我们曾讨论过一种概率规划。在规划问题中，各个状态之间的转移关系以及转移概率是已知的，我们很容易通过数学手段直接计算出最优的动作序列。但在很多实际任务中，这样的转移关系和转移概率事先是未知的。举例来说，如果我们要设计一个机器人，让它学会骑自行车，那么这个情形下的状态转移关系和转移概率是多少呢？在状态转移关系和转移概率未知的情况下，又如何得到最优的动作序列呢？

显然，如果规划的概率转移事先无法得知，那我们就无法直接用规划技术求解，而需要采用学习技术。不同于统计机器学习技术，强化学习技术是和多智能体技术密切相关的，其原因在于强化学习机理也是通过试错进行采样来获得顺序决策过程的最优策略。在7.4.3节中介绍了强化学习的基本原理，在下一节中我们继续学习相关概念。

14.4.1 强化学习

以购买彩票为例。我们不知道彩票中奖号码的生成机制。如果知道的话，我们当然会选择获奖最大的那一组号码。但在不知道的情况下，我们只能随机产生一组数字（如家里的电话号码、男女朋友的生日等）。当彩票开奖时，我们会根据是否获奖来确定下一次买彩票的号码（是继续坚持上一期的投注数字？还是改换一个新的数字？）。这种动作选择的机制，我们称为探索（exploration）和利用（exploitation）的折中。

在人类的智能行为中，当环境给行为奖赏时，则我们在后来遇到同样状态时采用同一行为的概率就会增大；反之，当环境给行为惩罚时，则我们在后来遇到同样状态时采用同一行为的概率就会减小。这与巴甫洛夫的条件反射实验是一致的。我们把这种机制称为强化。

在很多任务中，环境给某个行为奖惩并不一定是由当前的某个行为导致的，往往有可能是因为历史上的某个行为导致的，我们把这种奖惩称为延迟反馈。当出现延迟反馈时，我们必须把历史上这个行为的执行概率降低。

回到上一章的概率规划任务中，如果其中的状态转移关系和概率事先都是未知的，那此时我们只能采用试错的方式，从与环境的交互经验中（状态 – 动作 – 奖惩）学习状态转移概率模型以及任务的最优策略等。我们把这样的学习方法称为强化学习。图 14.7 用自然语言的方式描述了强化学习算法的流程。

强化学习算法构造思路
第一步：根据先验得到初始认知（初始化值函数）
第二步：根据认知选择动作（伴随一定的随机性）
第三步：获得经验
第四步：根据反馈，修改认知
第五步：根据延迟的反馈，回退修改历史认知

图 14.7　强化学习算法的流程

14.4.2　多智能体强化学习

当同时存在多个智能体，就构成了一个多智能体系统。在 AlphaGo 等应用中，AlphaGo 在网上和人类棋手进行多次实战，并通过实战优化自己的棋艺，这是单智能体强化学习。而在无人机编队协同任务中，其需要多个无人机之间进行协调、学习，这就是多智能体强化学习。

在多智能体学习中，如果我们对每个智能体的学习算法不加以约束，则整个多智能体系统有可能陷入一个不稳定的状态中。就像寝室里的两位同学，棋力相当且每天根据自己的能力学习、改进棋艺，这样的话，这两位同学之间的胜负将变得非常不稳定。

为了更好地分析多智能体系统中的学习问题，我们首先介绍三种类型的多智能体系统。

第一种多智能体系统为合作型多智能体系统。在此系统中，多个智能体通过合作实现一个协作型任务，如无人机集群。显然在此系统中，每个智能体通过学习，尽可能快地使整个系统达到学习目标。

第二种多智能体系统为竞争型多智能体系统。在此系统中，通常存在两个目标绝对相反的智能体，如下棋双方。显然在此系统中，每个智能体通过学习，尽最大可能击败对手。

第三种多智能体系统为博弈型多智能体系统（又称为混合型）。在此系统中，每个智能体之间既存在竞争、又存在合作，如足球队的 11 名队员是一种典型的竞合关系。显然在此类系统中，每个智能体既要实现某种程度的协作，又要尽可能使自己获利最大。

以上三种类型的多智能体系统的学习技术也大相径庭。

单智能体强化学习。如果将多智能体系统中的所有智能体合并成一个超智能体，那么这个超智能体的动作集合就是所有智能体的动作集合的笛卡尔积。因此在这一前提下，多智能体强化学习就退化成单智能体强化学习。该学习技术实际上是一种集中式控制技术，与分布式的多智能体系统假设不符合。

不同于单智能体强化学习技术，在面向合作型任务的多智能体强化学习方案中，每个智能体都有自己独立的学习算法。当多个智能体同时采取行动时，环境将给出一个奖惩信号。那么如何将这个奖惩信号分配到各个智能体中呢？这就是多智能体强化学习技术需要解决的问题。最常见的一种做法是将这个奖惩信号均匀分配给所有智能体，但这种不见得合理的分配机制显然会影响整个系统的学习性能（似乎违背了“按劳分配，多劳多得”的原则）。

面向竞争型任务的最佳反应强化学习。在处理竞争型任务时，我们需要设计智能体有针对性地击溃对手，因此最有效的方式是对对手的策略进行建模，针对已学习的对手策略进行反制。这种方式称为最佳反应强化学习。

面向竞合型任务的博弈型强化学习。对于更广义的竞合型多智能体系统，我们将多智能体系统所处的各个状态建模为一个博弈，则一个状态序列可以建模为马尔可夫博弈过程。学习算法在每个状态试图去寻找一个纳什均衡解，然后根据执行这个解所获得的反馈来修改学习算法中的值函数。与面向合作型任务的多智能体强化学习技术不同的是，在面向竞合型任务的博弈型强化学习中，环境针对每个智能体给出单独的奖惩信号。

14.5　本章小结

主动性、自主性、反应能力、社会能力是智能体的基本性质。

包孕结构和 BDI 结构是典型的智能体实现结构。

博弈论是多智能体系统分析的基本理论，可以通过纳什均衡和帕里托优等数学的解释来分析和设计投票机制、拍卖机制和谈判机制。

强化学习不同于统计机器学习，它是实现智能体学习的基础技术。但当把单智能体强化学习技术推广到多智能体系统中时，需要根据多智能体系统的类型选择合适的学习技术。

开源项目和资源：

RL–Glue（http：//glue.rl–community.org/wiki/Main_Page）是由阿尔伯塔大学 Richard Sutton 教授团队开发的开源项目，为强化学习中的智能体、环境和实验场景提供了许多标准化的接口，支持 C/C++、JAVA、Python 等多种语言。

BURLAP（http：//burlap.cs.brown.edu/）是由布朗大学 Michael Littman 教授团队开发的开源项目，为单智能体和多智能体强化学习算法的运行和测试提供 Java 接口，可以实现状态、动作等学习环境的自定义。

OpenAI Gym（https：//gym.openai.com/）是由 OpenAI 团队开发的开源项目，主要提供丰富的强化学习环境，如 Atari 游戏和虚拟机器人场景等。其目的是方便强化学习研究者训练强化学习算法，项目使用 Python 语言。

习题：

1. 如果将交通路口的红绿灯（及其控制器）当成是智能体，请问其具备哪些弱性质或者强性质？
2. 在二叉投票例子中，请设计让丙或者丁胜选的流程。
3. 请思考在 $c1=c2$、$c1<c2$、$c1>c2$ 三种情况下，策略谈判理论中智能体 1 和 2 的最优解分别是多少？

第十五章　智能机器人

机器人是集机械、电子、控制、计算机、传感器、人工智能等多学科及前沿技术于一体的高端装备，是制造技术的制高点（图 15.1）。目前，在工业机器人方面，其机械结构更加趋于标准化、模块化，功能越来越强大，并已经从汽车制造、电子制造和食品包装等传统的应用领域转向新兴应用领域，如新能源电池、高端装备和环保设备，在工业制造领域得到了越来越广泛的应用。与此同时，机器人正在从传统的工业领域逐渐走向更为广泛的应用场景，如以家用服务、医疗服务和专业服务为代表的服务机器人以及用于应急救援、极限作业和军事应用的特种机器人。面向非结构化环境的服务机器人正呈现出欣欣向荣的发展态势。总体来说，机器人系统正向智能化系统的方向不断发展。

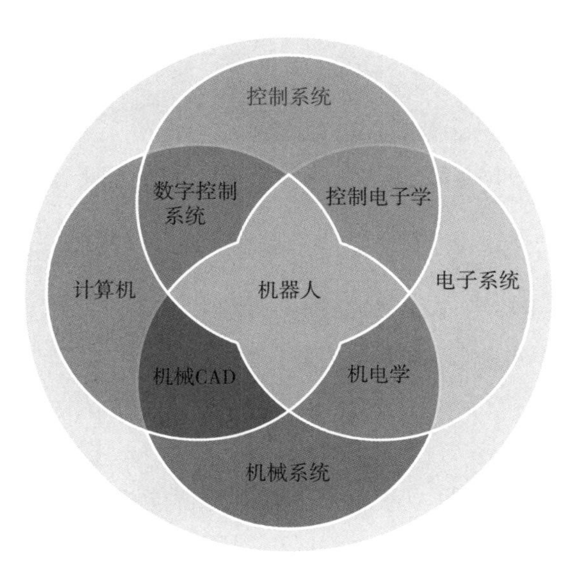

图 15.1　机器人是多学科交叉研究和发展的成果

15.1 概述

1920 年，捷克斯洛伐克作家卡雷尔·恰佩克在他的科幻小说中，根据 Robota（捷克文，原意为“劳役、苦工”）和 Robotnik（波兰文，原意为“工人”）创造出“机器人”这个词。1942 年，美国科幻巨匠阿西莫夫提出“机器人三定律”，虽然只是科幻小说里的创造，但后来成为给机器人赋予的伦理性纲领，机器人学术界一直将三原则作为机器人开发的准则。1954 年，美国人乔治·德沃尔制造出世界上第一台可编程的机器人，并申请了专利。这种机械手能按照不同的程序从事不同的工作，具有一定的通用性和灵活性。1962 年，美国机械与铸造公司（AMF）推出的“VERSATRAN”和 UNIMATION 公司推出的“UNIMATE”（图 15.2）采用示教再现，这是机器人产品中最早的实用机型。1968 年，美国斯坦福研究所公布由其研发成功的机器人 Shakey（图 15.3），它配备有电视摄像机、三角法测距仪、碰撞传感器、驱动电机以及码盘等硬件，并由两台计算机通过无线控制，能够自主完成感知、环境建模、行为规划等任务，如根据人的指令发现并抓取积木。Shakey 可以算是世界上第一台智能机器人，拉开了智能机器人研究的序幕。

图 15.2　UNIMATE 机器人

图 15.3　Shakey 机器人

人工智能与机器人是不相同的两种概念，前者可以解决学习、感知、语言理解或逻辑推理等任务，能够完成很多之前根本无法触碰的工作。若想胜任这些工作，人工智能必然需要一个载体，机器人便是它的“完美搭档”。机器人是可编程机器，能够自主地或半自主地执行一系列动作。机器人与人工智能相结合，人工智能程序将实现机器人的感觉、思考与行动，因此具备感觉、思考和行动的机器人称为智能机器人。由此，人们常将感觉、思考和行动称为智能机器人的三要素。感觉是指机器人通过传感器和人工智能算法感知与认识周围环境；思考是指机器人根据感觉所得到的信息，采用人工智能算法进行融合处理，决定采取什么样的决策；行动是指对外界做出相应的执行动作。机器人的感知包括视觉、接近觉、距离等非接触型和力、压觉、触觉、滑觉等接触型，用于机器人感觉的传感器相当于人的眼、鼻、耳等五官。机器人感觉可以利用摄像机、图像传感器、超声波传感器、激光器、导电橡胶、压电元件、气动元件、行程开关等元器件来实现。对机器人运动来说，智能机器人需要有一个无轨道型的移动机构，以适应诸如平地、台阶、墙壁、楼梯、坡道等不同的地形环境。机器人运动可以借助轮子、履带、支脚、吸盘、气垫等移动机构来完成。在运动过程中要对移动机构进行实时控制，这种控制不仅局限于位置和速度控制，还需要具备力控制、位－力混合控制和伸缩率控制等。思考是智能机器人三要素中的关键，也是智能机器人区别于常规机器人的必备要素。机器人思考包括判断、逻辑分析、理解等方面的智力活动。这些智力活动实质上是一个信息处理过程，是由人工智能算法完成的，而计算机则是完成这个处理过程的主要手段。我们可以用图 15.4 展示三者的关系。

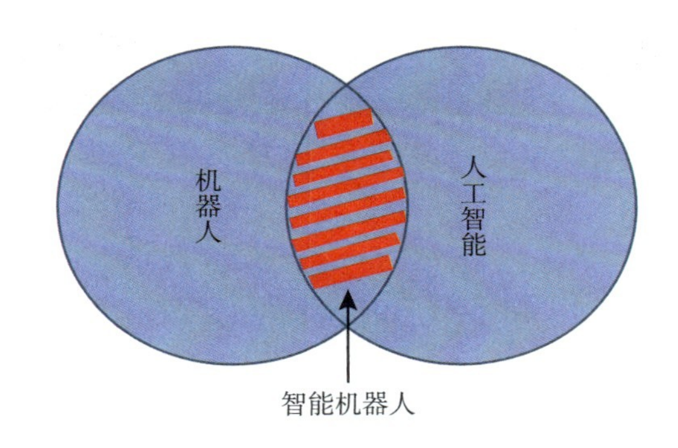

图 15.4 机器人、人工智能及智能机器人关系图

近几十年里，智能机器人获得了迅猛的发展，代表性工作包括：1988 年日本东京电力公司研制的具有自动越障能力的巡检机器人；1994 年中科院沈阳自动化所等单位研制成功的我国第一台无缆水下机器人“探索者”；1999 年美国直觉外科公司研制的达芬奇机器人手术系统；2000 年日本本田技研工业株式会社研制的第一代仿人机器人阿西莫；2005 年开始美国波士顿动力研制的四足机器人大狗、双足机器人阿特拉斯、两轮人形机器人 Handle；2008 年深圳大疆研制的无人机、德国 Festo 研制的“Smart Bird”和机器蝴蝶、意大利研制的 iCub 等；2015 年软银集团推出的情感机器人 Pepper，2018NASA 洞察号火星探测机器人、波士顿动力的 Spot mini 和中国优必选的 Walker 问世。

让机器人成为人类的助手和伙伴，与人类协作完成任务，是智能化机器人的重要发展方向。为了使机器人更加精准地理解环境，还需要机器人采用视觉、听觉、力觉、触觉等多传感器的融合技术与所处环境进行交互。将人类与机器人相结合的仿生学也引起了人们的浓厚兴趣，借助脑科学和类人认知计算方法，通过云计算、大数据处理技术，增强机器人感知、环境理解和认知决策能力；通过对人和机器人认知和物理能力、需求的深入分析和理解，构造人和机器人的共生物理空间。此外，当今兴起的虚拟现实技术、增强现实技术也已经投入了机器人的应用，与各种穿戴式传感技术结合起来，采集大量数据，采用人工智能方法来处理这些数据，可以做出如智能导航、智能诊断等非常多的智能系统。智能化也是汽车发展的必然性方向，无人车技术正使得汽车不断机器人化。科幻世界正一步步变为现实。

图 15.5　智能送餐无人车

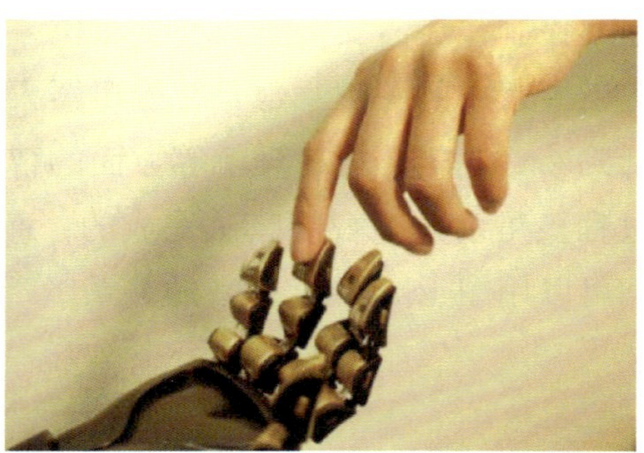

图 15.6　具有视、触、力多传感器电子皮肤

15.2　人工智能技术在机器人中的应用

智能机器人是人工智能技术的综合试验场，可以全面地考察和检验人工智能各个研究领域的技术发展状况。人工智能技术的发展大大提高了机器人的智能化程度，同时智能机器人的研究又大大促进了人工智能理论和技术的发展。图 15.7 描述了人工智能各分支在智能机器人关键技术中的应用，其中包括智能感知技术、智能导航与规划技术、智能控制与操作以及智能交互。

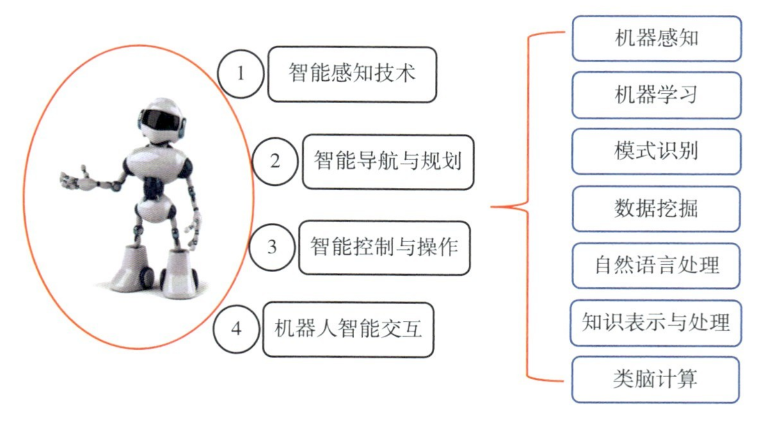

图 15.7　人工智能在机器人中的应用

15.2.1 智能感知技术

随着技术的不断发展，机器人承担任务的复杂性与日俱增。传感器为机器人提供了感觉，为机器人的高精度智能化工作提供了基础。传感器是能够感受被测量并按照一定规律变换成可用输出信号的器件或装置，是机器人获取信息的主要部分，类似于人的“五官”。从仿生学观点，如果把计算机看成处理和识别信息的“大脑”、把通信系统看成传递信息的“神经系统”的话，那么传感器就是“感觉器官”。

传感技术则是关于从环境中获取信息，并对之进行处理、变换和识别的多学科交叉的现代科学与工程技术，涉及传感器、信息处理和识别的规划设计、开发、制/建造、测试、应用及评价等。传感器的功能与品质决定了传感系统获取环境信息的信息量和信息质量，是高品质传感技术系统构造的关键。信息处理包括信号的预处理、后置处理、特征提取与选择等。识别的主要任务是对经过处理的信息进行辨识与分类。它利用被识别对象与特征信息间的关联关系模型对输入的特征信息集进行辨识、比较、分类和判断。

以下将重点介绍人工智能技术在机器人“视觉”“触觉”和“听觉”三类最基本的感知模态中的应用。

1. 计算机视觉在机器人“视觉”中的应用

在人类获取的信息中，90% 以上来自视觉。因此，为机器人配备视觉系统是非常自然的想法。机器人视觉系统可以通过视觉传感器获取环境的图像，并通过视觉处理器进行分析和解释，进而转换为符号，让机器人能够辨识物体并确定其位置。其目的是能够使机器人拥有一双类似于人类的眼睛，从而获得丰富的环境信息，以此来辅助机器人完成作业。

在机器人视觉中，客观世界中的三维物体经由摄像机转变为二维的平面图像，再经图像处理输出该物体的图像。通常，机器人判断物体位置和形状需要两类信息，即距离信息和明暗信息。当然，作为物体视觉信息来说，还有色彩信息，但它对物体的位置和形状识别不如前两类信息重要。机器人视觉系统对光线的依赖性很大，往往需要好的照明条件，以便使物体所形成的图像最为清晰，检测信息增强，克服阴影、低反差、镜反射等问题。

机器人视觉的应用领域包括为机器人的动作控制提供视觉反馈、移动式机器人的视觉导航以及代替或帮助人工对质量控制、安全检查进行所需要的视觉检验。例如，视觉分拣机器人将 2D、3D、双目相机等作为视觉传感器，利用视觉系统对分拣对象进行识别、定位、分类，并对机器人抓取姿态进行评估，引导机器人完成对无序物件的抓取和分拣，广泛应用于工业零部件分拣、仓储物流、食品加工、3C、无人超市等多个场景。如图 15.8 所示，要完成目标对象的自动抓取，就需要采用视觉图像对目标进行识别，挖掘图像中与抓取操作相关的特征，并训练出可以通过图像特征对抓取区域进行鉴别的分类器。Cornell 数据集是一个广泛使用的人工标注的抓取数据集；CMU 数据集和 THU 数据集是完全由机器人通过进行实际抓取操作标定得到的数据集。在智能车辆导航（图 15.9）中，计算机视觉主要应用于道路的检测、障碍物检测等。

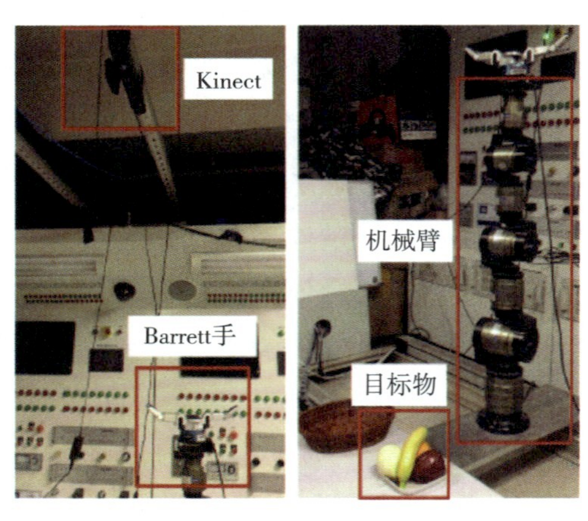

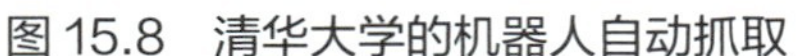
图 15.8　清华大学的机器人自动抓取

图 15.9　美国 CMU 的 Navlab 系列机器人

2. 机器学习在机器人“触觉”中的应用

触觉是接触、滑动、压觉等机械刺激的总称，分为皮肤触觉和运动触觉。皮肤触觉接受来自皮肤受体的感觉输入；而运动触觉是指肌、腱、关节等运动器官本身在不同状态（运动或静止）时产生的感觉。一般意义上的触觉是指皮肤触觉。皮肤表面散布着触点，触点的大小不尽相同且分布不规则，手指和腹部最多，其次是头部，背部和小腿最少，所以指腹的触觉最灵敏，而小腿和背部的触觉则比较迟钝。若用纤细的毛轻触皮肤表面，只有当某些特殊的点被触及时，才能引起触觉。触觉是人与外界环境直接接触时的重要感觉功能。

触觉传感器是测量操作过程中触觉信息的装置。触觉传感器主要包括接触觉、压力觉、滑觉、接近觉和温度觉等。这些信息能够准确反映接触面的状态和精确信息，在分析灵巧手精确稳定抓取、精细目标检测与识别、环境的三维重建和伺服控制等方面有明显优势。触觉传感器的使用还与机械手的类型密切相关，具体可分为单指机械手、夹持型手爪和多指手爪三类。图 15.10（a）是一款可编程的三指灵巧手 Barrett，图 15.10（b）是进行抓取训练的一种实验方法。Barrett 灵巧手在每个手指的指尖和手掌处都有阵列型触觉传感器。在进行抓取成功性的判断时，可以采用灵巧手指尖的触觉传感器的数值大小对抓取操作进行直接判断，也可以建立一定模型（如关节力矩与指尖压力相结合的映射函数）对抓取稳定性进行评估。由于在抓取过程中会因握力过大而导致物体被破坏，因此基于触觉的信息反馈对假手的应用非常重要。理想的假手应具有与人体相似的信息感知功能，能够感知物体的外形、纹理、温度、滑动等信息。BioTac sensor（图 15.11）是一款仿生触觉传感器，使用一种不可压缩液体作为声学导体，将振动从皮肤传递到一个宽带压力传感器，从而达到检测滑动和辨别纹理的效果。

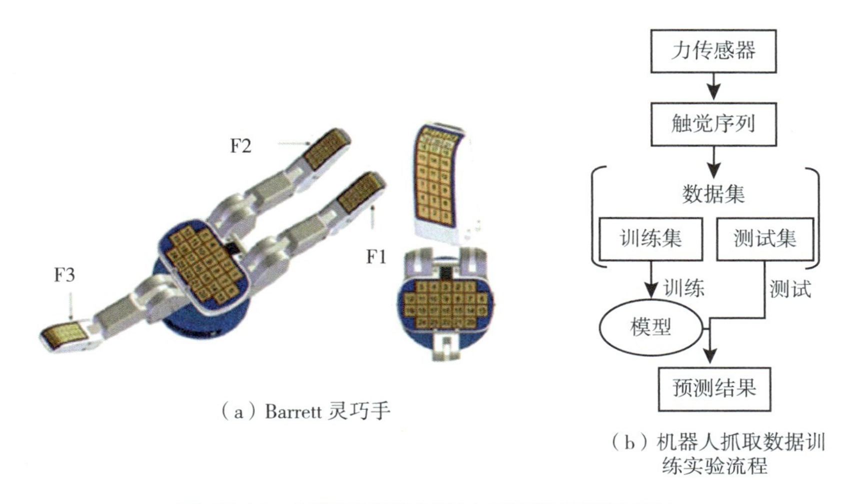

图 15.10　基于触觉的机器人抓取数据训练系统

图 15.11　BioTac 触觉传感器

在过去的三十年间，人们一直尝试用触觉感应器取代人体器官。然而，触觉感应器发送的信息非常复杂、高维，而且在机械手中加入感应器并不会直接提高它们的抓物能力。我们需要的是能够把未处理的低级数据转变成高级信息，从而提高机器人灵巧手抓住物体和控制物体的能力。近年来，随着现代传感、控制和人工智能技术的发展，利用采集的触觉信息，采用人工智能算法研究分析抓取物体的分类与识别、抓取策略以及灵巧手抓取稳定性是当前研究的主要方向。人们开始研究利用机器学习中的聚类、分类等监督或无监督学习算法来完成触觉建模，通过触摸、识别物体的滑动和定位物体，使机器人预测抓取物体是否能成功。例如，送餐机器人利用机械臂和灵巧手可以将餐盘送到客人桌上，也可以将桌上的空餐盘收回来，在这些操作的过程中需要手的触觉、机械手的力 / 位控制和机体的防碰感知等，以提高操作物体的准确性和安全性。

3. 自然语言与语音处理在机器人“听觉”中的应用

人的耳朵同眼睛一样是重要的感觉器官，外界的声波经过外耳道传到鼓膜，鼓膜的振动通过听小骨传到内耳，刺激了耳蜗内对声波敏感的感觉细胞，这些细胞就将声音信息通过听觉神经传给大脑的一定区域，产生了听觉。

听觉传感器是一种可以检测、测量并显示声音波形的传感器，广泛应用于日常生活、军事、医疗、工业、航天等领域，已成为机器人发展不可缺少的部分。听觉传感器用来接收声波，显示声音的振动图像，但不能对噪声的强度进行测量。在某些环境中，要求机器人能够测知声音的音调和响度、区分左右声源及判断声源的大致方位，甚至是要求与机器进行语音交流，使其具备“人 – 机”对话功能，自然语言与语音处理技术在其中起到重要作用。听觉传感器的存在，使得机器人能更好地完成交互任务。语音识别系统构建总体包括两个部分——离线训练和在线识别。离线训练是将海量的未知语音处理后，再根据语音特点建立模型，对输入的信号进行分析并提取信号中的特征，构建声音模板。在线识别先要进行端点检测、降噪与特征提取等“前端”处理，然后利用训练好的“声音模型”和“语音模型”对用户的语音特征向量进行统计模式识别，得到其中包含的文字信息。

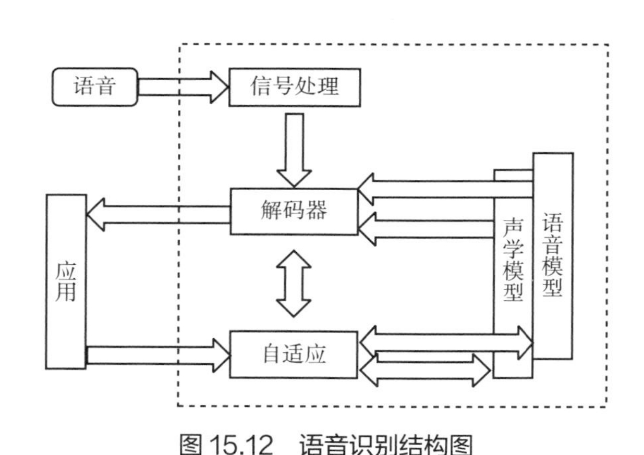

图 15.12　语音识别结构图

图 15.13 是一款阿尔法小蛋儿童智能语音机器人，能够与儿童进行良好的语言沟通。这类机器人能够做到自我深度学习，对童声识别进行优化，而且识别率很高。通过与网络连接，只需语音对话点播，即可帮助儿童学习语文、英语、数学、

百科、早教等知识，还能便于家长通过拨打视频实现随时随地地陪伴孩子。另外，它还是一款多功能聚合神器，可以语音点播视频、歌曲、广播资源。

图 15.13 阿尔法小蛋儿童智能语音机器人

在 2020 年新型冠状病毒的防疫工作中，智能语音机器人参与了社区人员的疫情访查工作，不仅可以最大化避免相关机构上门接触、进而造成交叉感染的风险，还提高了普查、回访效率。此外，智能语音处理技术不仅可以帮助智能导诊机器人（图 15.14）完成与患者的沟通交流，为患者提供更精准的导诊服务；还可以通过智能手术室系统，在术中与手术机器人进行自然化的人机交互，并完成愈后的语音随访，是实现诊前、诊中、诊后全流程人工智能医疗服务的重要技术。

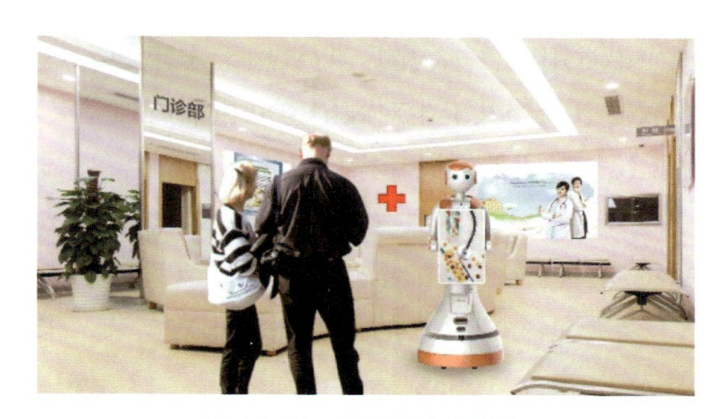

图 15.14 智能导诊机器人

4. 机器学习在机器人多模态信息融合中的应用

随着传感器技术的飞速发展，各类传感器（如视、听、触）产生的数据正在以前所未有的速度涌现。例如，日本初创公司 GrooveX 于 2018 年 12 月首次发布了一款伴侣型机器人 Lovot，并表示这款产品的存在是为了“让用户真正快乐”。Lovot

主打情感疗愈功能，其造型可爱，依靠可伸缩的轮子独立移动，内置人工智能软件，全身遍布多达 50 个传感器，顶部装有一个显眼的摄像头，通过多传感器信息的融合与决策，实现通过声音、触觉和身体动作与用户的互动，让用户感受温暖。

上面的例子告诉我们，机器人的智能化首先依赖多模态的信息感知。那么什么是模态、多模态呢？对于一个待描述的目标或场景，通过不同方法或视角收集到的耦合数据样本就是多模态数据。通常把收集这些数据的每一个方法或视角称为一个模态。狭义的多模态信息通常关注感知特性不同的模态，而广义的多模态融合则通常还包括同一模态信息中的多特征融合以及多个同类型传感器的数据融合等。因此，多模态感知与学习这一问题与信号处理领域的“多源融合”“多传感器融合”以及机器学习领域的“多视学习”或“多视融合”等有密切联系。跨模态学习是在特征学习阶段采用各模态的数据，而在监督训练和测试阶段，仅仅采用单模态的数据，目的是为了在模态缺失情形下仍然可以有效地学习模态的表示。机器人多模态信息感知与融合在智能机器人的应用中起着重要作用。当然，机器人多模态的感知与融合还与传感器的配置有关。如果传感器配置不当或者融合方法使用不当，也难以达到应有的效果。最典型的案例就是 2016 年美国特斯拉汽车在自动驾驶模式下的致死车祸。虽然该车配备了精良的传感器，但由于传感器布局问题，未能有效地融合视觉传感器和距离传感器信息。

机器人系统上配置的传感器复杂多样，从摄像机到激光雷达，从听觉到触觉，从味觉到嗅觉，几乎所有传感器在机器人上都有应用。但限于任务的复杂性、成本和使用效率等原因，目前市场上的机器人采用最多的仍然是视觉和语音传感器，这两类模态一般是独立处理（如视觉用于目标检测、听觉用于语音交互）。鉴于工业化生产线对机器人灵巧装配的需要以及公共卫生对在隔离间机器人独立灵巧操作能力的需要，基于视觉、听觉和触觉感知的机器人灵巧操作已引起科学界和工业界的重视。

由于工作环境、操作过程中的各种作用和干扰，导致机器人所采集到的多模态数据具有一些明显的特点，为多模态数据融合带来了巨大的挑战。这些问题包括：

- “污染”的多模态数据：机器人的操作环境非常复杂，采集的数据通常具有很多噪声和野点。
- “动态”的多模态数据：机器人总是在动态环境下工作，采集到的多模态数据必然具有复杂的动态特性。
- “失配”的多模态数据：机器人携带的传感器工作频带、使用周期具有很大差异，导致各个模态之间的数据难以“配对”。

为了实现多模态数据的有机融合，需要为其建立统一的特征表示和关联匹配关系。举例来说，对于机器人操作任务，很多机器人都配备了视觉传感器。但在实际操作应用中，常规的视觉感知技术受到很多限制（如光照、遮挡等），物体的很多内在属性（如“软”“硬”等）也难以通过视觉传感器感知获取，而触觉传感器恰好弥补了视觉传感器的这一不足。与视觉不同，触觉传感器可直接测量对象和环境的多种性质特征。同时，触觉也是人类感知外部环境的一种基本模态。早在20世纪80年代，就有神经科学领域的学者在实验中麻醉志愿者的皮肤，以验证触觉感知在稳定抓取操作过程中的重要性。因此，在机器人传感器中引入触觉感知模块，不仅在一定程度上模拟了人类的感知与认知机制，而且也符合实际操作应用的强烈需求。

视觉信息与触觉信息采集的是物体不同部位的信息，前者是非接触式信息，而后者是接触式信息，因此它们反映的物体特性具有明显差异，这也使得视觉信息与触觉信息具有非常复杂的内在关联关系。现阶段很难通过人工机理分析的方法得到完整的关联信息表示方法，因此数据驱动方法是目前比较有效的解决这类问题的途径。

如果说视觉目标识别是在确定物体的名词属性（如“石头”“木头”），那么触觉模态则特别适用于确定物体的形容词属性（如“坚硬”“柔软”）。“触觉形容词”已经成为触觉情感计算模型的有力工具。值得注意的是，对于特定目标而言，通常具有多个不同的触觉形容词属性，而不同的“触觉形容词”之间往往具有一定的关联关系，如“硬”和“软”一般不能同时出现，但“硬”和“坚实”却具有很强的关联性。

视觉与触觉模态信息具有显著的差异性。一方面，它们的获取难度不同。通常视觉模态较容易获取，而触觉模态更加困难，这往往造成两种模态的数据量相差较大。另一方面，由于“所见非所摸”，在采集过程中采集到的视觉信息和触觉信息往往不是针对同一部位的，具有很弱的“配对特性”。因此，视觉与触觉信息的融合感知具有极大的挑战性。2018年，Claudio Melchiorri团队为了解决这两类模态之间存在的“弱配对”特性，设计了CNN网络以提高机器人操作精度。2019年，清华大学孙富春科研团队建立并公开了基于机器人操作的视－触觉信息数据集（https://github.com/tsinghua-rll/Visual-Tactile_Dataset），为该领域的学者提供更多实践机会。单纯在算法层面解决机器人的多模态融合问题，往往会因为各模态信息之间的处理、转换所需要的时间差，降低机器人的灵敏度、智能性。因此，清华大学孙富春团队早在2014年便致力于研发一种可感知多模态信息的新型传感器，因其可获取非常细微的物体信息而命名为微视觉触觉传感器，如图15.15所示。该传感器集成了视觉的高分辨率、极强的可视化能力以及触觉的3-D维度、获取更多的物体属性信息等优势，解决了传统单一视觉、触觉传感装置的不足（如传统视觉传感装置在机器人操作过程中容易被机械臂、机械手等遮挡且无法为机器人提供正常操作过程中的细节信息）。微视觉触觉传感器可获取同一时间、空间状态下的物体的纹理、温度及三维受力，其效果如图15.16～图15.18所示。图15.19展示了微视觉触觉传感器感知的多模态信息，并基于深度神经网络、图像处理及软体弹力分析等算法辅助机器人实现更加智能的操作。

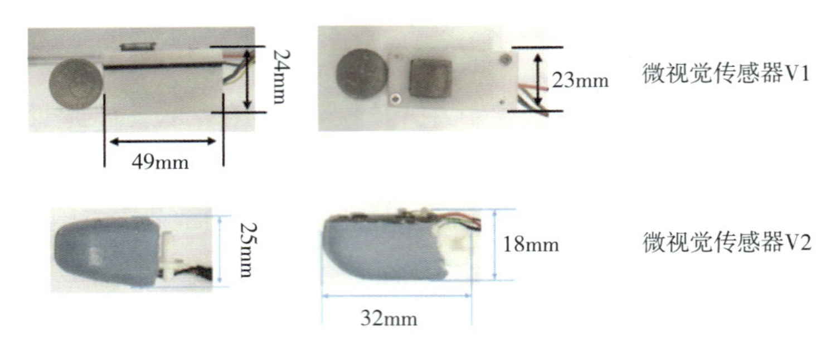

图 15.15　微视觉触觉传感器

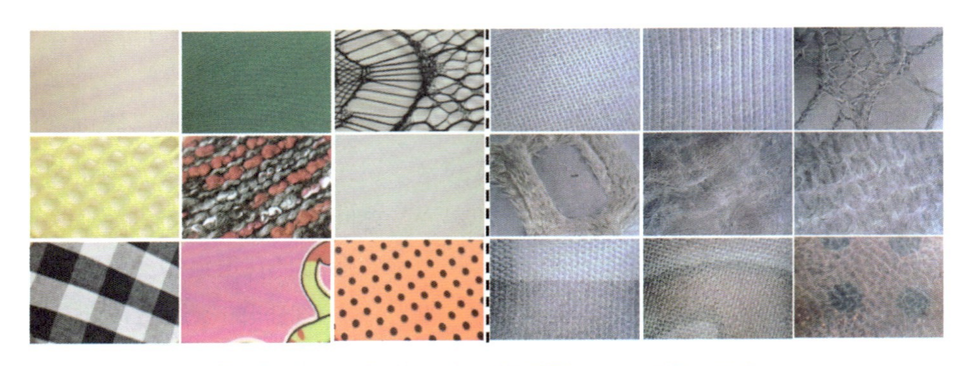

图 15.16　微视觉触觉传感器获取的布料纹理效果图

采集场景	感温图像	人类感觉	温度	颜色
	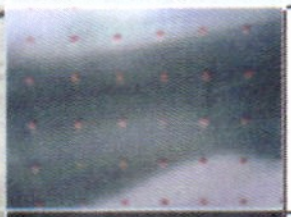	冰	-5.3℃	黑色
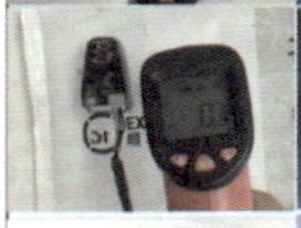		冰	0.9℃	黑色
	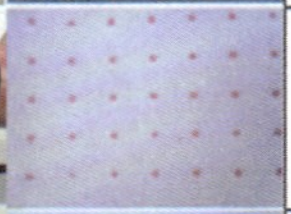	凉	13.4℃	紫色
	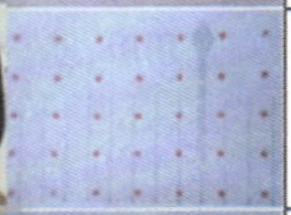	常温	23.5℃	紫色
	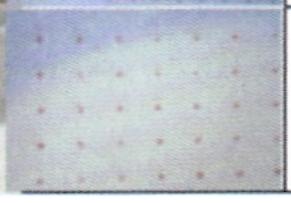	热	48.4℃	白色

图 15.17　微视觉触觉传感器获取的物体温度效果图

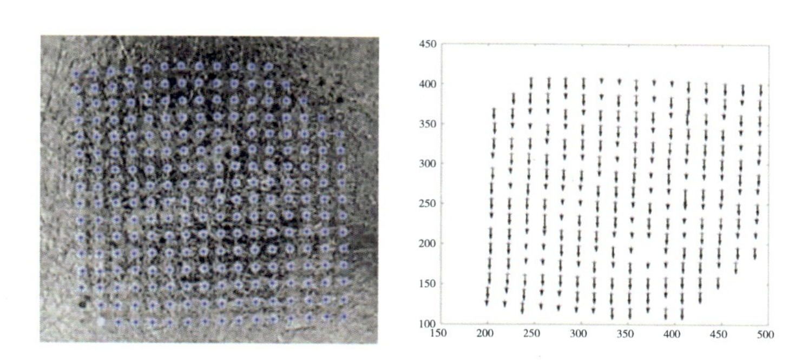

图 15.18　微视觉触觉传感器获取的三维受力效果图

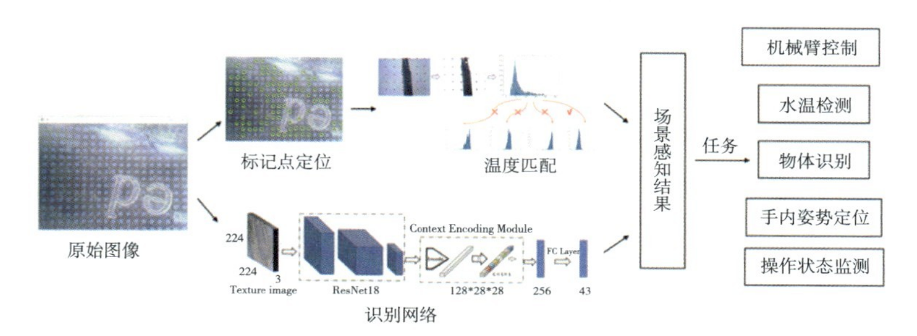

图 15.19　微视觉触觉传感器的多模态感知

机器人是一个复杂的工程系统，开展机器人多模态融合感知需要综合考虑任务的特性、环境特性和传感器特性。但目前机器人触觉感知方面的进展远落后于视觉感知与听觉感知的进展。尽管如何融合视觉模态、触觉模态与听觉模态的研究工作在 20 世纪 80 年代就已开展，但进展一直缓慢。未来需要在视、听、触融合的认知机理、计算模型、数据集和应用系统上进行突破，综合解决多模态信息的联合表示、融合感知、融合学习的融合计算问题。NAO（图 15.20）是软银机器人研发的一款具有炫酷外形类人的机器人，自然流畅的肢体动作能模仿人类大部分动作，使得与人之间的交流更具有亲和力。NAO 具备了视觉、触觉、听觉等多模态感知能力。NAO 拥有两个摄像头，可以跟踪、学习并识别不同的图像和面部，其中一个摄像头位于机器人前额，拍摄其前方的水平画面；另一个位于嘴部，用于扫描周围环境。NAO 拥有四个麦克风，可跟踪声源，还可使用七种语言进行语音识别和声音合成。为了生成鲁棒且有用的输出数据，同时满足 CPU 和内存方面的要求，NAO 的声源定位功能基于“到达时间差”法。除摄像头和麦克风外，NAO 还配备了电容式传感器，分别位于头

图 15.20　NAO 机器人

顶与手部。每处的传感器分为三部分，可以通过触摸向 NAO 发出信息，如按下一次触摸传感器，告诉机器人自行关闭，或是使用该传感器来触发某一相关动作。

15.2.2 智能导航与规划

解决机器人智能导航与规划问题是机器人能够顺利完成各种服务和任务操作（如安保巡逻、会展向导、疫情服务、物体抓取）的必要条件。下面重点介绍专家系统和机器学习在机器人导航与规划中的应用。

机器人导航与规划的安全问题一直是智能机器人面临的亟须解决的重要问题，而实现智能导航的核心是实现自动避碰。近年来，人们结合专家系统研究机器人移动过程中的智能自主避碰问题。机器人自主避碰系统通常由数据库、知识库、模式识别和推理机等构成。通过机器人本体上的各类导航传感器（如激光雷达、视觉等）收集本体及障碍物的运动信息，并将所收集的信息输入数据库与实时环境信息进行比对处理。数据库主要存放来自机器人本体传感器和环境地图的信息以及推理过程中的中间结果等数据，供模式识别及深入推理实时调用。知识库主要包括根据机器人避碰规则、专家系统对避碰规则的理解和认知模块、根据机器人避碰行为和专家经验所推导的研究成果（包括机器人运动规划的基础知识和规则），以及实现避碰推理所需的算法及其结果和由各种产生式规则形成的若干个基本避碰知识模块等。避碰知识库是机器人自主避碰决策的核心部分，通过知识工程的处理将其转化成可用的形式。所谓知识工程，即从专家和文献中选取有关特定领域的信息，并将其模型制成所选定的知识形式。描述知识可以有很多种不同的形式，其主要优点在于它的结构化模块特性，可以根据实际需要选择相应的模块搭建成所需的导航与规划系统。对于避碰局面的划分，根据不同的会遇情况选择不同的避碰操纵划分。对每一避碰规划划分，根据专家知识及机器人实际避碰感知选择具体的避碰规划方式，其根本目的是为推理机的推理提供支撑。

避碰这样一个动态过程要求导航与规划系统具有实时掌握目标运动特性的能力，使实现的避碰规划具有类似人的应变能力。智能导航与规划系统性能的好坏很大程度上取决于模式识别的质量。识别质量是通过真实性、有效性和抽象层次这三个标准来衡量的。为提高智能导航与规划系统的性能，系统设计过程中可以采用机器学习实现模式识别。机器学习就是通过推理机决定采取哪个避碰规划来确定避碰方法。避碰规划方法选定之后，在推理机的控制下，决定从知识库中调用哪类算法进行计算、分析、判断和决策，这样可以避免学习的盲目性，提高学习的有效性以及学习的真实性。学习的抽象层次取决于对表示知识方式的选择，其中框架式表示是一种适应性强、概括性高、结构化良好、推理灵活可变、知识库与推理机一体化，又能把陈述性知识与过程性知识相结合的知识表示方法，有利于解决复杂问题，可以克服产生式避碰知识库的缺陷，这是系统能够获取丰富的现场知识，即获得实时动态知识库的关键技术之一。

推理机的重要作用是确定如何对知识进行有效的使用与控制和协调各环节工作。在系统中采取知识库与推理机一体化方式，有利于推理机控制机器学习环节，使其学习具有针对性，而更重要的作用还在于决定系统如何使用知识，可以说模仿人的思维过程是由推理机在控制机器获取现场知识与使用知识的推理过程中实现的。因此，推理机系统起到了控制与协调各环节工作的作用，居于决策者的地位。推理过程应用启发式搜索法，以保证推理结果的正确性、可行性以及搜索结果的唯一性。在这种启发式搜索控制下，避碰规划就在系统学习与推理的过程中产生与优化。

因此，自主避碰的基本过程包括：

（1）确定机器人的静态和动态参数。机器人的静态参数包括机器人本体长、宽和负载等；动态参数包括机器人速度及方向、在全速情况下至停止所需时间及前进距离、在全速情况下至全速倒车所需时间及前进距离、机器人第一次避碰时机等参数值。

（2）确定机器人本体与障碍之间的相对位置参数。根据机器人本体的静态和动态参数及障碍物可靠信息（位置、速度、方位、距离等），确定机器人本体与障碍物之间的相对位置参数。这些相对位置参数有相对速度、相对速度方向、相对方位等。

（3）根据障碍物参数分析机器人本体的运动态势。判断哪些障碍物与机器人本体存在碰撞危险，并对危险目标进行识别，这种识别主要包括确定机器人与障碍物的会遇态势；根据机器人与障碍物会遇局面，分析调用相应的知识模块；求解机器人避碰规划方式及目标避碰参数，并对避碰规划进行验证。在自动避碰的整个过程中，要求系统不断监测所有环境的动态信息，不断核实障碍物的运动状态。整个基于专家系统和模式识别的机器人导航与规划结构如图 15.21 所示。

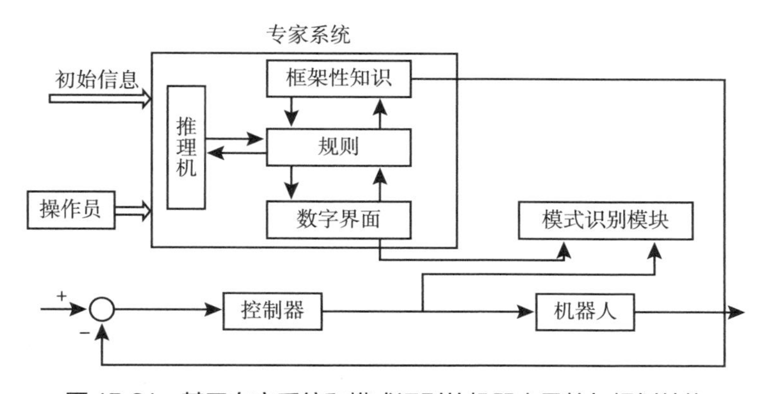

图 15.21 基于专家系统和模式识别的机器人导航与规划结构

下面进行典型应用场景的介绍。菜鸟智能机器人仓库（图 15.22）是智能移动机器人应用的典型案例，在这个仓库中，上百台机器人“代跑腿”，拣货员只需等着机器人送货上门。仓库运行效率大为提高，大大节省了拣货员在仓库中挑拣物品的时间。机器人接到指令后，会自动跑到货架下顶起超过 500 千克重量的货架，并进行灵活的旋转，使得四面货架均可存货，从而提高仓库存储量，较传统仓存能力翻了一倍还多。在拣货过程中，上百台机器人一起工作，不仅不会碰撞打架，反而可以相互识别、相互礼让。这主要得益于算法支持，使得机器人选取最优路线、就近接单，大大提高仓库效率。当机器人供电能量达到一定限制后，还可以完成自主充电，从而提高仓储系统的运行效率和可持续性。具有如此规模的机器人智慧仓库是中国物流领域的应用典范，可以让全国多地的消费者享受机器人提供的高效、优质服务。

图 15.22　菜鸟智能机器人仓库

智能导航的核心在于利用智能感知信息获取导航指令。以室外无人车为例，摄像机与激光雷达目前已经成为最流行的感知方式。清华大学曾在研制的无人驾驶车上分别利用激光雷达或视觉感知方式实现了智能导航。其中，激光雷达主要提供车体前方的深度障碍物信息，利用势场法可以方便地计算出无人车的实时导航方向（图 15.23 左）。激光雷达的主要缺点在于成本较高、提供的信息较为单一，这方面的缺陷可以利用视觉弥补。光学摄像机可以提供车体前方的自然图像场景，利用先进的机器学习算法可以对其进行分类识别，在此基础上自动分割出可行域，并基于势场法计算导航方向（图 15.23 右）。

未来的机器人智能导航与规划系统将成为集导航（定位、避碰）、控制、监视、通信于一体的机器人综合管理与控制系统，更加重视重要信息的集成。利用专家系统和来自雷达、GPS、罗经、计程仪等设备的测量与导航信息和来自其他传感器测量得到的环境信息与机器人本体状态信息以及知识库中的其他静态信息，实现机器人运动规划的自主化（包括运行任务分解、路径规划、轨迹生成、自主导航与避碰

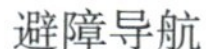
避障导航

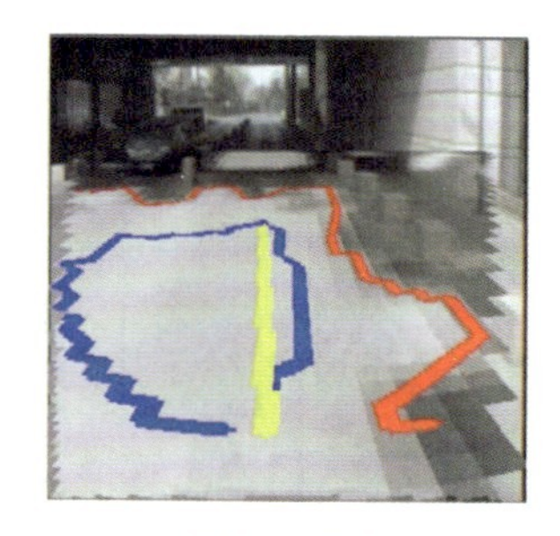
可行域导航

图 15.23　室外无人车智能导航

等），并最终实现机器人从任务起点到任务终点的全自主化运行。智能导航与规划技术的突破，可以提高机器人的自主移动能力、灵巧操作能力以及自主感知与操控能力。

15.2.3　智能控制与操作

机器人的控制与操作包括运动控制和操作过程中的精细操作与遥操作。随着传感技术以及人工智能技术的发展，智能运动控制和智能操作已成为机器人控制的主流。

1. 神经网络在智能运动控制中的应用

在机器人运动控制方法中，比例－积分－微分控制（PID）、计算力矩控制（CTM）、鲁棒控制（RCM）、自适应控制（ACM）等是几种比较典型的控制方法。然而，这些基于模型的机器人控制方法不能保证设计系统在复杂环境下的稳定性、鲁棒性和整个系统的动态性能。此外，这些控制方法不能积累经验和学习人的操作技能。为此，近二十年来，以神经网络、模糊逻辑和进化计算为代表的人工智能理论与方法开始被应用于机器人控制。目前，机器人的智能控制方法包括定性反馈控制、模糊控制以及基于模型学习的稳定自适应控制等方法。采用的神经模糊系统包括线性参数化网络、多层网络和动态网络。一种线性参数化神经网络适应控制的结构如图 15.24 所示。图中，参数化神经网络作为前馈补偿器，用于逼近未知非线性函数；而在反馈回路，有一个 PD 型控制和一个非线性控制项。非线性控制项又由扇区神经变结构控制项和一个滑动控制项组成，其中，扇区神经变结构控制项用于在神经网络控制失灵情形下保证整个系统的全局稳定性，并在神经网络的逼近域内进一步改进系统的跟随性能；滑模控制项用于增强系统对神经网络逼近误差的鲁棒性。

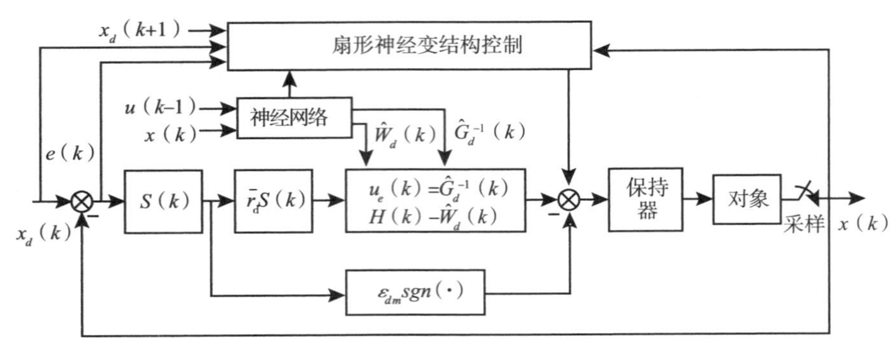

图 15.24　采样系统的神经网络稳定自适应控制

2. 机器学习在机器人灵巧操作中的应用

随着先进机械制造、人工智能等技术的日益成熟，机器人研究关注点也从传统的工业机器人逐渐转向应用更为广泛、智能化程度更高的服务型机器人。对于服务型机器人，机械手臂系统完成各种灵巧操作是机器人操作中最重要的基本任务之一，近年来一直受到国内外学术界和工业界的广泛关注。其研究重点包括让机器人能够在实际环境中自主智能地完成对目标物的抓取以及拿到物体后完成灵巧操作任务。这需要机器人能够智能地对形状、姿态多样的目标物体提取抓取特征、决策灵巧手抓取姿态及规划多自由度机械臂的运动轨迹以完成操作任务。

利用多指机械手完成抓取规划的解决方法大致可以分为“分析法”与“经验法”两类思路。“分析法”需要建立手指与物体的接触模型，根据抓取稳定性判据以及各手指关节的逆运动学，优化求解手腕的抓取姿态。由于抓取点搜索的盲目性以及逆运动学求解优化的困难，最近二十年来，“经验法”在机器人操作规划中获得了广泛的关注并取得了巨大进展。“经验法”也称为数据驱动法，它通过支持向量机（SVM）等监督或无监督机器学习方法对大量抓取目标物的形状参数和灵巧手抓取姿态参数进行学习训练，得到抓取规划模型并泛化到对新物体的操作。在实际操作中，机器人利用学习到的抓取特征，由抓取规划模型分类或回归得到物体上合适的抓取部位与抓取姿态；然后，机械手通过视觉伺服等技术被引导到抓取点位置，完成目标物的抓取操作。近年，深度学习在计算机视觉等方面取得了较大突破，深度卷积神经网络（CNN）被用于从图像中学习抓取特征且不依赖专家知识，可以最大限度地利用图像信息，计算效率得到了提高，满足了机器人抓取操作的实时性要求。

机器人抓取分为 2D 平面抓取和 6-DoF 空间抓取。2D 平面抓取适合工业抓取，场景是机械臂竖直向下，从单个角度去抓，抓取通常由平面内的抓取四边形以及平面内的旋转角度表示。根据使用的数据 RGB/Depth 不同，又可以分为基于 RGB、基于 RGB+Depth 和基于 Depth 三类。郭迪等人[①] 提出一种共享型卷积神经网络模型，可以从图像中挖掘出与抓取操作相关的视觉特征，进而完成对目标物的识别和目标物抓取点的检测任务（图 15.25）。2D 平面抓取只能从单个角度进行抓取操作，相比之下，6-DoF 空间抓取的姿态更加多样灵活。

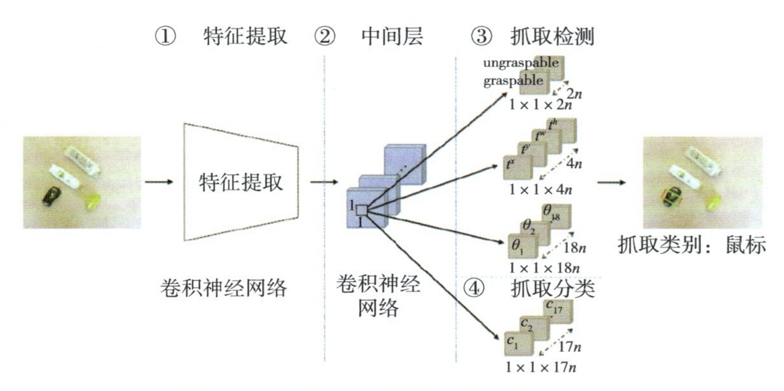

图 15.25　基于 RGB 的机器人 2D 抓取姿态生成网络

6-DoF 空间抓取一般包括两大模块——候选抓取位置的筛选以及抓取质量的评估。如图 15.26 所示，进行 6-DoF 空间抓取，需要进行实例分割，确保点云准确、噪声少，否则影响效果。训练可在虚拟环境中进行，只要虚拟环境中的 3D 模型精确，则不使用 domain adaption 也能在真实环境下得到很好的结果。该类方法适合任意角度的抓取，弊端在于尽管使用了 Encoder 和 Decoder 的方式生成候选抓取位置，但是单个角度下获得的数据毕竟有限，如果能够对物体进行补全，则使用传统方法生成候选抓取位置也能够得到很好的结果。目前的绝大多数抓取方法针对的都是平行两指抓取。也有学者开展了基于人形抓手的抓取研究，但是人形抓手的自由度太多了，目前做不到任意抓取以及通用，只针对少量物体或者一类物体。

由于传统的多自由度机械臂运动轨迹规划方法（如五次多项式法、RRT 法）较难满足服务机器人灵巧操作任务的多样性与复杂性要求，近年，模仿学习与强化学习方法得到研究者的青睐。模仿学习是指机器人通过观察模仿来实现学习，它从示教者提供的范例中学习，一般提供人类专家的决策数据，每个决策包含状态和动作序列，将所有状态 – 动作对抽取出来构造新的集合之后，可以把状态作为特征、动作作为标记进行分类（对离散动作）或回归（对于连续动作）的学习，从而得到最

① Guo D，Sun F，Fang B，et al. Robotic grasping using visual and tactile sensing［J］. Information Sciences，2017（417）：274-286.

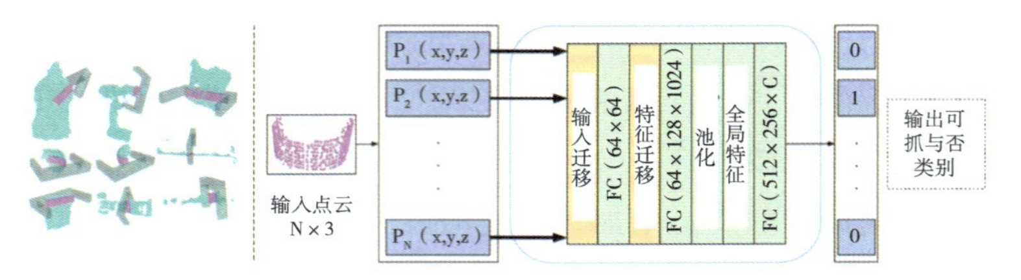

图 15.26　基于点云的 6-DoF 空间抓取姿态生成与判别网络①

优策略模型。模型的训练目标是使模型生成的状态 – 动作轨迹分布和输入的轨迹分布相匹配。通常需要深度神经网络来训练基于模仿学习的运动轨迹规划模型。单样本模仿学习（One-Shot Imitation Learning）最先是由伯克利大学著名的 Pieter Abbeel 教授于 2017 年提出来的一种模仿学习方法。这种方法从有监督学习的角度讨论，给定包含几个训练任务的演示，单样本模仿学习能够根据当前样本推广到未知但相关联的任务中，从而做到一眼就能模仿。但是该方法需要大量的数据来完成模型训练。斯坦福大学的李飞飞教授提出将单样本模仿学习定义为一个符号规划问题（symbolic planning），利用符号域定义的结构将策略执行与任务间的泛化处理分离开来，从而大大减少原学习方法在训练阶段所需的任务数量，提高了方法的效率，并提出了连续规划方法，允许直接处理符号状态分布，解决无效状态问题。此外，将模块化思想引入符号接地（grounding）神经网络，进一步提高任务间的泛化能力。2018 年，人工智能组织 OpenAI 展示了一项新的研究成果：让机械手像人手一样精准地操纵物体。这套 AI 系统不仅能像人类一样持握和操纵物体，而且还能根据人工智能技术自行开发不同的动作和行为。比如，它可以在没有人指挥手指用力方向的情况下把正方体魔方转到指定的方向，它收到的指令也仅仅是木块的朝向而已。首先，研发者会教导机械手按照指令将六面立方体魔方中的正确颜色翻转出来；然后开始改变周围环境的灯光以及立方体的颜色、重量和纹理等，甚至还会改变训练过程中的重力环境因素。这种虚拟环境的训练模式不会耗费现实世界的时间。目前，Dactyl 已积累了大约 100 年的训练经验，但这个过程只相当于现实世界中的 50 个小时。也就是说，一个人需要花 100 年积累的经验，机械手两天时间就能全部学习完成。经过神经网络训练的机械手也自学了许多不同的分解动作，Dactyl 都是在模拟器里学会这些技能的。更厉害的是，它能顺利地把技能迁移到现实世界，即使是方块以外的其他物体，也能对其做出改变。

① Liang H，Ma X，Li S，et al. Pointnetgpd：Detecting grasp configurations from point sets［C］//2019 International Conference on Robotics and Automation（ICRA）. IEEE，2019：3629-3635.

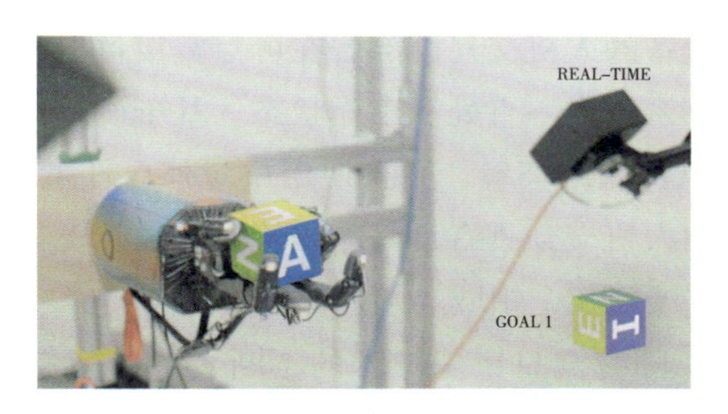

图 15.27　机械手操作魔方

15.2.4　机器人智能交互

随着机器人技术的发展，人机交互的方式不断革新与发展。人机交互的目的在于实现人与机器人之间的沟通，消融两者之间的交流界限，使得人们可以通过语言、表情、动作或者一些可穿戴设备实现人与机器人自由地信息交流与理解，如图 15.28 所示。一方面，机器人技术的革新发展大大促进了人类生产生活方式的进步，在给人类提供极大便利的基础上，极大地提高了工作效率；另一方面，人机交互的实现将人工智能与机器人技术有机结合，很好地促进了人工智能技术的发展，使越来越多的机器人更合理高效地服务于人类。

图 15.28　人机交互示意图

基于可穿戴设备的人机交互技术是普适计算的一部分。作为信息采集的工具，可穿戴设备直接穿戴在用户身上，可以与用户紧密地联系在一起，为人机交互带来更好的体验。可穿戴设备是一类超微型、高精度、可穿戴的人机最佳融合的移动信息系统。基于可穿戴设备的人机交互由部署在可穿戴设备上的计算机系统实现，在用户佩戴好设备后，该系统会一直处于工作状态。基于设备自身的属性，主动感知用户当前状态、需求以及完结环境，并且使用户对外界环境的感知能力得到增强。由于基于可穿戴设备的人机交互具有良好的体验，经过几十年的发展，基于可穿戴设备的人机交互逐渐扩展到各个领域。

在民用娱乐领域，随着全息影像技术的不断发展，用户可以通过佩戴穿戴式的头盔 Oculus Rift 实现身处虚拟世界中的感觉，并可以在其中任意穿梭。2015 年，微软推出的 HoloLens 眼镜使人们可以通过眼镜感受到其中的画面投射到现实中的效果。该技术也被逐渐应用到临床手术当中：Scopis 采用 HoloLens 搭建了一个用于脊柱手术的平台；法国蒙彼利埃大学医院利用 HoloLens 完成了标准脊柱接骨手术；Philip Pratt 进行了血管重连手术；英国 Alder Hey 儿童医院计划在手术室中引入 HoloLens。

在医疗领域，通过使用认知技术或脑信号来认知大脑的意图，实现观点挖掘与情感分析。如基于脑电信号信息交互的 Emotiv 可以通过对用户脑电信号的信息采集，实现对用户的情感识别，进而实现用意念来进行实际环境下的人机交互，以此来帮助残障人表达自己的情感。DEAP 是在脑电情绪研究中使用较为广泛的一个数据集。以用数据集的脑电数据作为输入、以效价和唤醒度作为输出训练模型，可以准确地评价患者的情绪状态。情绪识别也可用于患者的康复治疗当中，让患者处于积极主动的状态下进行康复训练，可以提高康复治疗的效果。此外，基于视觉的情绪识别技术也是情绪分析的一种方法。2020 年 CVPR 会议上，王凯等提出了一种表情识别的自修复网络（SCN）[①]，可以有效地抑制不确定性，防止深度网络对不确定的人脸图像进行过拟合。

在科研领域，实现了面向可穿戴设备的视觉交互技术。在佩戴具有视觉功能的交互设备后，通过视觉感知技术来捕捉外界交互场景的信息，并结合上下文信息理解用户的交互意图，使用户在整个视觉处理过程中担当决策者，以此来面向可穿戴设备的视觉交互。另外，国内外学者对外骨骼机器人展开了研究。外骨骼机器人是指套在人体外面的机器人，也称“可穿戴的机器人”，它融合了传感、控制、信息、融合、移动计算等技术，为作为操作者的人提供了一种可穿戴的机械机构，可实现助残、野外助力等功能，在军事、民用、医疗等领域有广泛的应用前景。

人作为一个智能体，基于对外界的感知认知，表现出人类运动、感知、认知能力的多样性与不确定性。因此，需要建立以人为中心的人机交互模式，通过多种

① Kai W, Xiaojiang P, Jianfei Y, et al. Suppressing Uncertainties for Large-Scale Facial Expression Recognition［C］//Computer Vision and Pattern Recognition, arXiv: 2002.10392v2, Mar 2020.

模态的融合感知来实现对人类活动的认识。为此，可以借助多种传感设备将多种模态下传递的信息整理融合感知认知，去理解人类的行为动作，包括一些习惯和爱好等，用以解决机器人操作的高效性、精确性与人类动作的模糊性、不稳定性的不一致问题，实现人机交互对人类行为动作认识的自然、高效和无障碍。

在人机智能交互中，我们将对人运动行为的识别和长期预测称为意图理解。机器人通过对动态情境的充分理解，完成动态态势感知，理解并预测协作任务，实现人－机器人互适应自主协作功能。在人机协作中，作为服务对象，人处于整个协作过程的中心地位，其意图决定了机器人的响应行为。除了语言，行为是人表达意图的重要手段。因此，机器人需要对人的行为姿态进行理解和预测，继而理解人的意图。行为识别是指检测和分类给定数据流的人类动作，并估计人体关节点的位置，通过识别和预测的迭代修正得到具有语义的长期运动行为预测，从而达到意图理解的目的，为人机交互与协作提供充分信息。早期，行为识别的研究对象是跑步、行走等简单行为，背景相对固定，行为识别的研究重点集中于设计表征人体运动的特征和描述符。黄俊杰等提出了基于单位长度的数据策略与基于偏移量的策略，实现了人体姿态估计的无偏数据处理（unbiased data processing，UDP）[①]。随着技术特别是深度学习技术，现阶段行为识别所研究的行为种类已达上千种。近年利用 Kinect 视觉深度传感器获取人体三维骨架信息的技术日渐成熟，根据三维骨骼点时空变化，利用长短时记忆的递归深度神经网络分类识别行为是解决该问题的有效方法之一。Alexey 等人采用神经网络对内窥镜图像下的手术操作进行语义分割，该技术未来可以应用到机器人辅助外科手术当中，实现手术中人与机器人的友好交互[②]。但是，目前在人机交互场景中，行为识别还主要是对整段输入数据进行处理，不能实时处理片段数据，能够直接应用于实时人机交互的算法还有待进一步研究。

当机器人意识到人需要它干什么时，如接住水杯放到桌子上等，机器人将采取相应的动作完成任务需求。人与机器人交互中安全问题的重要性，需要机器人实时地规划出无碰撞的机械臂运动轨迹。比较有代表性的方法有利用图搜索的快速随机树（RRT）算法、设置概率学碰撞模型的随机轨迹优化（STOMP）算法等以及面向操作任务的动态运动基元表征等。近年，利用强化学习的“试错”训练来学习运动规划的方法也得到关注。由于强化学习方法在学习复杂操作技能方面的优越性，使其在交互式机器人智能轨迹规划中具有良好的应用前景。

① Junjie H，Zheng Z，Feng G，et al. The Devil is in the Details：Delving into Unbiased Data Processing for Human Pose Estimation［C］//Computer Vision and Pattern Recognition，arXiv：1911.07524v1，Nov 2019.

② Wang Y，Cheng H，Hou L. c2AIDER：A Cognitive Cloud Exoskeleton System and Its Applications［J］. Cognitive Computation and Systems，2019，1（2）：33-39.

随着人工智能技术的迅猛发展，基于可穿戴设备的人机交互正在逐渐改变人类的生产生活，实现人机和谐统一将是未来的发展趋势。

15.3 智能机器人发展展望

当今机器人发展的特点可概括为三方面。一是在横向上，应用面越来越宽。由95% 的工业应用扩展到更多领域的非工业应用，像做手术、采摘水果、剪枝、巷道掘进、侦查、排雷，还有空间机器人、潜海机器人。机器人应用无限制，只要能想到的，就可以去创造实现。二是在纵向上，机器人的种类会越来越多，像进入人体的微型机器人已成为一个新方向，可以小到像一个米粒般大小。三是机器人智能化得到加强，机器人会更加聪明。机器人的发展史犹如人类的文明和进化史在不断地向着更高级发展。从原则上说，意识化机器人已是机器人的高级形态，不过意识又可划分为简单意识和复杂意识。人类具有非常完美的复杂意识，而现代所谓的意识机器人最多只是简单化意识，未来意识化智能机器人是很可能的发展趋势。

人类的运动技能经验可以从学习生活中不断获取、学习并逐渐内化为自身掌握的技能。人类可以通过不断地学习来增加自己所掌握的技能，并将所学技能存储于自己的记忆中。在面向任务执行时，可以基于已掌握经验自主选择技能动作用以完成任务，比如人类打球时，会选择运球动作和投篮动作来实现最终的得分进球。麻省理工学院（MIT）的科学家开发了一个名为 PUnS（planning with uncertain specifications）的系统，利用不确定参数进行规划，帮助机器人在遇到困难时学习复杂的任务，比如布置餐桌（图 15.29）。不确定参数让机器人对各种规范持有“想法”，并使用一种逻辑来推断它现在和将来要做什么，而不是通常的方法，即机器人执行正确的动作而获得奖励。为了推动机器人朝着正确的方向前进，团队设定了帮助机器人满足其整体信念的标准。在机器人研究领域，越来越多的关注投向了机器人学习领域，如何将人类的学习方法与过程应用于机器人学习成为关注的焦点。

当前，我国已经进入机器人产业化加速发展阶段。无论在助老助残、医疗服务等领域以及面向空间、深海、地下等危险作业环境，还是精密装配等高端制造领域，迫切需要提高机器人的工作环境感知和灵巧操作能力。随着云计算与物联网的发展，伴之而生的技术、理念和服务模式正在改变我们的生活。作为全新的计算手段，也正在改变机器人的工作方式。机器人产业作为高新技术产业，应该充分利用云计算与物联网带来的变革，提高自身的智能与服务水平，从而增强我国在机器人行业领域的创新与发展。

图 15.29 机器人通过观察人类学会餐桌摆放

无线网络和移动终端的普及使得机器人可以连接网络而不用考虑由于其自身运动和复杂任务而带来的网络布线困难，同时将多机器人网络互联给机器人协作提供了方便。云机器人系统充分利用网络的泛在性，采用开源、开放和众包的开发策略，极大地扩展了早期的在线机器人和网络化机器人概念，提升了机器人的能力，扩展了机器人的应用领域，加速和简化了机器人系统的开发过程，降低了机器人的构造和使用成本。虽然现阶段研究工作才刚刚起步，但随着机器人无线传感、网络通信技术和云计算理论的进一步综合发展，云机器人的研究会逐步成熟化，并推动机器人应用向更廉价、更易用、更实用化发展，同时云机器人的研究成果还可以应用于更广泛的普适网络智能系统、智能物联网系统等领域。

尽管物联网技术发展迅速，但现有研究相对独立。在物联网领域中，现有研究主要集中在智能化识别、定位、跟踪、实时监控和管理等方面，但其应用在很大程度上无法实现智能移动和自主操作。在服务机器人领域中，大多数研究工作集中于机器人自身能力的提升，但受硬件、软件及成本方面的限制，机器人本体的感知和智能发展到了一定水平后，其进一步提升的技术难度将会呈指数级增长。事实上，作为信息物理融合系统的具体实例，通过将物联网技术与服务机器人技术有效结合构建物联网机器人系统，能够突破物联网和服务机器人的各自研究瓶颈并实现两者的优势互补：一方面，由感知层、网络层、应用层构成的物联网能够为机器人提供全局感知和整体规划，弥补机器人感知范围和计算能力方面的缺陷；另一方面，机器人具有移动和操作能力，可作为物联网的执行机构，从而使其具备主动服务能力。总而言之，物联网机器人系统是物联网技术扩展自身功能的一个重要途径，同时也是机器人进入日常服务环境提供高效智能服务的可行发展方向，尤其在环境监控、突发事件应急处理、日常生活辅助等面积较大、动态性较强的复杂服务环境中具有重要应用前景。目前，国内外研究机构和学者对物联网机器人系统的研究刚刚起步。正因为物联网机器人系统所需研究的内容及应用范围更加广泛，所以研究过程中面临的问题和挑战也更大。目前，物联网和服务机器人各自的研究均处于初期阶段，两者结合构建物联网机器人系统的研究更是刚刚起步，存在诸多亟待解决的问题：

（1）物联网机器人系统的体系架构研究。体系架构能够精确定义系统内部各组成部件以及各部件之间的关系，指导开发者遵循某种原则实现符合预期需求的系统。物联网机器人系统需要以一个开放的、分层的、可扩展的网络体系结构为框架。但在框架中，物联网与机器人、机器人与机器人之间的感知运算存储等资源的配置、角色分配、任务分工、协作方式以及人机交互等问题都有待于进一步探讨。此外，目前物联网机器人系统中大多采用监督遥操作模式，机器人的自主性和智能并没有得到最大限度的发挥。

（2）物联网机器人系统认知问题研究。目前，物联网机器人系统的研究主要集中在联合两者优势解决如网络节点标定、机器人定位导航、目标跟踪等基础问题上。事实上，无论是物联网、服务机器人，还是物联网机器人系统，其最终目标都是服务于人。为了提供更加高效、智能和宜人化的服务，物联网机器人系统必须要从当前的“感知”研究进一步深入“认知”研究，这就对物理空间到知识空间的表示、映射与学习方法等提出了更高的要求。

（3）物联网机器人系统复杂任务调度与规划研究。目前，物联网已应用于污染监测、智能家居等领域，但其提供的服务存在结构简单、功能单一等缺陷，而服务机器人尚缺乏有效的复杂任务规划能力，无法满足宜人化服务的要求。如何有效地利用分布于物联网中的各类服务，消除服务调度之间隐含存在的死锁，实现服务之间的无缝集成，形成功能完善且快捷的服务流程，以满足不同对象的各类日常服务要求，是物联网机器人系统提供可靠、自主和人性化服务的关键问题。

（4）物联网机器人系统标准的制定。目前针对物联网和服务机器人的标准并未完全建立，而物联网机器人系统的构建更是没有既定标准可循，导致当前研究彼此相对独立，难以将多种设备融合成有机系统。因此，展开中间件平台和接入终端的标准化工作，从而更加有效地推动物联网机器人系统的研究和产品研发，也是目前亟待解决的关键问题之一。

云计算、物联网环境下的机器人在开展认知学习的过程中，必然面临大数据的机遇与挑战。大数据通过对海量数据的存取和统计、智能化地分析和推理，并经过机器的深度学习后，可以有效推动机器人认知技术的发展；而云计算让机器人可以在云端随时处理海量数据。可见，云计算和大数据为智能机器人的发展提供了基础和动力。在云计算、物联网和大数据的大潮下，我们应该大力发展认知机器人技术。认知机器人是一种具有类似人类的高层认知能力，并能适应复杂环境、完成复杂任务的新一代机器人。基于认知的思想，一方面，机器人能有效克服前述的多种缺点，智能水平进一步提高。电子科技大学程洪研究团队在 *Cognitive Computation and Systems* 期刊上发表了《基于认知云的外骨骼系统》①。这种认知外骨骼系统能够通过感知和评价来增强人－外骨骼系统之间的认知协作，并通过云脑平台增强外骨骼系统的持续学习和转移学习能力。另一方面，机器人也具有同人类一样的脑－手功能。将人类从琐碎和危险环境的劳作中解放出来一直是人类追求的梦想。脑－手运动感知系统具有明确的功能映射关系，从神经、行为、计算等多种角度深刻理解大脑神经运动系统的认知功能，揭示脑与手动作行为的协同关系，理解人类脑－手运动控制的本质，是当前探索大脑奥秘且有望取得突破的一个重要窗口，这些突破将为理解脑－手感觉运动系统的信息感知、编码以及脑区协同实现脑－手灵巧控制提供支撑。英国和日本研究团队在 *Cognitive Computation and Systems* 期刊上发表的《感觉运动互动中的概念空间解离》论文②，研究了机器人在没有先验经验的条件下，利用深度学习的预测模型以及最新的 beta 变分自编码器对物品进行交互式训练后，通过学习物品的物理运动特性，可以自主地分析物品形状和工具形状的信息。这种神经模型的学习过程从侧面复现了人类发育学习过程中产生的物品的承担特性，有可能与环境及物品交互的结果有关。目前，国内基于认知机理的仿生手实验验证平台还很少，大多数仿生手研究并未充分借鉴脑科学的研究成果。实际上，人手能够在动态不确定环境下完成各种高度复杂的灵巧操作任务，正是基于人的脑－手系统对视、触、力等多模态信息的感知、交互、融合以及在此基础上形成的学习与记忆。由此，将人类脑－手的协同认知机理应用于仿生手研究是新一代高智能机器人发展的必然趋势。

习题：

1. 什么是智能机器人？如何理解机器人、人工智能与智能机器人三者的关系？
2. “视觉”“听觉”“触觉”在机器人中的应用有哪些？
3. 什么是多模态信息？什么是跨模态学习？如何理解机器人多模态信息融合技术？
4. 在机器人灵巧操作中，深度学习用于解决哪些问题？ 强化学习与模仿学习又用于解决灵巧操作中哪些问题？

---

① Wang Y，Cheng H，Hou L. c2AIDER：A Cognitive Cloud Exoskeleton System and Its Applications［J］. Cognitive Computation and Systems，2019，1（2）：33-39.

② Junpei Z，Tetsuya O，Angelo C，et al. Disentanglement in conceptual space during sensorimotor interaction［J］. Cognitive Computation and Systems，2019，1（4）：103-112.

参考文献

［1］段楠，周明．智能问答［M］．北京：高等教育出版社，2018.
［2］黄殿．面向可穿戴设备的视觉交互技术研究［D］．成都：电子科技大学，2016.
［3］李沐，刘树杰，张冬冬，等．机器翻译［M］．北京：高等教育出版社，2018.
［4］林尧瑞，马少平．人工智能导论［M］．北京：清华大学出版社，1988.
［5］林尧瑞，张钹，石纯一．专家系统原理与实践［M］．北京：清华大学出版社，1988.
［6］马少平，朱小燕．人工智能［M］．北京：清华大学出版社，2014.
［7］史忠植．人工智能［M］．北京：机械工业出版社，2016.
［8］孙迪生，王炎．机器人控制技术［M］．北京：机械工业出版社，1997.
［9］俞栋，邓力．解析深度学习：语音识别实践［M］．北京：电子工业出版社，2016.
［10］周志华．机器学习［M］．北京：清华大学出版社，2016.
［11］宗成庆．统计自然语言处理（第2版）［M］．北京：清华大学出版社，2013.
［12］Antoniou G，Van Harmelen F. A semantic web primer［M］．Cambridge MA：MIT Press，2004.
［13］D. Wang，X. Zhang，Y. Zhang，et al. Configuration-based optimization for six degree-of-freedom haptic rendering for fine manipulation［J］．IEEE Transactions on Haptics，2013，6（2）：167-180.
［14］Euzenat J，Shvaiko P. Ontology matching［M］．Heidelberg：Springer，2007.
［15］Gettier E L. Is Justified True Belief Knowledge?［J］．Analysis，1963，23（6）：121-123.
［16］Gunes H，Schuller B. Categorical and dimensional affect analysis in continuous input：Current trends and future directions［J］．Image & Vision Computing，2013，31（2）：120-136.
［17］Huth A G，de Heer W A，Griffiths T L，et al. Natural speech reveals the semantic maps that tile human cerebral cortex［J］．Nature，2016，532（7600）：453-458.
［18］Malik Ghallab，Dana Nau，Paolo Traverso. 自动规划：理论和实践［M］．姜云飞，杨强，凌应标，等译．北京：清华大学出版社，2008.
［19］Murphy G.L. The big book of concepts［M］．Cambridge MA：MIT Press，2004.
［20］Philipp Koehn. 统计机器翻译［M］．宗成庆，张霄军，译．北京：电子工业出版社，2012.

[21] Qian Y, Weng C, Chang X, Yu D. Past review, current progress, and challenges ahead on the cocktail party problem [J]. Frontiers of Information Technology & Electronic Engineering, 2018, 19 (1): 40–63.

[22] Searle J. Minds, Brains and Programs. Behavioral and Brain Sciences, 1980, 3 (3): 417–457.

[23] Tom M. Mitchell. 机器学习 [M]. 曾华军，张银奎，等译. 北京：机械工业出版社，2003.

[24] Turing A. Computing Machinery and Intelligence [J]. Mind, 1950, LIX (236): 433–460.

[25] Yoav Shoham, Kevin Leyton–Brown. Multiagent Systems [M]. Cambridge: Cambridge University Press, 2008.